"十三五"高等职业教育精品工程规划教材·通信专业

通信工程设计制图与概预算
（第3版）

解相吾　陈尾英　主　编

电子工业出版社
Publishing House of Electronics Industry
北京·BEIJING

内 容 简 介

本书突出"工学结合"特色，注重工程应用与工程素质培养。全书由五大项目组成，项目一主要让学生了解通信工程、工程制图的基本概念，掌握工程设计的基本原则；项目二重点讲解计算机辅助设计软件 AutoCAD 的使用方法，使学生掌握基本图形的绘制，熟练使用基本编辑命令，并能根据实际图纸要求，正确进行文本输入和尺寸标注；项目三介绍了通信工程现场勘测设计的具体方法、通信工程制图的通用准则，以及通信工程常用图形符号；项目四通过对通信工程各类图样的详细说明、介绍了设计通信工程制图的方法与要求；项目五对通信工程概预算的编制、工程定额分类进行了全面而详细的介绍。

本书内容丰富，体系完整，知识系统全面，既可作为高职高专和其他高等院校通信类、电子信息类专业教材，也可作为通信工程技术人员的培训教材使用。

图书在版编目（CIP）数据

通信工程设计制图与概预算 / 解相吾，陈尾英主编. —3 版. —北京：电子工业出版社，2019.3（2024 年 1 月重印）

ISBN 978-7-121-36051-0

Ⅰ. ①通… Ⅱ. ①解… ②陈… Ⅲ. ①通信工程—工程制图—高等学校—教材②通信工程—概算编制—高等学校—教材③通信工程—预算编制—高等学校—教材 Ⅳ.①TN91

中国版本图书馆 CIP 数据核字（2019）第 034150 号

责任编辑：郭乃明   特约编辑：范　丽
印　　刷：涿州市般润文化传播有限公司
装　　订：涿州市般润文化传播有限公司
出版发行：电子工业出版社
　　　　　北京市海淀区万寿路 173 信箱　邮编　100036
开　　本：787×1 092　1/16　印张：19.5　字数：496 千字
版　　次：2010 年 10 月第 1 版
　　　　　2019 年 3 月第 3 版
印　　次：2024 年 1 月第 9 次印刷
定　　价：49.00 元

前　　言

　　本书自 2010 年出版以来，以其全新的教学理念和鲜明的高职教育特色而广受各界好评，2011 年 7 月获"中国电子教育学会优秀教材评选二等奖"。本书修订至第 2 版后，深受众多院校的欢迎。为更好地适应高等职业教育教学改革的要求，充分体现课程教学的实用性和方便性，编者在充分听取有关院校的专业教师及学生的使用意见和建议，并与业内许多人士进行了深入探讨的基础上，对部分内容做了必要的调整、补充和优化，继续保持"工学结合，学用一致"的特色，较好地保持了教材的先进性和实用性，从而使本教材能与时俱进，更好地为读者服务。本次修订的主要内容如下：

　　（1）增加了项目五"通信工程概预算"，详细介绍如何运用计算机软件平台完成概预算任务，使之与工程制图紧密地结合在一起，更加便于操作。

　　（2）删除了一些不必要的内容，删除原项目二"工程制图的基本知识"，有关内容放在项目一中。

　　（3）在前次修订的基础上，进一步对原书中的错漏之处进行了修正。

　　本书知识系统全面，行文通俗易懂，内容丰富，体系结构完整，融知识性、系统性、可读性、实用性和指导性于一体，既充分考虑了教学的实际需要，也方便工程技术人员进行参考。

　　本书第 3 版由解相吾和陈尾英任主编，解文博、徐小英、廖文婷等参与了修订工作，电子工业出版社的郭乃明老师和使用本教材的许多老师对本书的修改提出了十分宝贵的意见，在此一并向他们表示衷心的感谢。

　　书中不妥和错误之处，恳请广大读者批评指正。

编　者
2018-11-20

目　录

项目一　通信工程制图的整体认知

项目要求

在通信工程设计过程中，设计者的意图和要求是通过制图体现出来的。通信工程设计制图是以几何学和国家制图标准为基础，以投影理论为方法，根据通信工程设计要求进行工程图样绘制的一门技术课程。通过本项目的学习，让读者对通信工程设计制图的概念有一个全面的了解，具体要求如下。

（1）了解通信工程设计的主要内容，掌握通信工程设计的基本原则。

（2）了解通信建设工程类别，掌握通信建设工程项目划分方法。

（3）掌握工程制图的基本概念，了解工程图样及其作用。

（4）熟悉工程制图的标准，具备工程制图的应用能力。

单元 1　通信工程的基本概念

随着经济和科学技术的进步，我国的通信产业得到了空前规模的发展，通信市场正在持续地扩大，通信建设工程项目也在不断增多。通信工程就是指通信系统工程设计、组网和设备施工，它主要包括天线的架设、通信线路架设或敷设、通信设备安装调试、通信附属设施的施工等内容。通信工程的建设基本上均按照规划、设计、准备、施工和竣工投产 5 个阶段进行，本单元主要介绍有关通信工程的基本概念。

任务 1　掌握通信工程设计的基本原则

通信工程设计是通信工程项目建设的基础，也是技术的先进性、可行性以及项目建设的经济效益和社会效益的综合体现。通信工程设计就是根据项目的要求，将相关的科技成果、实际的工作经验、现行的技术标准、工程设计人员的智慧、创造性的劳动融为一体，它将全面、准确、合理、具体地指导通信工程建设与施工的全过程。

1. 设计在建设中的地位和作用

设计是一门综合性的应用技术科学，涉及科学、技术、经济和方针政策等各个方面。实现同样的技术指标，不同的人有不同的设计方案。设计的主要任务就是编制设计文件并对其进行审定。设计文件是安排建设项目和组织施工的主要依据，因此设计文件必须由具有工程勘察设计证书和相应资质等级的设计单位编制。

设计是工程建设程序中必不可少的一个重要组成部分。在规划、项目、场址和可行性研究等已定的情况下，它是影响建设项目能否实现优质高效的一个决定性的环节。

一个工程建设项目在资源利用上是否合理，场区布置是否紧凑、适度，设备选型是否得当，技术、工艺、流程是否先进、合理，生产组织是否科学、严谨，是否能以较少的投资取得产量多、质量好、效率高、消耗少、成本低、利润大的综合效果，在很大程度上取决于设计质量的好坏和设计水平的高低。

2．设计阶段的划分

根据工程项目的规模、性质等情况的不同，可将工程设计划分为几个阶段。一般项目分初步设计和施工图设计两个阶段进行，称为"两阶段设计"；大型、特殊工程项目或技术上复杂的项目可按初步设计、技术设计、施工图设计三个阶段进行，称为"三阶段设计"；规模较小、技术成熟，或套用标准设计的工程，可直接进行施工图设计，称为"一阶段设计"。

1）初步设计

初步设计是根据批准的可行性研究报告以及有关的设计标准、规范，通过现场勘察工作取得可靠的设计基础资料后进行编制的。初步设计的主要任务是确定项目的建设方案、进行设备选型、编制工程项目的总概算。其中，初步设计中的主要设计方案及重大技术措施等应通过技术经济分析，进行多方案比较论证，未采用方案的扼要情况及采用方案的选定理由均应写入设计文件。

每个建设项目都应编制总体部分的总体设计文件（即综合册）和各单项工程设计文件。在初步设计阶段，应满足以下要求。

① 总体设计文件内容包括设计总说明及附录、各单项设计总图、总概算编制说明及概算总表。

② 各单项工程设计文件一般由文字说明、图纸和概算三部分组成。

在初步设计阶段还应另册提出技术规范书、分步方案，说明工程要求的技术条件及有关数据等。其中，引进设备的工程技术规范书应用中、外文编写。

2）技术设计

技术设计是根据已批准的初步设计，对设计中比较复杂的项目、遗留问题或特殊需要，通过更详细的设计和计算，进一步研究和阐明其可靠性和合理性，准确地解决各个主要技术问题。在技术设计阶段应编制修正概算。

3）施工图设计

施工图设计文件应根据批准的初步设计文件和主要设备订货合同进行编制，一般由文字说明、图纸和预算三部分组成。在施工图设计文件中，要求绘制施工详图，标明房屋、建筑物、设备的结构尺寸，说明安装设备的配置关系、布线、施工工艺，提供设备、材料明细表，并编制施工图预算。

各单项工程施工图设计应简要说明该工程初步设计方案的主要内容并对修改部分进行论述，注明有关批准文件的日期、文号及文件标题，提出详细的工程量表，测绘出完整线路，提供建筑安装施工图纸、设备安装施工图纸、工程项目的各部分工程详图和零部件明细表等。施工图设计是对初步设计（或技术设计）的完善和补充，是施工的依据。

施工图的设计应满足设备、材料的订货、施工图预算的编制、设备安装工艺及其他施工技术要求等。在施工图设计阶段可不编总体部分的综合文件。

3．设计的基本原则

（1）通信工程设计必须贯彻执行国家基本建设方针和通信技术经济政策，合理利用资源，重视环境保护。

（2）工程设计必须保证通信质量，做到技术先进，经济合理，安全适用，能够满足施工、生产和使用的要求。

（3）设计中应进行多方案比较，兼顾近期与远期通信发展的需求，合理利用已有的网络设施和装备，以保证建设项目的经济效益和社会效益，尽量降低工程造价和维护费用。

（4）设计中所采用的产品必须符合国家标准和行业标准，未经鉴定合格和试验的产品不得在工程中使用。

（5）设计工作中应尽量广泛采用适合我国国情的国内外成熟的先进技术。

（6）扩、改建工程，要充分考虑原有设施的特点，合理利用原有设备、器材等，提高工程建设的整体效益。

4．工程设计的主要技术条件

工程设计的技术条件指的是进行设计所必需的基础资料和数据，通常包括以下几项主要内容。

（1）矿藏条件（矿藏资源的储量、成分、品质、性能及有关地质资料）。

（2）水源及水文条件。

（3）区域地质和工程地质条件。

（4）设备条件。

（5）废物处理方案和要求。

（6）职工生活区的安置方案及要求。

（7）政策性规定。

（8）其他（包括建设项目所在地区周围的机场、港口、码头、文物设施、交通及军事设施对工程项目的要求、限制或影响等方面的资料等）。

任务2　了解通信工程设计的主要内容

通信工程设计是指设计工程师依据建设工程所在地的自然条件和社会要求，以及设备性能、有关设计规范，将用户（业主）对拟建工程的要求及潜在要求，转化为建设方案和图纸，并参与实施，提供服务。

通信工程设计的主要内容一般有：系统的传输设计，电/光缆线路设计，设备安装设计。

系统的传输设计包括电/光缆传输系统的一般要求、系统的传输指标、系统传输的具体设计。

电/光缆线路设计包括线路路由的选择、电/光缆的选择、电/光缆的敷设方式、电/光缆的防护设计、中继站的设计。

设备安装设计包括设备的选型原则，终端、转接站设备的安装设计。

设计工作过程可归纳如下。

（1）设计委托书的送达。

（2）对可行性研究报告和专家评估报告进行分析。

（3）工程技术人员的现场勘察。

（4）初步设计。

（5）施工图设计。

（6）编制概、预算。

（7）设计文件的编制出版。

（8）设计文件的会审。

（9）对施工现场的技术指导及对客户的回访。

已形成的设计文件是进行工程建设、指导施工的主要依据。它主要包括设计说明、工程投资概（预）算和设计图纸三个部分。

任务 3　区分通信建设工程的类别

为加强通信建设管理，规范工程施工行为，确保通信建设工程质量，原邮电部在邮部[1995]945 号文件中发布了《通信建设工程类别划分标准》，将通信建设工程分别按建设项目、单项工程划分为一类工程、二类工程、三类工程、四类工程，对每类工程的设计单位和施工企业级别都有严格的规定，不允许级别低的单位或企业承建高级别的工程。

1．按建设项目划分

（1）符合下列条件之一者为一类工程。

① 大、中型项目或投资在 5000 万元以上的通信工程项目。

② 省际通信工程项目。

③ 投资在 2000 万元以上的部定通信工程项目。

（2）符合下列条件之一者为二类工程。

① 投资在 2000 万元以下的部定通信工程项目。

② 省内通信干线工程项目。

③ 投资在 2000 万元以上的省定通信工程项目。

（3）符合下列条件之一者为三类工程。

① 投资在 2000 万元以下的省定通信工程项目。

② 投资在 500 万元以上的通信工程项目。

③ 地市局工程项目。

（4）符合下列条件之一者为四类工程。

① 县局工程项目。

② 其他小型项目。

2．按单项工程划分

（1）通信线路工程类别的划分见表 1-1。

表 1-1　通信线路工程类别

序号	项目名称	一类工程	二类工程	三类工程	四类工程
1	长途干线	省际	省内	本地网	
2	海缆	50 km 以上	50 km 以下		
3	市话线路		中继光缆或 2 万门以上市话主干线路	局间中继电缆线路或 2 万门以下市话主干线路	市话配线工程或 4000 门以下线路工程
4	有线电视网		省会及地市级城市有线电视网线路工程	县以下有线电视网线路工程	
5	建筑楼宇综合布线工程		10000 m² 以上建筑物综合布线工程	5000 m² 以上建筑物综合布线工程	5000 m² 以下建筑物综合布线工程
6	通信管道工程		48 孔以上	24 孔以上	24 孔以下

（2）通信设备安装工程类别的划分见表 1-2。

表 1-2　通信设备安装工程类别

序号	项目名称	一类工程	二类工程	三类工程	四类工程
1	市话交换	4 万门以上	4 万门以下 1 万门以上	1 万门以下 4000 门以上	4000 门以下
2	长途交换	2500 路端以上	2500 路端以下	500 路端以下	
3	通信干线传输及终端	省际	省内	本地网	
4	移动通信及无线寻呼	省会局移动通信	地市局移动通信	无线寻呼设备工程	
5	卫星地球站	C 频段天线直径 10m 以上及 ku 频段天线直径 5 m 以上	C 频段天线直径 10 m 以下及 ku 频段天线直径 5 m 以下		
6	天线铁塔		铁塔高度 100 m 以上	铁塔高度 100 m 以下	
7	数据网、分组交换网等非话务业务	省际	省会局以下		
8	电源	一类工程配套电源	二类工程配套电源	三类工程配套电源	四类工程配套电源

注：① 新业务发展按相对应的等级套用。

② 本标准中×××以上不包括×××本身，×××以下包括×××本身。

③ 天线铁塔、市话线路、有线电视网、建筑楼宇综合布线工程、通信管道工程为无一类工程收费的专业。

④ 卫星地球站、数据网、分组交换网等专业无三、四类工程，丙、丁级设计单位和三、四级施工企业不得承担此类工程任务，其他专业依此原则办理。

任务 4　掌握通信建设工程项目分类要求

通信工程可按不同的专业分为六大建设项目，每个建设项目又可分为多个单项工程，初步设计概算和施工图预算应按单项工程编制。通信建设工程项目的分类见表 1-3。

表 1-3　通信建设工程项目

建 设 项 目	单 项 工 程	备　注
长途通信电缆/光工程	省段电/光缆分路段线路工程（包括线路、巡房等）	进局及中继电/光缆工程按每个城市作为一个单项工程。 同一项目中较大的水底电/光缆工程按每处作为一个单项工程
	终端站、分路站、转接站、数字复用设备及电/光设备安装工程	
	电/光缆分路段中继站设备安装工程	
	终端站、分路站、转接站、中继站电源设备安装工程（包括专用高压供电线路工程）	
	进局电/光缆、中继电/光缆线路工程（包括通信管道）	
	水底电/光缆工程（包括水线房建筑及设备安装）	
	分路站、转接站房屋建筑工程（包括机房、附属生产房屋、线务段、生活房屋、进站段通信管道）	
微波通信干线工程	省段微波站微波设备安装工程（包括天线、馈线等）	微波二级干线可按站划分单项工程
	省段微波站复用终端设备安装工程	
	省段微波站电源设备安装工程（包括专用高压供电线路工程）	
地球站通信工程	地球站设备安装工程（包括天线、馈线）	
	复用终端设备安装工程	
	电源设备安装工程（包括专用高压供电线路工程）	
	中继传输设备安装工程	
移动通信工程	移动交换局（控制中心）设备安装工程	中继传输线路工程如采用微波线路，可参照微波干线工程增列单项工程；如采用有线线路，可参照市话线路工程增列单项工程
	基站设备安装工程	
	基站、交换局电源设备安装工程	
	中继传输线路工程	
长途电信枢纽工程	长途自动交换设备安装工程	传真设备安装工程视工程量大小可单独作为单项工程或并入人工设备安装单项工程中。 同一建设项目中收、发信台分地建设时，电源、天线、馈线、遥控线、房屋、专用高压供电线路、台外道路等均可分别作为单项工程
	长途人工交换设备安装工程	
	人工电报设备安装工程（包括传真机）	
	微波、载波设备（包括天线、馈线）或数字复用设备安装工程	
	会议电话设备安装工程	
	通信电源设备安装工程	
	无线电终端设备安装工程	
	长途进局线路工程	
	通信管道工程	
	中继线路工程（包括终端设备）	
	弱电系统设备安装工程（包括小交换机、时钟、监控设备等）	
	专用高压供电线路工程	
	数据设备安装工程	

续表

建 设 项 目	单 项 工 程	备　　注
市话通信工程	分局交换设备安装工程	市话网络设计可纳入总体部分的综合册，不作为单项工程。 专用高压供电线路工程的设计文件由承包设计单位编制，概、预算及技术要求纳入电源单项工程中，不另列单项工程
	分局电源设备安装工程（包括专用高压供电线路工程）	
	分局用户线路工程（包括主干及配线电缆、交换及配线设备集线器、杆路等）	
	通信管道工程	
	中继线路工程（包括音频电缆、PCM 电缆、光缆）	
	中继线路数字设备安装工程	

注：① 一点多址工程不划分单项工程。

② 表中未包括的通信建设工程项目由设计单位划分单项工程。

单元 2　工程制图的基本概念

图纸是工程领域的通用语言，是人类进行交流的三大媒介（语言、文字、图）之一。在工程技术中，采用图样来表达技术思想，往往比用文字更精确、更方便，也更具应用性、通用性。工程图作为工程界的通用语言，具有跨地域、跨行业的特点，古今中外，尽管语言、文字不同，但工程图的表达方法可以说都是相通的。

任务 1　了解工程图样及其作用

根据投影原理、制图标准或有关规定表示工程对象，并有必要技术说明的图，称为工程图样，简称图纸。

使用图形符号、文字符号、文字说明及标注等，按不同专业的要求将工程对象画在一个平面上表达出来，这样就组成了一张工程图纸。为了读懂图纸就必须了解和掌握图纸中各种图形符号、文字符号等所代表的含义。专业人员通过图纸了解工程规模、工程内容，统计出工程量，编制工程概、预算。在概、预算编制中，阅读图纸、统计工程量的过程就称为识图。

工程图样与文字、语言一样，是工程技术人员表达、构思、分析和交流思想的重要工具。无论是机械设备的设计、制造与安装，还是工程施工、电路分析与程序设计，都离不开工程图样。工程图样是工程技术界的共同语言。所有工程技术人员都必须学习和掌握这种语言。

工程图样是工程与产品信息的载体，是产品生命全过程信息的集合，集中体现了产品的设计要求、工艺要求、检测及装配要求等各方面的信息。在现代工业生产中，工程图样广泛应用于机械、电子、建筑等工程领域，是工程界表达、交流的语言。

工程制图是以几何学和国家制图标准为基础，以投影理论为方法，研究几何形体的构成、表达及工程图样绘制、阅读的技术基础课。计算机和软件技术的发展及其在工程制图中的应用，改变了过去工程图样的制作方式，人们借助 CAD 系统，建立描述对象的模型，进行对象的仿真，生成表达对象的图形，提高了设计的效率和质量。同时，高质量、高效率的计算机绘图软件给工程技术人员进行创造性设计提供了广阔的天地。因此，包括传统工程制图和计算机绘图内容的现代工程制图成为了各高校工科专业的必修课。

计算机绘图的出现，使整个绘图学领域进入了一个新的时代。随着计算机及网络技术的飞速发展，制图技术已逐步走向自动化和智能化，并为图示和图解的广泛应用提供了更加便利的条件。

任务 2　熟悉工程制图的标准

工程图纸是工程技术界的共同语言，如果语言不合规范，表达不合语法，就无法达到交流的目的，也无法被工程领域接受和采用。为了便于进行技术交流和指导生产，必须有统一的规定。

无论哪一种图纸的设计，都是用规定的"工程语言"来描述其设计的内容，表达工程设计思想，指导加工、生产、安装和维修的。其基本"词汇"就是各种文字图形符号，其"语法"则是有关文字图形符号的规则、标准及表达方式等。

通信工程图纸是在对施工现场仔细勘察和认真搜索资料的基础上，通过图形符号、文字符号、文字说明及标注来表达具体工程性质的一种图纸。它是通信工程设计的重要组成部分，是指导施工的主要依据。通信工程图纸里面包含了诸如路由信息、设备配置安放情况、技术数据、主要说明等内容。

通信工程制图就是将图形符号、文字符号按不同专业的要求画在一个平面上，使工程施工技术人员通过阅读图纸就能够了解工程规模、工程内容，统计出工程量及编制工程概、预算。只有绘制出准确的通信工程图纸，才能对通信工程施工具有正确的指导性意义。因此，通信工程技术人员必须要掌握通信制图的方法。

为了便于工程应用，便于交流，保证生产顺利进行，使通信工程的图纸做到规格统一、画法一致、图面清晰，符合施工、存档和生产维护要求，在进行设计时，设计出的每一张图纸、图纸上标注出的每一个数据、符号都应符合国家标准，这些标准对有关的文字、图形、符号、标志及代号都进行了详细的规定，这样有利于提高设计效率、保证设计质量和适应通信工程建设的需要。在设计过程中，要求依据以下国家及行业标准编制通信工程制图与图形符号标准：

GB/T 4728.1—13《电气通用图形符号》

GB/T 6988.1—7《电气制图》

GB/T 50104—2001《建筑制图标准》

GB/T 7929—1995《1∶500 1∶1000 1∶2000 地形图图式》

GB 7159—1987《电气技术中的文字符号制定通则》

GB 7356—1987《电气系统说明书用简图的编制》

YD/T 5015—1995《电气工程制图与图形符号》

任务 3　了解电子工程制图的优点

利用计算机生成各种工程图样的方法称为电子工程制图。电子工程制图与手工绘图相比具有以下优点。

（1）速度快。计算机的运行速度是人无法比拟的。计算机不知疲倦，可以根据人们的需要长时间工作。利用友好的人机交互界面，所有的绘图工作只需通过操作鼠标就可以完成。可反复调用图形，避免或减少重复劳动。可用扫描设备直接读图，节省大量的绘图时间。

（2）精度高。计算机是按程序工作的，通过数值计算和迭代算法可获得很高的计算精度。

（3）编辑修改极为方便。在计算机上，图形的移动、删除、复制、缩放等操作十分简单。

（4）易于长期保存。在计算机上所画图形可以用多种介质来保存，并可随时调用，重复调用。

（5）可实现资源共享。利用计算机网络，可实现图形资源的共享。可通过电子邮件传送图形。

（6）表现效果好。利用计算机高速的数据处理功能，可对所绘图形进行着色、渲染，形成逼真的三维效果图；可实现计算机模拟仿真。

（7）打印输出灵活。使用计算机绘图基本不受幅面限制。计算机所绘图形可通过打印机、绘图仪绘制在不同大小的图纸上，可输出单色或彩色图形，也可用多种格式输入、输出图形。

（8）可实现设计、制造一体化。将计算机所绘的零件图形通过适当的方式转换为数控加工程序，可直接在数控机床上进行零件加工，实现辅助设计与辅助制造（CAD/CAM）一体化。

任务 4 了解电子工程制图的主要应用

目前，计算机绘图在机械、航空、冶金、造船、建筑、化工、电子等行业的工程设计中得到了广泛的应用。在工程设计方面，计算机绘图常用来进行机械结构和部件的设计，汽车、飞机的外形设计，房屋建筑、电路管道设计等；在理论研究方面，计算机绘图可用来绘制数学、物理以及其他学科中的各种二维和三维图形，如各种曲线、曲面等；在数据处理方面，计算机绘图在地理、气象及其他自然现象的勘探、测量上也得到了广泛的应用，例如地理图、地形图、矿藏分布图、海洋地理图、气象图、人口分布图，以及其他各类等高线图；在模拟仿真方面，不但可以通过图形显示所研究的数学函数，而且还能把科学现象进行数学建模，再把此数学模型以图表或图像形象地表示出来，或以动画方式来模拟物体随时间的变化规律，如水流、化学反应、生物学活动及机械运动、电路模拟及材料在负荷下的变形等；在艺术和商业方面，利用计算机可以绘制各种图案、花纹，以及传统的油画和中国画。计算机绘图在植物生长过程模拟、印染及服务业、医学、教育等众多领域，也有着广泛的应用。

工程图纸绘制的工作量较大而且技术复杂，尽管有标准图例可供参考，但要靠手工把它们有机地组合在一起，要求准确、整齐、美观，并不是一件简单的事情，何况还要经过描图、晒图等过程，因而图纸质量不稳定，效率也很低，从而使设计周期大为延长。

基于 Windows 的绘图应用软件市面上有许多，如 AutoCAD、Visio Drawing 等，都是很好的绘图应用软件，设计人员可利用它们强大而丰富的功能绘制所需的工程设计图纸，特别是有些应用软件具有二次开发的功能，每个设计人员或绘图员可以根据自己的工作方式，在原版本上定制一些新的功能。部分软件也允许用户和开发者进行扩充和修改，以最大限度地满足工程技术人员的各种特殊的需要。绘制的图纸可在打印机或绘图仪上直接输出，成为设计文件的图纸，不仅降低了工程技术人员的劳动强度，提高了工作效率（省略传统的图纸出版过程），也使图纸质量有了充分保证。此外，图纸将以数据形式长期保存，复制也极为方便，这是传统的手工绘图所不能比拟的。

单元 3　通信工程设计流程

通信工程设计必须先由建设单位根据电信发展的规划，下达设计任务书。设计任务书中应包含下列内容：设计中必须考虑的原则；工程的规范、内容、性质和意义；对设计的特殊要求；建设投资、时间和"利旧"的可能性等。

任务 1　了解设计阶段的划分

通信工程设计可分为三阶段设计、二阶段设计或一阶段设计。

三阶段设计：初步设计（附初步设计概算）、技术设计（附修正概算）、施工图设计（附施工图预算）。

二阶段设计：扩大初步设计（附初步设计概算）、施工图设计（附施工图预算）。

一阶段设计：施工图设计（附施工图预算，只适用于一些规模小、技术简单的小工程）。

任务 2　熟悉工程设计文件

完整的工程设计文件包括文字资料和图表两大部分。

1．文字资料部分

本部分包括：设计文件、资料图纸目录、说明书、设备表、材料表等。

下面是某中心机房的工程设计文本目录。

1．总论
    1.1　工程概况
    1.2　设计依据
    1.3　项目进度计划
    1.4　工程设计与责任分工
2．××电信短信中心平台现状
3．业务预测及需求估算
4．本期工程建设方案
5．本期工程资源需求
6．机房建设及相关要求
7．管理人员编制
8．预算说明
    8.1　工程概况
    8.2　编制依据
    8.3　相关费率的取定信计算方法
    8.4　调研和一阶段设计对比
    8.5　工程技术经济指标分析

2. 工程设计图表

此部分包括以下内容（以机房设计为例）：

（1）网络组织结构图。

（2）机房设备布置平面图。

（3）机房走线路由平面图。

（4）主设备板位图。

（5）天馈线安装示意图。

（6）基站防雷接地示意图。

（7）ODF 架端子分配图。

（8）DDF 架端子分配图。

（9）直流分配屏熔丝分配示意图（电路域）。

任务 3　掌握设计流程

下面就通信线路工程的初步设计流程进行简要说明。

按照已批准的设计任务书或审批后的方案报告，通过深入的现场勘察、初测和调查，进一步确定工程建设方案。并对方案的经济指标进行论证，编制工程概算，提出工程所需投资额，为组织工作所需的设备生产、器材供应、工程建设进度提供依据，以及对新设备、新技术的采用提出方案。这是初步设计的目的。

初步设计的文件包括目录、设计说明、概算、图纸 4 个部分。编写要求如下。

1. 目录

将设计说明、概算、图纸 3 个项目分别列出。

2. 设计说明

概括说明工程全貌，简述所选定的设计方案、主要设计标准和技术措施等。应注意使用规定的通用名词、符号、术语和图例。

（1）概述。

① 设计依据：说明进行设计的根据，如设计任务书、勘察报告（或会议纪要）等文件。

② 设计范围：根据工程性质，重点说明本设计包括哪些项目与内容。同时应明确与机械、土建及其他专业的分工，并说明与本工程有关的其他设计项目名称和不列入本设计内的另列单项设计的项目（如较大河流的水底电/光缆或中继电/光缆等）。

③ 与设计任务书不一致的内容及变更原因：重点说明变更的段落、理由。

④ 主要工程量表：列表说明主要工程量，以便对工程全貌有一个概要的了解。

（2）路由论述。首先说明所选定的路由在行政区所处的位置（例如干线线路在本省内的起止地点，沿途主要城镇以及线路总长度），然后分述下列各点。

① 沿线自然条件简述：简要说明路由沿山脉、丘陵、平原的大致分布、线路在这些地段所占的比例以及交通、农田、水利、土质分布等情况。

② 路由方案的比较：简述选择线路路由的原则；说明干线路由在技术、经济的合理性方面是如何考虑的；路由与干线铁路、国家级战备公路等重大军事目标的隔距要求。粗略估

算沿一般公路的段落、隔距与长度；沿乡村大道及无路地段的段落长度，综合说明所选定的路由在施工、维护等方面的难易程度。

③ 穿越较大河流、湖泊水底的电缆路由说明：重点说明水底电/光缆的设计方案和特殊结构要求、主备用水底电/光缆的设计及其倒换方式。另外对水底电/光缆的长度、敷设方法、保护措施、埋深标准、水线房结构及充气维护方式等配置也应加以说明，并应附加过河地点的平、断面图。

（3）设计标准及设计措施。应着重说明工程主要设计标准与技术措施。例如：线路建筑方式的确定；水底电/光缆的敷设方式、埋深与接续要求；气压维护系统方案；站、房建筑标准；维护区、段的区分；工程用料方式、结构及使用场合；电/光缆对防雷、防蚀、防强电影响及防机械损伤等防护措施的要求及相关技术措施。对工程中采用的新技术、新设备应重点加以说明。

（4）其他问题：有待上级机关进一步解决和明确的问题；有关科研项目的提出；与有关单位和部门协商问题的结果；下阶段设计应进一步落实的问题；需要请建设单位进一步做的工作和需要注意的问题；其他需要进一步说明的问题。

3．概算

（1）概算依据。

（2）根据本工程的实际情况，需要对原概算指标、施工定额及费率等有关项目进行调整的内容，说明特殊工程项目概算指标、施工定额的编制及其他有关主要问题。

（3）概算表格。

4．施工图

在初步设计中应根据不同程度的实际需要绘制工程设计的主要图纸。如线路方案比较图、线路路由图、线路系统配置图、各种电/光缆结构断面图、电缆配线图、管道施工图、水底电缆平、断面图等。

施工图是工程建设的施工依据，施工图设计的目的是为了按照经过批准的初步设计进行定点、定线测量，确定防护段落和使各项技术措施具体化。故施工图必须有详尽尺寸，规定具体的做法和要求。图中应注有准确的位置、地点，使施工人员按图纸就可以施工。施工图设计文件可另行装订，一般可分为封面、目录、设计说明、设备与器材修正表、图纸等内容。

施工图设计与初步设计在内容上是基本相同的，只是施工图设计是经过定点、定线实地测量后编制的，掌握和收集的资料更加详细和全面，所以要求设计文件及内容更为准确，能依据图纸进行直接施工。

在施工图设计说明中，除应将初步设计说明更进一步论述外，还应将通过实地测量后对各项单项工程的具体问题的"设计考虑"加以详尽说明，使施工人员能深入领会设计意图，做到按设计施工。

图纸是施工人员最直观、最基本的指导资料，所以要求施工设计中的各种图纸应尽量反映出客观实际和设计意图。除有关施工和验收技术规范（如部颁"全塑施工规范"和"市线施工规范"）中已有定型的施（加）工图可不在设计中画出外，其他各种施工图均应画出。

初步设计完成后，应装订成册，分发至各相关单位。

项目小结

通信工程设计是通信工程项目建设的基础。设计是工程建设程序中必不可少的一个重要组成部分。通信工程设计就是根据项目的要求，将相关的科技成果、实际的工作经验、现行的技术标准、工程设计人员的智慧、创造性的劳动融为一体，它将全面、准确、合理、具体地指导通信工程建设与施工的全过程。

图纸是工程领域的通用语言，是人类进行交流的三大媒介（语言、文字、图）之一。在工程技术中，采用图来表达技术思想，往往比用文字更精确、更方便，也更具应用性、通用性。

通信工程设计可分为三阶段设计、二阶段设计或一阶段设计。三阶段设计：初步设计（附初步设计概算）、技术设计（附修正概算）、施工图设计（附施工图预算）；二阶段设计：扩大初步设计（附初步设计概算）、施工图设计（附施工图预算）；一阶段设计：施工图设计（附施工图预算，只适用于一些规模小、技术简单的小工程）。

初步设计的文件包括目录、设计说明、概算、图纸四个部分。

思考题

1. 通信建设工程项目是如何分类的？
2. 通信工程设计包括哪些主要内容？
3. 初步设计的说明部分包括哪些内容？

项目实训

1. 试对通信工程设计的基本原则进行详细说明。
2. 起草一份关于当地水源及水文条件的调查报告。

项目二　绘图软件 AutoCAD 2014 的应用

项目要求

AutoCAD 自 1982 年问世以来，经历了多次升级，每一次升级，其功能都得到了增强，目前已成为工程设计领域中应用最为广泛的计算机辅助绘图软件之一。AutoCAD 2014 是 Autodesk 公司于 2013 年推出的最新版本，与 2009 版程序兼容，具有很好的整合性。本项目以 AutoCAD 2014 为软件平台，介绍计算机绘图的方法，通过学习，应达到如下基本要求：

（1）熟悉 AutoCAD 2014 的操作界面，学会设置绘图环境。

（2）熟练使用各种二维绘图命令绘制基本图形。

（3）掌握基本绘图工具的使用方法，正确实现图层设置、精确定位、对象捕捉、缩放和平移等功能。

（4）熟练使用各种编辑命令对所绘制图形进行编辑、修改。

（5）能根据实际图纸要求正确进行文本输入和尺寸标注，且能对所输入的文本和尺寸进行编辑、修改。

单元 1　AutoCAD 2014 使用入门

AutoCAD 是工程技术人员设计、绘图的重要工具，在机械、建筑、服装、通信、电子等领域得到了广泛的应用。

本单元中，我们学习有关 AutoCAD 2014 绘图的基本知识。了解如何设置系统参数、样板图，熟悉建立新的图形文件、打开已有文件的方法等。主要包括绘图环境设置、工作界面设置、绘图系统配置、文件管理、基本输入操作等内容。

任务 1　熟悉 AutoCAD 2014 操作界面

在计算机上安装好 AutoCAD 2014 软件后，就可以启动它，启动的方法有如下几种。

（1）在 Windows 桌面上双击 AutoCAD 2014 中文版快捷图标 。

（2）在 Windows 桌面上单击屏幕下边任务栏左侧的快速启动工具栏的快捷图标 。

（3）在桌面左下角单击"开始"按钮，在弹出的菜单中选择"程序"，从程序子菜单中找到 AutoCAD 2014，单击启动。

（4）双击已经存盘的任意一个 AutoCAD 图形文件（.dwg 文件）。

AutoCAD 2014 为用户提供了自 AutoCAD 2009 出现以来的新风格操作界面，也提供了方便的系统定制功能。

AutoCAD 2014 的操作界面是 AutoCAD 显示、编辑图形的区域，一个完整的 AutoCAD 2014 中文版的操作界面如图 2-1 所示，其中包括标题栏、绘图区、十字光标、菜单栏、工具栏、坐标系、状态栏和滚动条等。

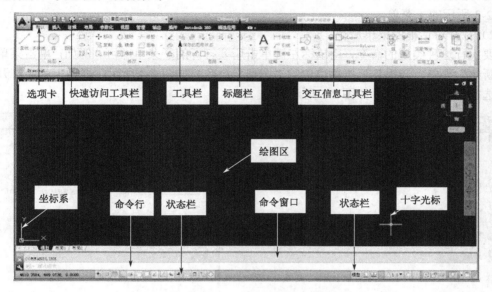

图 2-1　AutoCAD 2014 中文版的操作界面

1．标题栏

标题栏位于用户界面的顶部，最左侧显示该程序的图标及当前操作图形文件的名称，单击该图标按钮，可进行菜单浏览；接下来是快速访问工具栏，右侧为交互信息工具栏，最右端是窗口控制按钮，可以实现对程序窗口状态的调节。

2．选项卡

AutoCAD 2014 的选项卡包括"默认""插入""注释""布局""参数化""视图""管理""输出""插件""Autodesk360"和"精选应用"共 11 项，可从中选取所需工具进行所有的绘图操作。

3．菜单栏

AutoCAD 2014 的菜单栏包含 12 个菜单："文件""编辑""视图""插入""格式""工具""绘图""标注""修改""参数""窗口""帮助"，这些菜单几乎包含了 AutoCAD 2014 的所有绘图命令，用户可以通过菜单访问命令和选项、输入关键字来搜索菜单项或预览最近打开的图形文件。它们在默认状态下处于隐藏状态，打开后如图 2-2 所示。

图 2-2　AutoCAD 2014 的菜单栏

在菜单浏览器 上单击左键，可以打开主菜单，一般来讲，AutoCAD 2014 下拉菜单中的命令有以下 3 种：

1）带有小三角形的菜单命令

这种类型的命令带有子菜单。例如，单击菜单栏中的"文件"菜单，屏幕上就会显示出如图 2-3 所示的子菜单。

2）打开对话框的菜单命令

要执行这种类型的命令，用鼠标左键单击所要打开的子菜单即可。例如，单击菜单栏中的"新建"菜单，选择其下拉菜单中的"图形"命令，如图 2-4 所示。屏幕上就会打开对应的"选择样板"对话框，如图 2-5 所示。

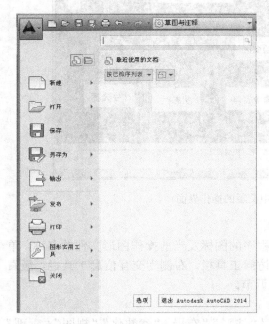

图 2-3　带有子菜单的菜单命令

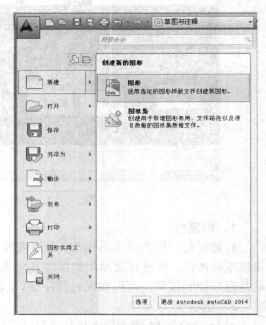

图 2-4　激活相应对话框的菜单命令

图 2-5　"选择样板"对话框

3）直接操作的菜单命令

这种类型的命令将使系统直接进行相应的绘图或其他操作。例如，选择"块"菜单中的
"块编辑器"命令"BEDIT"，系统将直接在块编辑器中打开块定义，如图 2-6 所示。

4．工具栏

工具栏是一组图标型工具的集合，把光标移动到某个图标上，稍停片刻即在该图标一侧显示相应的工具提示，同时在状态栏中，显示对应的说明和命令名。此时，单击图标也可以启动相应命令。

图 2-6　直接执行菜单命令

AutoCAD 2014 在绘图区域的顶部包含标准选项卡式功能区。可以通过该选项卡访问常用的所有命令。此外，"快速访问"工具栏包括了用户熟悉的命令，如"新建""打开""保存""打印""放弃"等，如图 2-7 所示。

图 2-7　"快速访问"工具栏

在任一选项卡工具栏的右下角的三角形上单击鼠标左键，系统会自动打开该工具栏的所有图标，如图 2-8 所示。

将光标移至图标上，即可显示该图标的操作说明和命令，例如在"多段线"的图标上放置光标后，就出现操作说明和命令提示，如图 2-9 所示。单击该图标，即可执行相应命令。

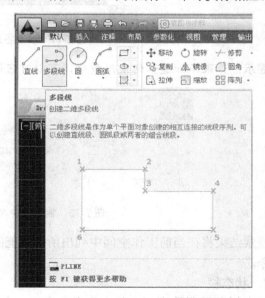

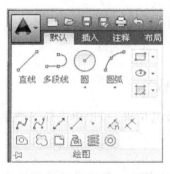

图 2-8　"绘图"工具栏的图标　　　　　图 2-9　"多段线"使用说明

5．绘图区

绘图区是指在标题栏下方的大片空白区域，绘图区是用户使用 AutoCAD 2014 绘制图形

的区域，用户完成设计的主要工作都是在绘图区域中完成的。

在绘图区域中，光标的形状类似十字线，其交点反映了光标在当前坐标系中的位置。在AutoCAD 2014 中，通过十字光标显示当前点的位置。十字线的方向与当前用户坐标系的 X 轴、Y 轴方向平行，十字线的长度被系统预设为屏幕大小的 5%，如图 2-1 所示。

6. 命令窗口

AutoCAD 界面的核心部分是命令提示窗口，它通常固定在应用程序窗口的底部。命令窗口可显示提示、选项和消息，如图 2-10 所示。

图 2-10　命令窗口

可以直接在命令窗口中输入命令，而不使用功能区、工具栏和菜单。许多长期使用AutoCAD 的用户喜欢使用此方法。

可以看到，当开始键入命令时，会激活系统的自动完成功能。当提供了多个可能的命令时，可以通过单击或使用箭头键并按 Enter 键或空格键来进行选择，如图 2-11 所示。

图 2-11　多个备选的命令

提示：如果不知道如何使用命令，可以对它进行搜索，如图 2-12 所示。

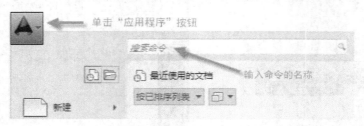

图 2-12　输入命令名称进行搜索

搜索结果将在当前工作空间中列出所有可能的命令及其位置。可以单击任何结果来启动该命令。

7. 状态栏

状态栏在屏幕的底部，其上是命令窗口。在默认的状态下，左端显示绘图区中光标定位点的坐标 x、y、z 的值，然后依次为"捕捉""栅格""正交""极轴""对象捕捉""对象追踪""允许/禁止动态 UCS""动态数据输入""线宽"和"模型" 10 个辅助绘图工具按钮，如图 2-13 所示。以鼠标左键单击这些按钮，可以打开或关闭相应的功能。单击鼠标右键，即可弹出"状态栏菜单"，在该菜单中可以设置状态栏中显示的辅助绘图工具按钮。

图 2-13　状态栏

状态栏的中部是布局标签，AutoCAD 2014 系统默认设定一个模型空间布局标签和"布局 1""布局 2"两个图纸空间布局标签，如图 2-14 所示。

1）布局

布局是系统为绘图设置的一种环境，包括图纸大小、尺寸单位、角度设定、数值精确度等，在系统预设的 3 个标签中，这些环境变量都按默认设置。用户可根据实际需要改变这些变量的值。比如，默认的尺寸单位是毫米，如果绘制的图形单位是英寸，就可以改变尺寸单位环境变量的设置。用户也可以根据需要设置符合自己要求的新标签，具体方法也在后面的任务中介绍。

2）模型空间

AutoCAD 的空间分模型空间和图纸空间。模型空间是我们通常绘图的环境，而在图纸空间中，用户可以创建名为"浮动视口"的区域，以不同视图显示所绘图形。用户可以在图纸空间中调整浮动视口并决定所包含视图的缩放比例。如果选择图纸空间，则可打印多个视图，用户可以打印任意布局的视图。在后面的任务中，将专门详细地讲解模型空间与图纸空间的有关知识。

AutoCAD 2014 系统默认打开模型空间，用户可以通过鼠标左键单击选择需要的布局。

状态栏的右边显示的是注释比例，如图 2-15 所示。

通过状态栏中的图标，可以很方便地访问常用注释比例功能。

图 2-14　布局标签　　图 2-15　注释比例状态栏

（1）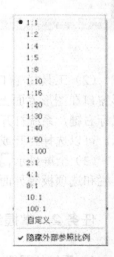 注释比例：以鼠标左键单击注释比例右下角小三角符号，系统弹出注释比例列表，如图 2-16 所示，可以根据需要选择适当的注释比例。

（2）注释可见性：当图标亮显时表示显示所有比例的注释性对象；当图标变暗时表示仅显示当前比例的注释性对象。

（3）注释比例更改时，自动将比例添加到注释对象。

状态栏的右下角是状态栏托盘，如图 2-17 所示。

通过状态栏托盘中的图标，可以很方便地访问常用功能。以鼠标右键单击状态栏或以左键单击鼠标右下角小三角符号可以控制开关按钮的显示与隐藏或更改托盘设置。以下是在状态栏托盘中显示的图标：

（1）工作空间图标：以鼠标左键单击图标可以从现行状态切换到另一工作空间状态，以鼠标右键单击图标可弹出"工作空间设置"对话框，如图 2-18 所示。许多老用户习惯使用如图 2-19 所示的经典工作空间。

图 2-16　注释比例列表

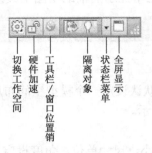

图 2-17　状态栏托盘　　　　　　图 2-18　"工作空间设置"对话框

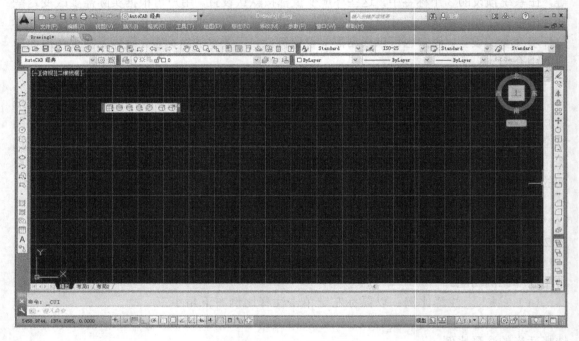

图 2-19　经典工作空间

（2）工具栏/窗口位置锁 ：可以控制是否锁定工具栏或图形窗口在图形界面上的位置。在工具栏/窗口位置锁图标上单击鼠标右键，系统打开工具栏/窗口位置锁右键菜单，如图 2-20 所示。可以选择打开或锁定相关选项位置。

（3）全屏显示 ：可以清除 AutoCAD 窗口中的标题栏、工具栏和选项板等界面元素，使 AutoCAD 的绘图窗口全屏显示。

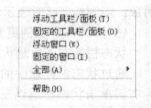

图 2-20　工具栏/窗口位置锁
右键菜单

任务 2　掌握绘图环境的设置

1. 系统的配置

AutoCAD 2014 的界面中心是绘图区，所有的绘图结果都反映在这个区域。一般来讲，使用默认配置就可以绘图，通常打开 AutoCAD 2014 后的默认界面为模型空间，这是一个没有任何边界、无限大的区域，因此，我们可以按照所绘图形的实际尺寸采用 1∶1 的比例尺在模型空间中绘图。为了使用用户的定点设备或打印机，以及为提高绘图的效率，建议用户在开始绘图前先进行必要的配置。

1）执行方式

菜单：工具→选项。

命令行：preferences。

2）操作方法

右键菜单：选项（单击鼠标右键，系统打开右键菜单，其中包括一些最常用的命令，如图 2-21 所示）。

执行上述命令后，系统自动打开"选项"对话框。用户可以在该对话框中选择有关选项，对系统进行配置。下面就其中几个主要的选项卡进行说明，其他配置选项，在后面用到时再具体说明。

（1）系统配置。"选项"对话框中的第五个选项卡为"系统"选项卡，如图 2-22 所示。该选项卡用来设置 AutoCAD 系统的有关特性。其中"常规选项"选项组确定是否选择系统配置的有关基本选项。

图 2-21　"选项"右键菜单

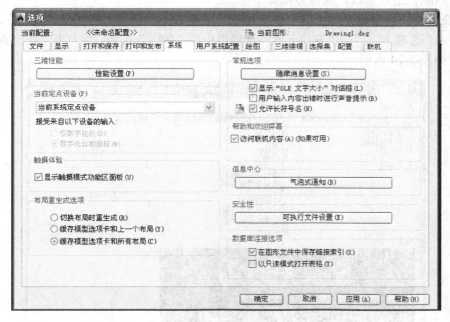

图 2-22　"系统"选项卡

（2）显示配置。在"选项"对话框中的第二个选项卡为"显示"选项卡，该选项卡控制 AutoCAD 窗口的外观。如图 2-23 所示。该选项卡设定屏幕菜单、屏幕颜色、光标大小、命令行窗口中文字行数、AutoCAD 的版面布局、各实体的显示分辨率以及 AutoCAD 运行时的其他各项性能参数。对于有关选项的设置读者可自己参照"帮助"文件学习。

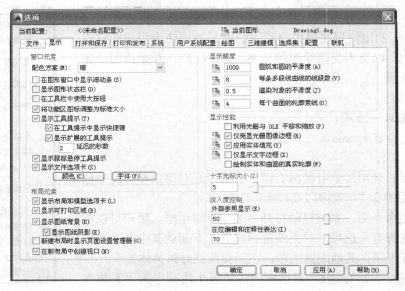

图 2-23　"显示"选项卡

在默认情况下，AutoCAD 2014 的绘图窗口采用黑色背景、白色线条，用户可根据需要对绘图窗口颜色进行修改，操作方法如下：

① 在绘图窗口中选择"工具"→"选项"菜单命令。屏幕上将弹出"选项"对话框。打开"显示"选项卡，单击"窗口元素"选项组中的"颜色"按钮，将打开"图形窗口颜色"对话框，如图 2-24 所示。

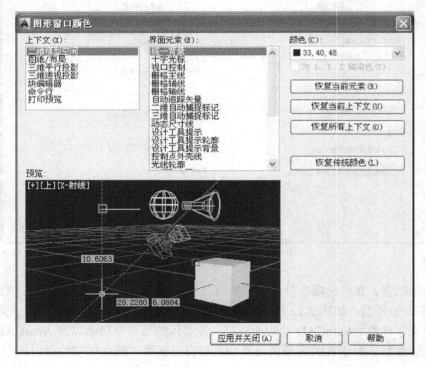

图 2-24　"图形窗口颜色"对话框

② 以鼠标左键单击"图形窗口颜色"对话框中"颜色"下拉列表框右侧的下拉箭头，在打开的下拉列表中，选择需要的窗口颜色，然后单击"应用并关闭"按钮。

2．绘图界限的设置

绘图窗口内显示范围不等于绘图区域，可能比绘图区域大，也可能比绘图区域小。绘图区域是用左下角点和右上角点来限定的矩形区域。一般左下角点总设在世界坐标系（WCS）的原点（0，0）处，右上角点则用图纸的长和宽作为点坐标。由于绘制的图形大小各异，在绘图前用户应首先确定绘图的界限，其方法是使用图形界限命令（LIMITS）。

1）执行方式

菜单：格式→图形界限。

命令行：LIMITS。

2）操作步骤

输入命令：LIMITS✓

重新设置模型空间界限

指定左下角点或[开（ON）/关（OFF）]：＜0.0000，0.0000＞✓

指定右上角点或＜420.0000，297.0000＞：✓

也可以按光标位置直接按下鼠标左键确定角点位置，如图 2-25 所示。

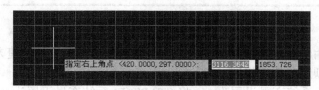

图 2-25　绘图界限的设置

这样一张 A3 图幅的界限就设置好了。

提示：

使用图形界限命令虽然改变了绘图区域的大小，但绘图窗口内显示的范围并没有改变，仍然保持原来的显示状态。若要使改变后的绘图区域充满绘图窗口，必须使用缩放（ZOOM）命令来改变图形在屏幕上的视觉尺寸。

任务 3　掌握文件管理的方法

本次任务介绍有关文件管理的一些基本操作方法，包括新建文件、打开已有文件、保存文件、删除文件等，这些都是进行 AutoCAD 2014 操作的最基础的知识。

1．新建文件

1）执行方式

菜单：文件（F）→新建（N）。

工具栏：标准→新建□。

命令行：NEW 或 QNEW。

也可使用快捷键 Ctrl+N 快速打开。

2）操作方法

执行上述命令后，系统打开"选择样板"对话框，如图 2-26 所示。

图 2-26　"选择样板"对话框

另外还可以使用快速创建图形功能，该功能是创建新图形的最快捷方法。在运行快速创建图形功能之前必须进行如下设置：

① 将 FILEDIA 系统变量设置为 1；将 STARTUP 系统变量设置为 0。

② 从"工具"→"选项"菜单中选择默认图形样板文件。具体方法是：在"文件"选项卡下，单击"样板设置"节点下的"快速新建的默认样板文件"分节点，如图 2-27 所示。单击"浏览"按钮，打开"选择文件"对话框，然后选择需要的样板文件。

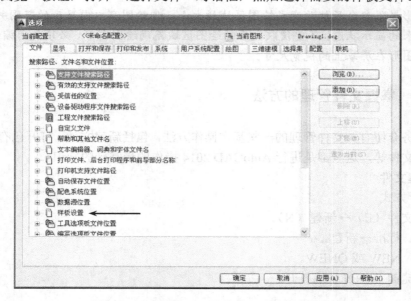

图 2-27　"选项"对话框的"文件"选项卡

2．打开文件

1）执行方式

菜单：文件（F）→打开（O）。

工具栏：标准→打开 。

命令行：OPEN。

2）操作方法

执行上述命令后，打开"选择文件"对话框，如图 2-28 所示。在"文件类型"列表框中用户可选".dwg"文件、".dwt"文件、".dxf"文件和".dws"文件。".dws"文件是包含标准图层、标注样式、线型和文字样式的样板文件。".dxf"文件是用文本形式存储的图形文件，能够被其他程序读取，许多第三方应用软件都支持".dxf"格式。

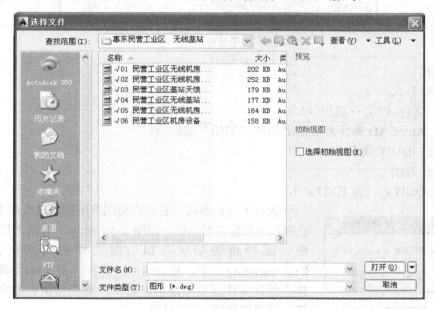

图 2-28　"选择文件"对话框

3．保存文件

1）执行方式

菜单：文件（F）→保存（S）。

工具栏：标准→保存 。

命令名：QSAVE(或 SAVE)。

2）操作方法

执行上述命令后，若文件已命名，则 AutoCAD 自动保存；若文件未命名（即使用默认名 drawingl.dwg），则系统打开"图形另存为"对话框，如图 2-29 所示。用户可以命名、保存此文件。在"保存于"下拉列表框中可以指定保存文件的路径；在"文件类型"下拉列表框中可以指定保存文件的类型。

为了防止因意外操作或计算机系统故障导致正在绘制的图形文件丢失，可以对当前图形文件设置自动保存。

图 2-29　"图形另存为"对话框

4．退出

1）执行方式

菜单：文件（F）→退出（X）。

按钮：AutoCAD 操作界面右上角的"关闭"按钮▨。

命令行：QUIT 或 EXIT。

2）操作方法

命令：QUIT✓（或 EXIT✓）。

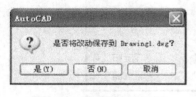

图 2-30　系统警告对话框

执行上述命令后，若用户对图形所做的修改尚未保存，则会弹出系统警告对话框，如图 2-30 所示。选择"是（Y）"按钮，系统将图形保存到当前文件夹的默认文件（如 Drawing1.dwg）中，然后退出；选择"否（N）"按钮，系统将不保存文件而直接退出。若用户对图形所做的修改已经保存，则直接关闭 AutoCAD。

任务 4　掌握基本操作命令

任何一幅工程图样都是由一些基本图形元素（如直线、圆、圆弧和文字等）组成的，学习 AutoCAD 首先应掌握基本图形元素的绘图方法。本次任务介绍最基本的操作命令，引导读者掌握一些最基本的操作知识。

1．命令输入方式

使用 AutoCAD 进行交互绘图必须输入必要的指令和参数。有多种 AutoCAD 命令输入方式。

（1）在命令窗口输入命令名。命令字符可不区分大小写。执行命令时，在命令行提示中经常会出现命令选项。如输入绘制直线命令"LINE"后，命令行中的提示为：

命令：LINE✓

指定第一点：（在屏幕上指定一点或输入一个点的坐标）

指定下一点或[放弃（U）]：

选项中不带括号的提示为默认选项，因此可以直接输入直线段的起点坐标或在屏幕上指定一点，如果要选择其他选项，则应该首先输入该选项的标识字符，如"放弃"选项的标识字符"U"，然后按系统提示输入数据即可。在命令选项的后面有时候还带有尖括号，尖括号内的数值为默认数值。

（2）在命令窗口输入命令缩写字。如 L（Line）、C（Circle）、A（Arc）、Z（Zoom）、R（Redraw）、M（More）、CO（Copy）、PL（Pline）、E（Erase）等。

（3）选取绘图菜单直线选项。选取该选项后，在命令行中可以看到对应的命令说明及命令名。

（4）选取工具栏中的对应图标。选取直线图标后在命令行中也可以看到对应的命令说明及命令名。

（5）在命令行上单击鼠标右键打开右键快捷菜单。"近期使用的命令"子菜单中储存了最近使用的 6 个命令，如果在前面刚使用过要输入的命令，可以在"近期使用的命令"子菜单中选择需要的命令，如图 2-31 所示。

（6）在绘图区单击鼠标右键。如果用户要重复使用上次使用的命令，可以直接在绘图区的鼠标右键单击，系统就会立即重复执行上次使用的命令，这种方法适用于重复执行某个命令。

2．命令的重复、撤销、重做

（1）命令的重复。在命令窗口中按"Enter"键可重复调用上一个命令，不管上一个命令是完成了还是被取消了。

（2）命令的撤销。在命令执行的任何时刻都可以取消和终止命令的执行。该命令的执行方式如下。

菜单：编辑→放弃。

快捷键：Esc。

命令行：UNDO。

（3）命令的重做。已被撤销的命令还可以恢复重做。可以恢复撤销的最后一个命令。该命令的执行方式如下。

工具栏：标准→重做。

菜单：编辑→重做。

快捷键：Ctrl+Y。

命令行：REDO。

AutoCAD 可以一次执行多重放弃和重做操作。单击撤销（ ↶ ）或重做（ ↷ ）按钮边的列表箭头，可以选择要放弃或重做的操作，如图 2-32 所示。

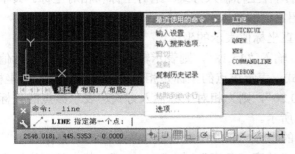

图 2-31　命令右键快捷菜单

图 2-32　多重放弃或重做

3. 命令执行方式

一般的命令都有两种执行方式：通过对话框或通过命令行。如指定使用命令窗口方式，可以在命令名前加下画线来表示，如"_LAYER"表示用命令行方式执行"图层"命令。而如果在命令行输入"LAYER"，则系统会自动打开"图层"对话框。

一些常用的命令同时存在命令行、菜单和工具栏3种执行方式，这时如果选择菜单或工具栏方式，命令行会显示该命令，并在前面加一下画线。例如，通过菜单或工具栏方式执行"直线"命令时，命令行会显示"_line"，命令的执行过程与结果与命令行方式相同。

4. 坐标系

AutoCAD 采用两种坐标系：世界坐标系（WCS）与用户坐标系（UCS）。用户刚进入AutoCAD 时使用的坐标系统就是世界坐标系，是固定的坐标系统。世界坐标系也是坐标系统中的基准，绘制图形时多数情况下都是在这个坐标系统下进行的。

执行方式如下。

工具栏：标准→坐标系。

菜单：工具→新建 UCS。

命令行：UCS。

AutoCAD 有两种视图显示方式：模型空间和图纸空间。模型空间是指单一视图显示法，我们通常使用的都是这种显示方式；图纸空间是指在绘图区域创建图形的多视图。用户可以对其中每一个视图进行单独操作。在默认情况下，当前 UCS 与 WCS 重合。如图 2-33（a）所示为模型空间下的 UCS 坐标系图标，通常放在绘图区左下角处；如当前 UCS 和 WCS 重合，则出现一个 W 字，如图 2-33（b）所示；也可以指定它放在当前 UCS 的实际坐标原点位置，此时会出现一个加号，如图 2-33（c）所示。如图 2-33（d）所示为图纸空间下的坐标系图标。

（a） （b） （c） （d）

图 2-33　坐标系图标

5. 数据的输入

（1）数据输入方法。在 AutoCAD 中，点的坐标可以用直角坐标、极坐标、球面坐标和柱面坐标表示，每一种坐标又分别具有两种坐标输入方式：绝对坐标和相对坐标。其中直角坐标和极坐标最为常用，下面主要介绍它们的输入。

① 直角坐标法：用点的水平、竖直坐标值表示的坐标。

在命令行中输入点的坐标提示下，输入"15,18"，则表示输入了一个 X、Y 坐标值分别为 15、18 的点，此为绝对坐标输入方式，表示该点的坐标是相对于当前坐标原点的坐标值，如图 2-34（a）所示。如果输入"@10,20"，则为相对坐标输入方式，表示该点的坐标是相对于前一点的坐标值，如图 2-34（b）所示。

② 极坐标法：用长度和角度表示的坐标（只能用来表示二维平面上的坐标）。

在绝对坐标输入方式下，表示为："长度＜角度"，如"25＜50"，其中长度为该点到坐标原点的距离，角度为该点至原点的连线与 X 轴正向的夹角，如图 2-34（c）所示。

在相对坐标输入方式下，表示为："@长度＜角度"，如"@25＜45"，其中长度为该点到前一点的距离，角度为该点至前一点的连线与 X 轴正向的夹角，如图 2-34（d）所示。

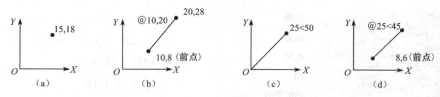

图 2-34　数据输入方法

（2）动态数据输入。以鼠标左键单击状态栏上的"DYN"按钮，系统会打开动态输入功能，可以凭此功能在屏幕上动态地输入某些参数数据。例如，绘制直线时，在光标附近会动态地显示"指定第一点"以及后面的坐标框，当前显示的是光标所在位置，可以输入数据，两个数据之间以逗号隔开，如图 2-35 所示。指定第一点后，系统动态显示直线的角度，同时要求输入线段长度值，如图 2-36 所示，其输入效果与"@长度＜角度"方式相同。

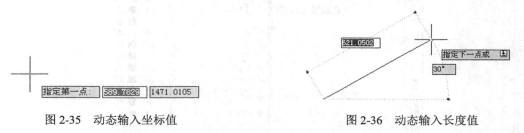

图 2-35　动态输入坐标值　　　　　　　图 2-36　动态输入长度值

任务 5　掌握图层的操作方法

AutoCAD 中的图层就如同在手工绘图中使用的重叠透明图纸，如图 2-37 所示。可以使用图层来组织不同类型的信息。在 AutoCAD 中，图形的每个对象都位于某一个图层上，所有图形对象都具有图层、颜色、线型和线宽这 4 个基本属性。在绘制的时候，图形对象将创建在当前的图层上。每个 CAD 文档中图层的数量是不受限制的，每个图层都有自己的名称。

1．建立新图层

新建的 CAD 文档中只能自动创建一个名为"0"的特殊图层。默认情况下，图层 0 将被指定使用 7 号颜色、"CONTINUOUS"线型、默认线宽以及"NORMAL"打印样式。不能删除或重命名图层 0。通过创建新的图层，可以将类型相似的对象指定给同一个图层使其相关联。例如，可以将构造线、文字、标注和标题栏置于不同的图层上。并为这些图层指定通用特性。通过将对象分类放到各自的图层中，可以快速有效地控制对象的显示以及对其进行更改。

（1）执行方式：

菜单：格式→图层。

工具栏：图层→图层特性管理器 （如图 2-39 所示）。

命令行：LAYER。

（2）操作方法：执行上述命令后，系统打开"图层特性管理器"对话框，如图 2-38 所示。从中可以方便地对该对话框及其二级对话框中的各选项进行设置，从而实现建立新图层、设置图层颜色及线型等操作。

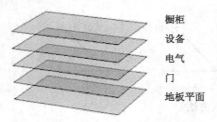

图 2-37　图层示意图

图 2-38　"图层"工具栏

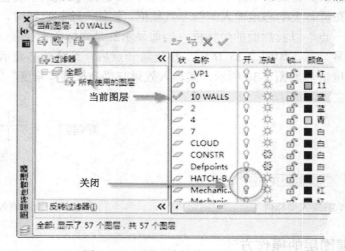

图 2-39　"图层特性管理器"对话框

单击"图层特性管理器"对话框中的"新建"按钮 可建立新图层，默认的图层名为"图层 1"。可以根据绘图需要更改图层名，如改为"实体层""中心线层"或"标准层"等。

在一个图形中可以创建的图层数以及在每个图层中可以创建的对象数实际上是无限的。图层可使用最多 255 个字符命名。图层特性管理器按名称的字母顺序排列图层。

提示：

如果要建立的图层不止一个，不用重复单击"新建"按钮。更快捷的方法是：在建立一个新的图层"图层 1"后，改变图层名，在其后输入一个逗号，这样就会又自动建立一个新图层。改变图层名，再输入一个逗号，又一个新的图层建立了。依次建立各个图层。也可以按两次 Enter 键，建立另一个新的图层。图层的名称也可以更改，直接双击图层名称即可键入新的名称。

2. 设置图层

每个图层属性的设置包括图层状态、图层名称、关闭/打开图层、冻结/解冻图层、锁定/解锁图层、图层线条颜色、图层线条线型、图层线条宽度、打印样式、打印、冻结新视口以及说明 12 个参数，可以通过各种方法设置这些参数。

（1）在图层特性管理器中设置。打开图层特性管理器，可以在其中设置图层的颜色、线宽、线型等参数。

① 设置图层线条颜色。在工程制图中，整个图形包含多种不同功能的图形对象，如实体、剖面线与尺寸标注等。为了便于直观区分，有必要针对不同的图形对象使用不同的颜色，例如，实体层使用白色，剖面线层使用青色等。

要改变图层的颜色时，单击图层所对应的颜色图标，打开"选择颜色"对话框，如图 2-40、图 2-41 和图 2-42 所示。它是一个标准的颜色设置对话框，可以使用索引颜色、真彩色和配色系统 3 个选项卡来选择颜色。系统显示的 RGB 配比即 Red（红）、Green（绿）和 Blue（蓝）3 种颜色配比。

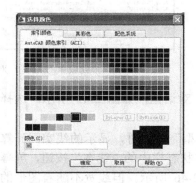

图 2-40 "选择颜色"对话框（1）

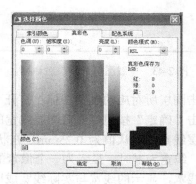

图 2-41 "选择颜色"对话框（2）

图 2-42 "选择颜色"对话框（3）

② 设置图层线型。线型是指作为图形基本元素的线条的组成和显示方式，如实线、点画线等。在许多绘图工作中，常常以线型划分图层。为某一个图层设置适合的线型，则在绘图时，只需将该图层设为当前工作层，即可绘制出符合线型要求的图形对象，极大地提高了绘图的效率。

单击图层所对应的线型图标，打开"线型管理器"对话框，如图 2-43 所示。单击"加载"按钮，打开"加载或重载线型"对话框，如图 2-44 所示。可以看到 AutoCAD 还提供许多其他的线型。用鼠标选择所需线型，单击"确定"按钮，即可把该线型加载到"已加载的线型"列表框中，也可以按住"Ctrl"键选择几种线型同时加载。

③ 设置图层线宽。线宽设置顾名思义就是改变线条的宽度。用不同宽度的线条表现图

形对象的类型，也可以提高图形的表达能力和可读性，例如，绘制外螺纹时大径使用粗实线，小径使用细实线。

图 2-43　"线型管理器"对话框

图 2-44　"加载或重载线型"对话框

单击图层所对应的线宽图标，打开"线宽设置"对话框，如图 2-45 所示。选择一个线宽，单击"确定"按钮完成对图层线宽的设置。

图层线宽的默认值为 0.25mm。在状态栏为"模型"状态时，显示的线宽同计算机的像素有关。线宽为零时，显示为一个像素的线宽。单击状态栏中的"线宽"按钮，屏幕上会显示图形线宽，显示的线宽与实际线宽成比例，如图 2-46 所示。但线宽不随着图形的放大和缩小而变化。"线宽"功能关闭时，不显示图形的线宽，图形的线宽均以默认宽度值显示。可以在"线宽设置"对话框选择需要的线宽。

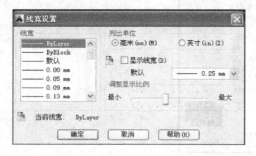

图 2-45　"线宽设置"对话框

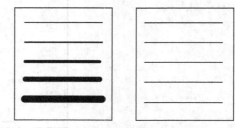

图 2-46　线宽显示效果图

（2）直接设置图层。可以直接通过命令行或菜单设置图层的颜色、线宽、线型。

① 设置颜色。执行方式如下。

菜单：格式→颜色。

命令行：COLOR。

执行上述命令后，系统打开"选择颜色"对话框，如图 2-40～图 2-42 所示。

② 设置线型。执行方式如下：

菜单：格式→线型。

命令行：LINETYPE。

执行上述命令后，系统打开"线型管理器"对话框，如图 2-43 所示。

③ 设置线宽。执行方式如下。

菜单：格式→线宽。

命令行：LINEWEIGHT 或 LWEIGHT。

执行上述命令后，系统打开"线宽设置"对话框，该对话框的使用方法与图 2-45 所示的对话框类似。

（3）利用"特性"工具栏设置图层。AutoCAD 提供了一个"特性"工具栏，如图 2-47 所示。用户能够控制和使用工具栏上的"特性"工具栏快速地查看和改变所选对象的图层、颜色、线型和线宽等特性。"特性"工具栏上的图层颜色、线型、线宽和打印样式等功能方便了我们查看和编辑对象属性。在绘图屏幕上选择任何对象都将在工具栏上自动显示其所在的图层、颜色、线型等属性。

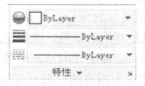

图 2-47 "特性"工具栏

用户也可以在"特性"工具栏上的"颜色""线型""线宽"和"打印样式"下拉列表中选择需要的参数值。如果在"颜色"下拉列表中选择"选择颜色"选项，如图 2-48 所示。系统就会打开"选择颜色"列表。同样，如果在"线型"下拉列表中选择"其他"选项，如图 2-49 所示。系统就会打开"线型管理器"列表，如图 2-43 所示。

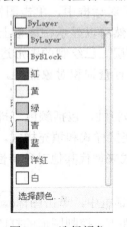

图 2-48 选择颜色

图 2-49 选择线型

（4）用"特性"对话框设置图层。

① 执行方式。

菜单：修改→特性。

工具栏：标准→特性。

命令行：DDMODIFY 或 PROPEKTIES。

② 操作方法：执行上述命令后，系统打开"特性"工具栏。在其中可以方便地设置或修改图层、颜色、线型、线宽等属性。

3．控制图层

（1）切换当前图层。不同的图形对象需要绘制在不同的图层中，在绘制前，需要将工作图层切换到所需的图层上来。打开"图层特性管理器"对话框，选择图层，单击"当前"按钮 ，完成设置。

（2）删除图层。在"图层特性管理器"对话框中的图层列表框中选择要删除的图层，单击"删除"按钮 ✖ 即可删除该图层。从图形文件定义中删除选定的图层，只能删除未参照的图层。参照图层包括图层 0 及 DEFPOINTS、包含对象（包括块定义中的对象）的图层、当前图层和依赖外部参照的图层。不包含对象（包括块定义中的对象）的图层、非当前图层和不依赖外部参照的图层都可以删除。

（3）关闭/打开图层。在"图层特性管理器"对话框中，单击图标 ，可以控制图层的可见性。图层可见时，图标小灯泡呈鲜艳的颜色，该图层上的图形可以显示在屏幕上或绘制在绘图仪上。当单击该属性图标后，图标小灯泡呈灰暗色时，该图层上的图形不显示在屏幕上，而且不能被打印输出，但仍然作为图形的一部分保留在文件中。

（4）冻结/解冻图层。在"图层特性管理器"对话框中，单击图标 ，可以冻结图层或将图层解冻。图标呈雪花灰暗色时，该图层是冻结状态；图标呈太阳鲜艳色时，该图层是解冻状态。冻结图层上的对象不能显示，不能打印，也不能编辑、修改。在冻结了图层后，该图层上的对象不影响其他图层上对象的显示和打印。例如，在使用 HIDE 命令消隐的时候，被冻结图层上的对象不影响其他对象。

（5）锁定/解锁图层。在"图层特性管理器"对话框中，单击图标 ，可以锁定图层或将图层解锁。锁定图层后，该图层上的图形依然可以显示在屏幕上并可打印输出，还可以在该图层上绘制新的图形对象，但不能对该图层上已绘制的图形进行编辑或修改。可以对当前层进行锁定，也可对锁定图层上的图形进行查询和对象捕捉。锁定图层可以防止对图形的意外修改。

（6）打印样式。"打印样式"控制对象的打印特性，包括颜色、抖动、灰度、笔号、虚拟笔、淡显、线型、线宽、线条端点样式、线条连接样式和填充样式。使用打印样式给用户提供了很大的灵活性，因为用户可以设置打印样式来替代其他对象特性。按需要也可以关闭这些替代设置。

（7）打印/不打印。在"图层特性管理器"对话框中，单击图标 ，可以设定打印时该图层是否打印。在保证图形显示可见且不变的条件下，控制图形的打印特征。打印功能只对可见的图层起作用，对于已经被冻结或被关闭的图层不起作用。

任务 6　掌握精确定位工具的使用方法

精确定位工具能够快速、准确地定位某些特殊点（如端点、中心点等）和特殊位置（如水平位置、垂直位置），包括"捕捉模式""栅格显示""正交模式""极轴追踪""对象捕捉""对象捕捉追踪"等功能开关按钮，这些工具主要集中在状态栏上，如图 2-50 所示。使用这类工具，我们可以很容易地在屏幕中捕捉到特殊点，进行精确的绘图。

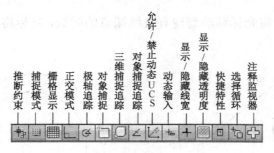

图 2-50　状态栏按钮（部分）

※极轴追踪。捕捉到最近的预设角度并沿该角度指定距离。

※锁定角度。锁定到单个指定角度并沿该角度指定距离。

※对象捕捉。捕捉到现有对象的精确位置，如多线段的端点、直线的中点或圆的中心点。

※栅格捕捉。捕捉到矩形栅格中的增量。

※坐标输入。通过平面直角坐标或极坐标指定绝对或相对位置。

其中最常用的是极轴追踪、锁定角度和对象捕捉三个功能。

1．极轴追踪

需要指定点时（例如在创建直线时），可以使用极轴追踪来引导光标以特定方向移动。例如，指定下面直线的第一个点后，将光标移动到右侧，然后在命令窗口中输入距离以指定直线的精确水平长度，如图 2-51 所示。

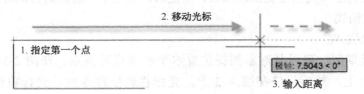

图 2-51　极轴追踪

默认情况下，极轴追踪处于打开状态并引导光标以水平或垂直方向（0°或 90°）移动。

2．锁定角度

如果需要以指定的角度绘制直线，可以锁定下一个点的角度。例如，如果直线的第二个点需要以 45°角创建且长度为 8 个单位，则需要在命令窗口中输入"<45"，如图 2-52 所示。

图 2-52　锁定角度

按所需的方向沿 45°角移动光标后，可以输入直线的长度。

3．对象捕捉

到目前为止，在对象上指定精确位置的最重要方式是使用对象捕捉。在图 2-53 中，通过标记来表示多个不同种类的对象捕捉。

只要 AutoCAD 提示指定点，对象捕捉功能就会在命令执行期间变为可用。例如，如果创建一条新线，然后将光标移动到现有直线端点的附近，光标将自动捕捉它，如图 2-54 所示。

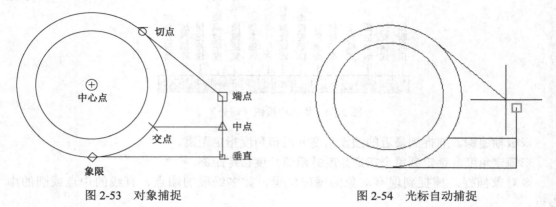

图 2-53　对象捕捉　　　　　　　　　　图 2-54　光标自动捕捉

1）设置默认对象捕捉

输入 OSNAP 命令以设置默认对象捕捉，也称为"运行"对象捕捉。这时，默认启用"中点"对象捕捉很有用，如图 2-55 所示。

在提示输入点时，可以指定替代所有其他对象捕捉设置的单一对象捕捉。按住 Shift 键，在绘图区域中单击鼠标右键，然后从"对象捕捉"菜单中选择对象捕捉，再使用光标在对象上选择一个位置。

应确保放大到足够大以避免出现错误。在复杂的模型中，捕捉到错误对象将导致可能传播到整个模型的错误。

2）对象捕捉追踪

在命令执行期间，可以从对象捕捉位置水平和垂直对齐点。在图 2-56 中，首先将光标悬停在端点 1 上，然后悬停在端点 2 上。光标移近位置 3 时，光标将锁定到水平和垂直位置。

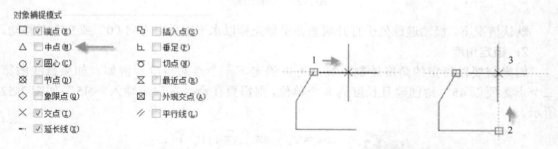

图 2-55　设置默认对象捕捉　　　　　　图 2-56　捕捉位置水平和垂直对齐

下面介绍快捷功能键的使用方法。

键盘上的功能键在 AutoCAD 中都对应具体的功能。最常打开和关闭的功能键使用一把钥匙来表示。

表 2-1　键盘功能键在 AutoCAD 中的应用

主键	功　能	说　明
F1	帮助	显示活动工具提示、命令、选项板或对话框的帮助
F2	展开历史记录	在命令窗口中显示展开的命令历史记录
F3	对象捕捉	打开和关闭对象捕捉
F4	三维对象捕捉	打开三维元素的其他对象捕捉
F5	等轴测平面	循环浏览 2-1/二维等轴测平面设置
F6	动态 UCS	打开与平面对齐的 UCS
F7	栅格显示	打开和关闭栅格显示
F8	正交	锁定光标按水平或垂直方向移动
F9	栅格捕捉	限制光标按指定的栅格间距移动
F10	极轴追踪	引导光标按指定的角度移动
F11	对象捕捉追踪	从对象捕捉位置水平或垂直追踪光标
F12	动态输入	显示光标附近的距离和角度并在字段之间使用 Tab 键时接受输入

注：F8 和 F10 相互排斥，即打开一个将会自动关闭另外一个。

任务 7　掌握对象捕捉工具的使用方法

AutoCAD 给所有的图形对象都定义了特征点，如圆的圆心、线段的中点或两个对象的交点等。对象捕捉是指在绘图过程中，通过捕捉这些特征点，迅速准确地将新的图形对象定位在现有对象的确切位置上。

1．特殊位置点捕捉

在 AutoCAD 中，可以通过单击状态栏中"对象捕捉"按钮或在"草图设置"对话框的"对象捕捉"选项卡中选择"启用对象捕捉"单选框来启用对象捕捉功能。在绘图过程中，对象捕捉功能的调用可以通过以下方式完成。

（1）"对象捕捉"工具栏。在绘图过程中，当系统提示需要指定点位置时，可以单击"对象捕捉"工具栏中相应的特征点按钮，再把光标移动到要捕捉对象上的特征点附近，AutoCAD 会自动提示并捕捉到这些特征点，如图 2-57 所示。例如，如果需要用直线连接一系列圆的圆心，可以将"圆心"设置为捕捉对象。如果有两个可能的捕捉点落在选择区域，AutoCAD 将捕捉离光标中心最近的符合条件的点。还有可能指定点时需要检查哪一个对象捕捉有效。例如，在指定位置有多个捕捉对象符合条件，在指定点之前，按"Tab"键可以遍历所有可能的点。

图 2-57　"对象捕捉"工具栏

（2）"对象捕捉"快捷菜单。在需要指定点位置时，可以按住"Ctrl"键或"Shift"键，以鼠标右键单击打开快捷菜单，如图 2-58 所示。从该菜单上同样可以选择某一种特征点执行对象捕捉，把光标移动到要捕捉对象的特征点附近，即可捕捉到这些特征点。

（3）使用命令行。当需要指定点位置时，在命令行中输入相应特征点的关键字，把光标移动到要捕捉对象的特征点附近即可捕捉到这些特征点。对象捕捉特征点的关键字见表 2-2。

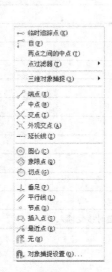

图 2-58　"对象捕捉"快捷菜单

表 2-2　对象捕捉模式与关键字

模式	关键字	模式	关键字	模式	关键字
临时追踪点	TT	捕捉自	FROM	端点	END
中点	MID	交点	INT	外观交点	APP
延长线	EXT	圆心	CEN	象限点	QUA
切点	TAN	垂足	PER	平行线	PAR
节点	NOD	最近点	NEA	无捕捉	NON

提示：

对象捕捉不能单独使用，必须配合别的绘图命令一起使用；仅当 AutoCAD 提示输入点时，对象捕捉才生效。如果试图在命令提示下使用对象捕捉，AutoCAD 将显示错误信息。

对象捕捉只影响屏幕上可见的对象，包括锁定图层、布局视口边界和多段线上的对象；不能捕捉不可见的对象，如未显示的对象、关闭或冻结图层上的对象及虚线外的空白部分。

2. 自动对象捕捉

在绘制图形的过程中，使用对象捕捉的频率非常高，如果每次在捕捉时都要先选择捕捉模式，将使工作效率大大降低。出于此种考虑，AutoCAD 提供了自动对象捕捉模式。如果启用自动对象捕捉功能，当光标距指定的捕捉点较近时，系统会自动精确地捕捉这些特征点，并显示出相应的标记以及该捕捉的提示。打开"草图设置"对话框中的"对象捕捉"选项卡，选中"启用对象捕捉追踪"复选框即可调用自动对象捕捉，如图 2-59 所示。

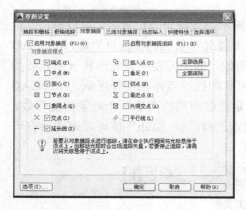

图 2-59　"对象捕捉"选项卡

菜单：工具→草图设置。

工具栏：对象捕捉→对象捕捉设置 。

状态栏：DYN（只限于打开与关闭）。

提示：

我们可以设置自己经常要用的捕捉方式。一旦设置了运行捕捉方式后，在每次运行时，所设定的目标捕捉方式就会被激活，而不是仅对一次选择有效。当同时使用多种方式时，系统将捕捉距光标最近同时又满足多种目标捕捉方式之一的点。当光标距要获取的点非常近时，按下"Shift"键暂时不获取对象点。

3. 动态输入

该功能可以在绘图平面直接地动态输入绘制对象的各种参数，使绘图变得直观、简捷。

（1）执行方式：

命令行：DSETTINGS。

快捷键：F12（只限于打开与关闭）。

快捷菜单：对象捕捉设置。

（2）操作方法：按照上面执行方式操作或者在"DYN"开关上单击右键，在快捷菜单中选择"设置"命令，系统将打开"草图设置"对话框的"动态输入"选项卡，如图 2-60 所示。

选中"启用指针输入"复选框即可激活动态输入的指针输入功能。在"指针输入"选项组中单击"设置"按钮，打开"指针输入设置"对话框，如图 2-61 所示。可以设置指针输入的格式和可见性。

图 2-60　"动态输入"选项卡　　　　　　图 2-61　"指针输入设置"对话框

动态输入示例如图 2-62 所示。绘制线段时，指定起点后，如果打开"动态输入"功能，系统会在绘图平面提示指定下一点，同时显示线段夹角，可以在文本框中修改夹角角度值。

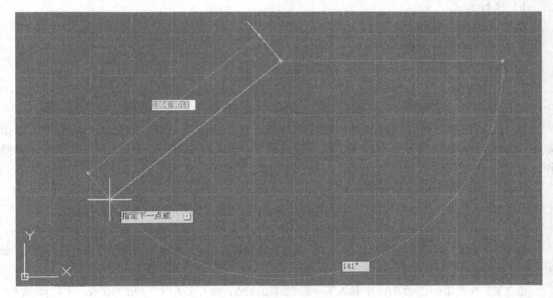

图 2-62　动态输入

单元 2　基本图形的绘制

在绘制二维平面图形时，AutoCAD 的命令通常有 3 种执行方式：菜单方式、工具栏方式和命令行方式。二维绘图的菜单命令主要集中在"绘图"菜单中，如图 2-63 所示；工具栏命令主要集中在"绘图"工具栏图标中，如图 2-64 所示。

任务 1　绘制直线、构造线

1. 直线

直线是 AutoCAD 图形中最基本和最常用的对象。使用 LINE 命令，可以创建一系列连续的直线段。每条线段都是可以单独进行编辑的对象。

直线命令用于绘制一段或几段直线，或者由首尾相连的多条直线段构成的平面、空间折线或封闭多边形。

图 2-63　"绘图"菜单　　图 2-64　"绘图"工具栏

1）执行方式

菜单：绘图→直线。

工具栏：绘图→直线 。

命令行：LINE。

2）操作方法

单击选项卡中直线工具（见图 2-64）或输入 LINE 命令后按回车键均可绘制直线。

使用 LINE 命令可以创建一系列相连的线段。在"指定下一点"的提示下，用户可以指定多个端点，从而绘出多条直线段。每一段直线是一个独立的对象，可以进行单独的编辑操作，如图 2-65 所示。

执行 LINE 命令后，系统提示：

指定第一点：输入直线段的起点，用鼠标指定点或者给定点的坐标，绘制直线段的起始点

指定下一点或[放弃(U)]：输入直线段的端点，也可用鼠标指定一定角度后，直接输入直线的长度

指定下一点或[闭合(C)/放弃(U)]：输入下一条直线段的端点，输入选项"U"表示放弃前面的输入；单击鼠标右键或按回车键，结束命令

指定下一点或[闭合(C)/放弃(U)]：输入下一条直线段的端点，输入选项"C"使图形闭合，结束本次操作

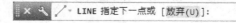

图 2-65　绘制直线

直线还可以作为参照和构造几何图形，如：

（1）地界线过渡。

（2）对称的机械零件的镜像线。

（3）避免干涉的间隙线。

（4）遍历路径线。

2．多段线

多段线是作为单个对象创建的相互连接的多段直线段或弧线段。整条多段线可以作为一个实体统一进行编辑。

单击选项卡中多段线工具（见图 2-64）或输入 PLINE 命令后再按回车键均可绘制多段线。

1）执行方式

菜单：绘图→多段线。

工具栏：绘图→多段线 。

命令行：PLINE（缩写名：PL）。

2）操作方法

执行 PLINE 命令后，系统提示：

指定起点： （指定多段线的起始点）

当前线宽为 0.0000(提示当前多段线的宽度)

指定下一个点或[圆弧(A)/半宽(H)/长度(L)/放弃(U)/宽度(W)]：

指定下一点或[圆弧(A)/闭合(C)/半宽(H)/长度(L)/放弃(U)/宽度(W)]： （指定多段线的下一点）

如图 2-66 所示为利用多段线命令绘制的图形。

多段线可以具有恒定宽度，或者使不同部分具有不同的宽度。指定多段线的第一个点后，可以使用"宽度"选项来指定所有后来创建的线段的宽度。可以随时更改宽度值，甚至在创建线段时更改。

多段线对于每个线段可以有不同的起点宽度和端点宽度，如图 2-67 所示。

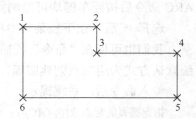

图 2-66 绘制多段线

图 2-67 不同形式的多段线

任务 2 绘制圆和圆弧

1．圆

圆是一种比较常见的基本图形单元。

单击选项卡中下拉菜单或输入 CIRCLE 命令后按回车键均可绘制圆。其默认选项是指定中心点和半径。

CIRCLE 命令的作用是创建圆。选择 后，在下拉菜单中将显示圆选项，如图 2-68 所示。

同样，我们也可以在"命令"窗口中输入 CIRCLE 或 C，并以鼠标左键单击以选择一个选项。如果执行此操作，可以指定中心点，也可以单击其中一个亮显的命令选项，如图 2-69 所示。

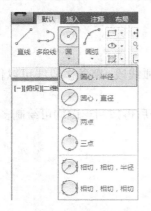

图 2-68　创建圆的下拉菜单　　　　　　　　　　图 2-69　圆的命令选项

2. 圆弧

圆弧可以看成是圆的一部分，圆弧不仅有圆心，还有起点和端点。因此可以通过指定圆弧的圆心、半径、起点、端点、方向或弦长等参数来绘制。

单击选项卡中圆弧的下拉菜单（如图 2-70 所示）或输入 ARC 命令后按回车键均可绘制圆弧。

选择 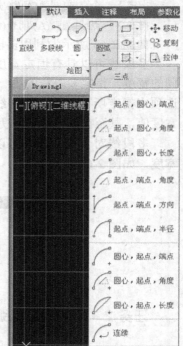 后，在下拉菜单中将显示其选项：

我们也可以在"命令"行输入 ARC 命令后按回车键。系统默认方式为用三点创建圆弧，如图 2-71（a）所示。

输入命令后，系统提示：

> 指定圆弧的起点或[圆心(C)]：（指定起点，即第一点）
> 指定圆弧的第二个点或[圆心(C)/端点(E)]：（指定第二点）
> 指定圆弧的端点

要绘制圆弧，还可以指定圆心、起点、端点、半径、角度、弧长和方向中部分要素的值。下面着重介绍几种。

（1）利用圆弧的起点、圆心和端点绘制圆弧，如图 2-71（b）所示。

输入命令后，系统提示：

> 指定圆弧的起点或[圆心(C)]：
> 指定圆弧的第二个点或[圆心(C)/端点(E)]：C✓（选择圆心方式）
> 指定圆弧的端点：
> 指定圆弧的端点或[角度(A)/弦长(L)]

图 2-70　圆弧下拉菜单

（2）利用圆弧的圆心、起点和夹角绘制圆弧，如图 2-71（c）所示。

输入命令后，系统提示：

> 指定圆弧的起点或[圆心(C)]：C✓(选择圆心方式)
> 指定圆弧的圆心：

指定圆弧的起点：

指定圆弧的端点或[角度(A)/弦长(L)]：A✓(选择圆弧夹角方式)

指定包含角：　(输入圆弧夹角的角度值)

（3）利用圆弧的起点、圆心和圆弧的弦长绘制圆弧，如图 2-71（d）所示。输入命令后，系统提示：

指定圆弧的起点或[圆心(C)]

指定圆弧的第二个点或[圆心(C)/端点(E)]：C✓(选择圆心方式)

指定圆弧的圆心：(指定圆弧的圆心)

指定圆弧的端点或[角度(A)/弦长(L)]：L✓(选择弦长方式)

指定弦长：(指定弦长的长度)

其他几种方式不一一列举，如图 2-71 所示为使用这些方法的示意图。

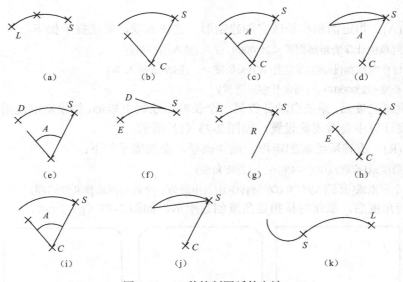

图 2-71　11 种绘制圆弧的方法

任务 3　绘制矩形和正多边形

1. 矩形

矩形是常见基本几何图形。单击选项卡中矩形的下拉菜单（见图 2-72）或输入 RECTANG 命令后按回车键均可绘制矩形。

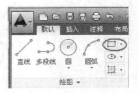

图 2-72　选取矩形

使用 RECTANG 命令可以创建矩形多段线。从指定矩形参数（长度、宽度、旋转角度）并控制角的类型（圆角、倒角或直角）。

输入 RECTANG 命令后按回车键，系统提示如下：

指定第一个角点或[倒角(C)/标高(E)/圆角(F)/厚度(T)/宽度(W)]

指定一点作为对角点创建矩形。矩形的边与当前的 X 或 Y 轴平行。执行此操作以后，系统会提示：指定另一个角点或[面积(A)/尺寸(D)/旋转(R)]

输入另一对角点来完成矩形的绘制

如图 2-73（a）所示。

上述提示中相关选项的含义如下。

① 标高(E)：设定矩形的标高（Z 坐标），即把矩形画在标高为 Z，且与 XOY 坐标面平行的平面上，并作为后续矩形的标高值。

② 倒角(C)：设定矩形的倒角距离，绘制带倒角的矩形。每一个角点的逆时针和顺时针方向的倒角可以相同，也可以不同，如图 2-73（b）所示。

③ 圆角(F)：设定矩形的圆角半径。将矩形的四个角改由一小段圆弧连接，如图 2-73（c）所示。

④ 厚度(T)：设定矩形的厚度，如图 2-73（d）所示。

⑤ 宽度(W)：为所绘制的矩形设置线宽，如图 2-73（e）所示。

⑥ 尺寸(D)：使用长和宽绘制矩形。第二个指定点将矩形定位在与第一角点相关的四个位置之一。

⑦ 面积(A)：指定面积和长或宽创建矩形。选择该项，系统提示如下：

输入以当前单位计算的矩形面积<20.0000>： (输入面积值)

计算矩形标注时依据[长度(L)/宽度(W)]<长度>：(回车或输入 W)

输入矩形长度<2.0000>：(指定长度或宽度)

指定长度或宽度后，系统自动计算另一个长度后绘制出矩形。如果矩形使用倒角或圆角，则长度或宽度计算中会考虑此设置，如图 2-73（f）所示。

⑧ 旋转(R)：旋转所绘制的矩形。选择该项，系统提示如下：

指定旋转角度或[拾取点(P)]<45>： (指定角度)

指定另一个角点或[面积(A)/尺寸(D)/旋转(R)]：(指定另一个角点或选择其他选项)

指定旋转角度后，系统将按指定角度创建矩形，如图 2-73（g）所示。

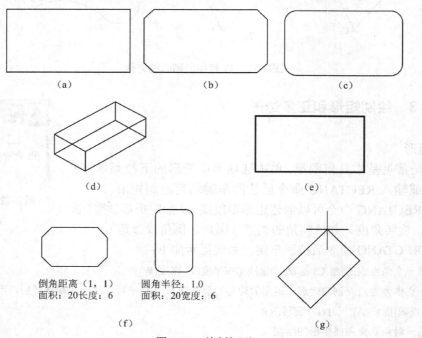

图 2-73 绘制矩形

2. 正多边形

在 AutoCAD 2014 中,正多边形指具有 3～1024 条等边长且所有内角均相等的封闭二维图形其绘制方式如下。

菜单:绘图→正多边形。

工具栏:绘图→正多边形○。

命令行:POLYGON。

本命令创建等边闭合多段线。可以指定多边形的各种参数,包含边数。图 2-74 显示了内接和外切选项间的差别。

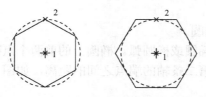

图 2-74 内接正多边形和外切正多边形

在 AutoCAD 中,绘制正多边形有 3 种方法。

① 利用内接于圆绘制正多边形,如图 2-75(a)所示。

执行命令后,系统提示如下:

输入边的数目:(输入数目)

指定正多边形的中心点或[边(E)]: (指定正多边形的中心点或[边])

输入选项[内接于圆(I)/外切于圆(C)]: I✓(选择内接于圆)

指定圆的半径

(a)   (b)   (c)

图 2-75 绘制正多边形

② 利用外切于圆绘制正多边形,如图 2-75(b)所示。

执行命令后,系统提示如下:

输入边的数目

指定正多边形的中心点或[边(E)]

输入选项[内接于圆(I)/外切于圆(c)]: C✓(选择外切于圆绘制正多边形)

指定圆的半径

③ 利用正多边形上一条边的两个端点绘制正多边形,如图 2-75(c)所示。

执行命令后,系统提示如下:

输入边的数目

指定正多边形的中心点或[边(E)]: E✓(选择利用边绘制正多边形)

指定边的第一个端点

指定边的第二个端点

任务 4　绘制椭圆和椭圆弧

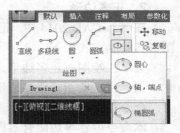

图 2-76　绘制椭圆的下拉菜单

选择特定菜单命令或输入 ELLIPSE 命令后按回车键均可绘制椭圆，如图 2-76 所示。

1．通过圆心创建椭圆

用指定的圆心、第一个轴的端点和第二个轴的长度来创建椭圆。可以通过单击所需距离处的某个位置或输入长度值来指定距离，如图 2-77 所示。

2．使用轴和端点创建椭圆

使用轴和端点可以创建椭圆或椭圆弧。椭圆上的前两个点确定第一条轴的位置和长度，第三个点确定椭圆的圆心与第二条轴的端点之间的距离，如图 2-78 所示。第一条轴既可定义椭圆的长轴也可定义短轴。

也可利用椭圆的圆心坐标、一个轴上的一个端点以及另一个轴的半长绘制椭圆。

指定椭圆的轴端点或[圆弧(A)/中心点(C)]：C✓(选择中心点方式绘制椭圆)

指定椭圆的中心点

指定轴的端点

指定另一条半轴长度或[旋转(R)]

3．创建椭圆弧

绘制椭圆弧的方法与绘制椭圆类似，只是要拉出椭圆弧的包含角度。

椭圆弧上前两个点确定第一条轴的位置和长度，第三个点确定椭圆弧上的圆心与第二条轴的端点之间的距离，第四个点和第五个点确定起始和终止角度，如图 2-79 所示。

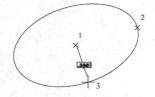

图 2-77　通过圆心创建椭圆

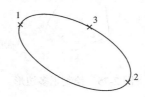

图 2-78　椭圆

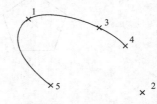

图 2-79　椭圆弧

图 2-80　"点样式"对话框

任务 5　绘制点

在选项卡下拉菜单中选择多点功能 创建点，也可以在命令行输入 POINT 命令并按回车键完成。这时系统在屏幕上的指定位置绘出一个点，也可在屏幕上直接单击左键选取点。

点在图形中的表示样式共有 20 种。可通过命令"DDPTYPE"或选择"格式"→"点样式"菜单命令打开"点样式"对话框来设置，如图 2-80 所示。还可以使用命令"MEASURE"和"DIVIDE"沿对象创建点。

任务 6　构造线与样条曲线

1．构造线

构造线是指在两个方向上可以无限延伸的直线，可以使用无限延伸的线（例如构造线）来创建构造和参考线，并且其可用于修剪边界，如图 2-81 所示。

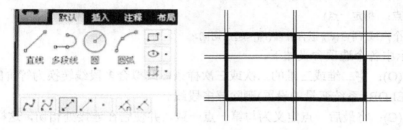

图 2-81　构造线

（1）执行方式：

菜单：绘图→构造线。

工具栏：绘图→构造线 。

命令行：XLINE。

（2）操作方法：在命令行输入 XLINE 后按回车键，系统会显示如下提示。

指定点或[水平(H) / 垂直(v) / 角度(A) / 二等分(B) / 偏移(O)]

(指定一点或输入选项[水平 / 垂直 / 角度 / 二等分 / 偏移])

指定通过点：　(指定参照线要经过的点并按空格键或 Enter 键结束本次操作)

AutoCAD 可以用各种不同的方法绘制一条或多条直线。应用构造线作为辅助线绘制机械图中的三视图是其最主要的用途。构造线的应用保证三视图之间满足"主俯视图长对正、主左视图高平齐、俯左视图宽相等"的对应关系。

2．样条曲线

样条曲线可用于创建通过或接近指定点的平滑曲线。可以通过使用 SPLINEDIT 更改拟合公差的值来控制 B 样条(NURBS)曲线和拟合点之间的最大距离，也可以使用 SPLFRAME 显示 B 样条曲线的控制框，如图 2-82 所示。样条曲线可用于创建形状不规则的曲线，例如为地理信息系统(GIS)应用或汽车设计绘制轮廓线。

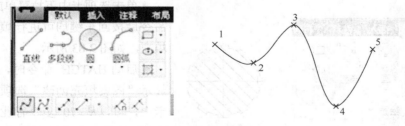

图 2-82　样条曲线

（1）执行方式：

菜单：绘图→样条曲线。

工具栏：绘图→样条曲线 ⌇。

命令行：SPLINE。

（2）操作方法：执行 SPLINE 命令后，系统提示如下。

指定第一个点或[对象(O)]：(指定一点或选择"对象(O)"选项)

指定下一点：(指定一点)

指定下一个点或[闭合(C)/拟合公差(F)]<起点切向>

上述提示中各个选项含义如下。

① 对象(O)：将二维或三维的二次或三次样条曲线拟合多段线转换为等价的样条曲线，然后(根据 DELOBJ 系统变量的设置)删除该多段线。

② 闭合(C)：将最后一点定义为与第一点一致，并使它在连接处相切，这样可以闭合样条曲线。选择该项，系统继续提示如下。

指定切向：(指定点或按"Enter"键)

用户可以指定一点来定义切向矢量，或者使用"切点"和"垂足"对象捕捉模式使样条曲线与现有对象相切或垂直。

③ 拟合公差(F)：修改当前样条曲线的拟合公差。根据新公差以现有点重新定义样条曲线。公差表示样条曲线拟合所指定的拟合点集时的拟合精度。公差越小，样条曲线与拟合点越接近。公差为 0，样条曲线将通过该点。输入大于 0 的公差将使样条曲线在指定的公差范围内通过拟合点。在绘制样条曲线时，可以改变样条曲线拟合公差以查看效果。

④ <起点切向>：定义样条曲线的第一点和最后一点的切向。

如果在样条曲线的两端都指定切向，可以输入一个点或者使用"切点"或"垂足"对象捕捉模式使样条曲线与已有的对象相切或垂直。如果按"Enter"键，AutoCAD 将计算默认切向。

任务 7　图案填充

在 AutoCAD 中，图案填充是单个复合对象，该对象使用直线、点、形状、实体填充颜色或渐变填充的图案覆盖指定的区域。

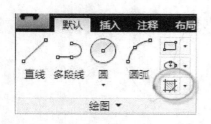

图 2-83　填充颜色

单击选项卡中下拉菜单或输入 HATCH 命令后按回车键均可进行填充颜色或渐变填充，如图 2-83 所示。

启动 HATCH 命令时，功能区将暂时显示"图案填充创建"选项卡。在此选项卡上，可以从 70 多个行业标准（英制和 ISO）的填充图案以及许多专用选项中进行选择。

如果功能区处于活动状态，将显示"图案填充创建"上下文选项卡。如果功能区处于关闭状态，将显示"图案填充和渐变色"对话框。如果希望使用"图案填充和渐变色"对话框，须将 HPDLGMODE 系统变量设置为 1。

如果在命令提示下输入"-HATCH"，系统将显示选项。

可以从下列多个方法中进行选择以指定图案填充的边界。

① 指定对象封闭的区域中的点。

② 选择封闭区域的对象。

③ 使用"-HATCH"绘图选项指定边界点。

④ 将填充图案从工具选项板或设计中心拖动到封闭区域。

在选择对象后，将显示以下提示：

拾取内部点

根据围绕指定点构成封闭区域的现有对象来确定边界，如图 2-84 所示。

选定内部点　　　　　图案填充边界　　　　　结果

图 2-84　拾取内部点

选择对象

根据构成封闭区域的选定对象确定边界，如图 2-85 所示。

选定对象　　　　　图案填充边界　　　　　结果

图 2-85　选择对象

删除边界

仅当从"图案填充和渐变色"对话框中添加图案填充时此功能可用，相关选项作用如下。

删除在当前活动的：HATCH 命令执行期间添加的填充图案。单击要删除的图案。

添加边界：仅当从"图案填充和渐变色"对话框中添加图案填充时可用。

退出：退出"删除边界"模式，以便可以再次添加填充图案。

放弃：删除使用当前活动的 HATCH 命令插入的最后一个填充图案。

设置：打开"图案填充和渐变色"对话框，可以在其中更改设置。

最简单的步骤是从功能区选择填充图案和比例，然后在由对象完全封闭的任意区域内单击。需要指定图案填充的比例因子，以控制其大小和间距。

在创建图案填充后，可以在以后移动边界对象以调整图案填充区域，或者可以删除一个或多个边界对象，以创建有部分边界的图案填充，如图 2-86 所示。

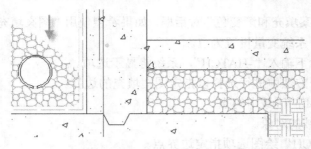

图 2-86　有部分边界的图案填充

提示：如果将填充图案设置为实体或渐变填充，还要考虑在"图案填充创建"选项卡上设置透明度级别以达到有趣的重叠效果。

单元 3　基本编辑命令

通过图形编辑操作配合绘图命令的使用可以简化绘图过程，合理安排和组织图形，达到保证绘图准确，减少重复操作的目的。因此，熟练掌握和使用编辑命令有助于提高设计和绘图效率。

任务 1　选择对象的方式

AutoCAD 2014 提供两种途径编辑图形。

（1）先选择要编辑的对象，然后执行编辑命令。

（2）先执行编辑命令，然后选择要编辑的对象。

这两种途径的执行效果是相同的。但选择对象是进行编辑的前提。AutoCAD 2014 提供了多种对象选择方法，如点取法、用选择窗口选择对象、用选择线选择对象、用对话框选择对象等。AutoCAD 2014 可以把选择的多个对象组成整体（如选择集和对象组）进行整体编辑与修改。

选择集可以仅由一个图形对象构成，也可以是一个复杂的对象组（如位于某一特定层上具有某种特定颜色的一组对象）。选择集的构造可以在调用编辑命令之前或之后。

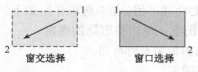

窗交选择　　　窗口选择

图 2-87　选择大量对象

有时，需要选择大量对象时，可以通过单击空白位置 1，向左或向右移动光标，然后再次单击位置 2 来选择区域中的对象，而不是分别单击每个对象。如图 2-87 所示。

AutoCAD 2014 提供以下几种方法构造选择集。

（1）先选择一个编辑命令，然后选择对象，按"Enter"键结束操作。

（2）使用"SELECT"命令。在命令提示行输入"SELECT"，然后根据选择选项后出现的提示选择对象，按"Enter"键结束。

（3）用点取设备选择对象，然后调用编辑命令。

（4）定义对象组。

无论使用哪种方法，AutoCAD 2014 都将提示用户选择对象，并且光标的形状由十字光标变为拾取框。下面结合"SELECT"命令说明选择对象的方法。命令可以单独使用，也可以在执行其他编辑命令时被自动调用。此时屏幕提示如下。

选择对象

等待用户以某种方式选择对象作为回答。AutoCAD 2014 提供多种选择方式，可以输入"？"查看这些选择方式。选择该选项后，出现如下提示。

需要点或窗口（W）/上一个（L）/窗交（C）/框（BOX）全部（ALL）/栏选（F）/圈围（WP）/圈交（CP）/编组（G）/添加（A）/删除（R）/多个（M）/前一个（P）/放弃（U）/自动（AU）/单个（SI）/子对象/对象选择对象

部分选项的含义如下。

窗口（W）：用由两个对角顶点确定的矩形窗口选取位于其范围内部的所有图形，与边界相交的对象不会被选中。指定对角顶点时应该按照从左向右的顺序。

窗交（C）：该方式与上述"窗口"的方式类似，区别在于：它不但选择矩形窗口内部的对象，也选中与矩形窗口边界相交的对象。

框（BOX）：使用时，系统根据用户在屏幕上给出的两个对角点的位置而自动引用"窗口"或"窗交"选择方式。若从左向右指定对角点为"窗口"方式；反之则为"窗交"方式。

栏选（F）：用户临时绘制一些直线，这些直线不必构成封闭图形，凡是与这些直线相交的对象均被选中。

圈围（WP）：使用一个不规则的多边形来选择对象。根据提示，用户顺次输入构成多边形所有顶点的坐标，直到最后按"Enter"键结束操作，系统将自动连接第一个顶点与最后一个顶点形成封闭的多边形。凡是被多边形围住的对象均被选中（不包括边界）。

添加（A）：添加下一个对象到选择集。也可用于从移走模式（Remove）到选择模式的切换。

提示：用户可以轻松地从选择集中删除对象。例如，如果选择了 42 个对象，其中有两个不应选择，可以按住 Shift 键并选中这两个希望删除的对象。然后，按 Enter 键或空格键，或者单击鼠标右键以结束选择过程。

任务 2　删除、恢复及清除命令

删除、恢复及清除等最常用的工具位于选项卡上的"修改"面板中，如图 2-88 所示。

1. 删除

（1）执行方式：

菜单：修改→删除。

快捷菜单：选择要删除的对象，在绘图区域以鼠标右键单击，从打开的快捷菜单上选择"删除"。

图 2-88　"修改"选项卡

工具栏：修改→删除 ✍。

命令行：ERASE。

（2）操作方法：

命令：ERASE↙

选择对象： (指定删除对象)

选择对象： (可以按 Enter 键结束命令，也可以继续指定删除对象)

当选择多个对象，多个对象都被删除；若选择的对象属于某个对象组，则该对象组的所有对象均被删除，如图 2-89 所示为删除功能示例。

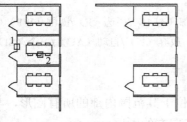

图 2-89 删除功能示例

2. 恢复

（1）执行方式：

工具栏：标准工具栏→放弃。

快捷键：Ctrl+Z。

命令行：OOPS 或 U。

（2）操作方法：在命令窗口的提示行输入 OOPS，按"Enter"键。

3. 清除

这条命令的作用和删除命令基本相同。

（1）执行方式：

菜单：修改→清除。

快捷键：Del。

（2）操作方法：用菜单或快捷键输入上述命令后，系统提示如下。

选择对象：（选择要清除的对象，按"Enter"键后执行清除命令）

任务 3 复制类命令

1. 复制

复制命令用来对原图进行一次或多次复制，并复制到指定位置。

（1）执行方式：

菜单：修改→复制。

快捷菜单：选择要复制的对象，在绘图区域以鼠标右键单击，从打开的快捷菜单上选择"复制选择"。

工具栏：修改→复制。

命令行：COPY。

（2）操作方法：执行 COPY 命令后，系统提示如下。

选择对象：(指定复制对象)

选择对象：(可以按 Enter 键或空格键结束选择，也可以继续)

当前设置：复制模式=多个

指定基点或[位移(D)/模式(O)]<位移>

指定第二个点或<使用第一个点作为位移>

例如，如果复制了以下圆，现在想要以相同的水平距离创建更多副本。启动 COPY 命令，然后选择第二个圆，如图 2-90 所示。

使用"圆心"对象捕捉：单击原始圆 1 的圆心，再单击圆 2 的圆心，依此类推，如图 2-91 所示。

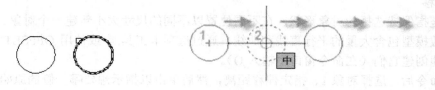

图 2-90　复制圆　　　　　图 2-91　使用"圆心"对象捕捉

要制作大量副本，请尝试使用 COPY 命令的"阵列"选项。例如，以下是一个深基坑桩的线性排列。从基点指定副本的数量，以及中心到中心的距离。如图 2-92 所示。

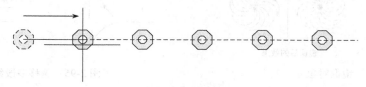

图 2-92　制作副本

使用 COPY 可以根据指定的选择集和基点创建多个副本，如图 2-93 所示。这些选项包括：
① 在指定位置或位移创建副本。
② 以线性模式自动间隔指定数量的副本。

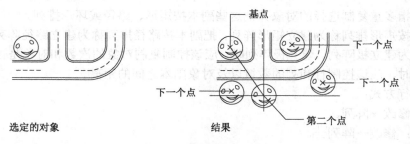

选定的对象　　　　　　　　　　结果

图 2-93　创建多个副本

2．镜像

镜像是指根据选择的对象按给定的镜像线产生指定目标的镜像图形，如图 2-94 所示。镜像操作完成后，原图可以保留也可以删除。中间的镜像线在屏幕上并不显示出来。

（1）执行方式：

菜单：修改→镜像。

工具栏：修改→镜像◭。

命令行：MIRROR。

（2）操作方法：执行 MIRROR 命令后系统提示如下：

选择对象：(指定镜像对象)

选择对象：(可以按 Enter 键或空格键结束选择，也可以继续)

指定镜像线的第一点：(通过两点确定镜像线)

指定镜像线的第二点：
要删除源对象吗?[是(Y)/否(N)]<N>

3. 偏移

偏移是指保持选择的对象形状，在不同位置以不同的尺寸大小新建一个对象。

大多数模型包含大量的平行直线和曲线。通过选项卡工具 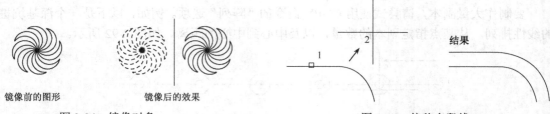 或使用 OFFSET 命令可以轻松高效地创建它们（在命令窗口中输入 O）。

启动命令后，选择对象 1、指定偏移距离，然后单击以指示想要哪一侧的原始对象的结果 2，如图 2-95 所示是偏移多段线的示例。

镜像前的图形　　　　　　　镜像后的效果

图 2-94　镜像对象　　　　　　　　　　　　图 2-95　偏移多段线

提示：快速创建同心圆的方法是偏移它们。

在实际应用中，常利用"偏移"命令创建平行线或等距离分布图形，效果与"阵列"相似。默认情况下，需要指定偏移距离，再选择要偏移复制的对象，然后指定偏移方向，以复制出图像。

4. 阵列

阵列是指多重复制选择的对象并把这些副本按矩形、路径或环形排列。

把副本按矩形排列称为建立矩形阵列；把副本按路径排列称为建立路径阵列；把副本按环形排列称为建立极阵列。建立极阵列时，应该控制复制对象的次数和对象是否被旋转；建立矩形阵列时，应该控制行和列的数量以及对象副本之间的距离。

（1）执行方式：

菜单：修改→阵列。

工具栏：修改→阵列🔲🔲。

命令行：ARRAY。

（2）操作方法：

① 矩形阵列。绘制矩形阵列，可以控制行和列的数目以及它们之间的距离。矩形阵列实例如图 2-96 所示。

对话框中各选项含义如下。

行数：指定阵列中的行数。如果只指定了一行，则须指定多列。

列数：指定阵列中的列数。如果只指定了一列，则须指定多行。

行偏移：指定行间距（输入具体数值）。向下添加行则要指定负值。

列偏移：指定列间距（输入具体数值）。若向左边添加列则要指定负值。

阵列角度：指定旋转角度（输入具体角度值）。通常角度为 0°，因此行和列与当前 UCS 的 X 和 Y 图形坐标轴正交。

选择对象：指定用于构造阵列的对象。

预览：显示基于对话框当前设置的阵列预览图像。

② 路径阵列。路径阵列是沿路径或部分路径均匀分布选定对象的副本，如图 2-97 所示。

③ 环形阵列。环形阵列又称极阵列，它通过围绕圆心复制选定对象来绘制阵列，如图 2-98 所示。

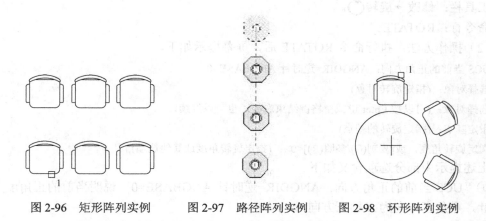

图 2-96　矩形阵列实例　　　图 2-97　路径阵列实例　　　图 2-98　环形阵列实例

任务 4　改变位置类

1．移动

移动命令主要用于把单个对象或多个对象从当前的位置移至新位置，但是并不改变对象的尺寸和方位。

（1）执行方式：

菜单：修改→移动。

快捷菜单：选择要移动的对象，在绘图区域右键单击，从打开的快捷菜单选择"移动"。

工具栏：修改→移动✥。

命令行：MOVE。

（2）操作方法：执行命令 MOVE 后，屏幕提示如下。

> 选择对象: (指定移动对象)
>
> 选择对象: (可以按 Enter 键或空格键结束选择，也可以继续)
>
> 指定基点或[位移(D)]<位移>
>
> 指定第二个点或<使用第一个点作为位移>

其中命令选项的意义与复制(COPY)相同。移动编辑功能示例如图 2-99 所示。

2．旋转

旋转命令可将选定的图形绕指定的基点旋转某一角度。当角度大于零时按逆时针方向旋转；当角度小于零时按顺时针方向旋转；当不知道旋转的角度大小时，可用参照方式输入。

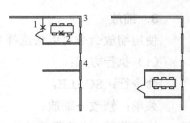

图 2-99　移动功能

（1）执行方式：

菜单：修改→旋转。

快捷菜单：选择要旋转的对象，在绘图区域右键单击，从打开的快捷菜单选择"旋转"。

工具栏：修改→旋转⟳。

命令行：ROTATE。

（2）操作方法：执行命令 ROTATE 后，屏幕提示如下。

UCS 当前的正角方向：ANGDIR=逆时针 ANGBASE=0
选择对象：(指定旋转对象)
选择对象：(可以按 Enter 键或空格键结束选择，也可以继续)
指定基点：(指定旋转的基点)
指定旋转角度，或[复制(C)/参照(R)]<0>：(指定旋转角度或其他选项)

上述提示中部分选项含义如下。

① "UCS 当前的正角方向：ANGDIR=逆时针 ANGBASE=0" 说明当前的正角度方向为逆时针，零角度方向为 X 轴正方向。

② "指定旋转角度，或[复制(C)/参照(R)]<0>：" 中两选项的含义如下：

指定旋转角度：指定对象绕基点旋转的角度。可以用鼠标来确定旋转角度，指定旋转角度为基点和光标的连线与零角度方向(X 轴正方向)之间的夹角。

[参照(R)]：以参照方式旋转对象。系统提示如下。

指定参照角[0]：(指定要参考的角度值，默认值为 0)
指定新角度：(输入旋转后的角度值)

操作结束后，对象被旋转到指定的角度。也可以用拖动鼠标的方法旋转对象。对象被旋转后，原位置处的对象消失，如图 2-100 所示。

复制(C)：选择该项，旋转对象的同时，保留原对象，如图 2-101 所示。

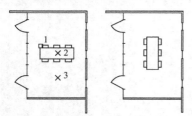

旋转前　　　　旋转后

图 2-100　拖动鼠标旋转对象　　　　　　图 2-101　复制旋转

3. 缩放

使用缩放命令可以将选择对象按照需要进行缩小和放大。

（1）执行方式：

命令行：SCALE。

菜单：修改→缩放。

快捷菜单：选择要缩放的对象，在绘图区域右键单击，从打开的快捷菜单上选择"缩放"。

工具栏：修改→缩放▢。

（2）操作方法：执行 SCALE 命令后按回车键，系统提示如下。

选择对象： (指定缩放对象)

选择对象： (可以按 Enter 键或空格键结束选择，也可以继续)

指定基点： (指定缩放中心点)

指定比例因子或[复制(C)/参照(R)]

上述提示中部分选项含义如下。

① 指定比例因子：按指定的比例缩放选定对象的尺寸。

② 参照(R)：按参照长度和指定的新长度比例缩放所选对象。

可以用拖动鼠标的方法缩放对象。选择对象并指定基点后，从基点到当前光标位置会出现一条连线，线段的长度决定比例的大小。移动鼠标选择的对象将随着该连线长度的变化而动态地缩放，按"Enter"键确认旋转操作。缩放功能示例如图 2-102 所示。

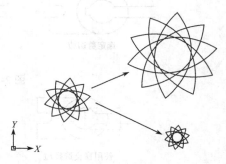

图 2-102 缩放功能示例

任务 5 改变几何特征类命令

修剪和延伸是 AutoCAD 中最常用的操作。

1. 修剪

使用修剪命令可以根据修剪边界修剪超出边界的线条，被修剪的对象可以是直线、圆、弧线、多段线、样条曲线和射线等。

（1）执行方式：

菜单：修改→修剪。

工具栏：修改→修剪-/-。

命令行：TRIM。

（2）操作方法：执行命令"TRIM"后系统提示如下：

当前设置：投影=UCS，边=无

选择剪切边…

选择对象或<全部选择>： (指定修剪边界的图形)

选择对象： (可以按 Enter 键或空格键结束修剪边界的指定，也可以继续)

选择要修剪的对象，或按住 Shift 键选择要延伸的对象，或[栏选(F)/窗交(C)/投影(P)/边(E)/删除(R)/放弃(U)]

上述提示中部分选项含义如下。

① "当前设置：投影=UCS，边=无"提示选取修剪边界和当前使用的修剪模式。

② "选择要修剪的对象，或按住"Shift"键选择要延伸的对象"提示用户指定要修剪的对象。在选择对象的同时按"Shift"键可将对象延伸到最近的修剪边界而不修剪它。按"Enter"键结束该命令。

③ 栏选（F）：系统以栏选的方式选择被修剪对象，如图 2-103 所示。

④ 窗交（C）：系统以窗交的方式选择被修剪对象，如图 2-104 所示，此时系统会在选择的对象中自动判断边界。

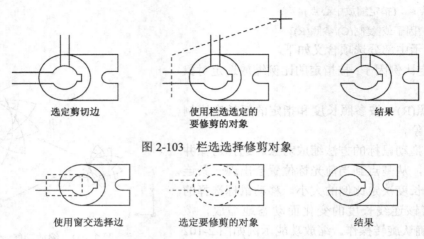

选定剪切边　　　使用栏选选定的　　　结果
　　　　　　　　要修剪的对象

图 2-103　栏选选择修剪对象

使用窗交选择边　　　选定要修剪的对象　　　结果

图 2-104　窗交选择修剪对象

⑤ 投影（P）：确定是否使用投影方式修剪对象。

⑥ 边（E）：确定是在另一对象的隐含边处或与三维空间中一个对象相交的对象的修剪方式。

⑦ 放弃(U)：取消上一次的操作。

提示：

修剪时，修剪边界与被修剪的线段必须处于相交状态。

2. 延伸

延伸命令用于指定延伸的对象，使其达到图中所选定的边界。

（1）执行方式：

菜单：修改→延伸。

工具栏：修改→延伸 --`/`。

命令行：EXTEND。

（2）操作说明：

执行"EXTEND"后系统提示如下：

当前设置：投影=用户坐标系，边=无

选择边界的边…

选择对象或<全部选择>：　(指定延伸边界的图形)

选择对象：　(可以按 Enter 键或空格键结束延伸边界的指定，也可以继续)

选择要延伸的对象，或按住 Shift 键选择要修剪的对象，或[栏选(F)/窗交(C)/投影(P)/边(E)/放弃(U)]：

在图 2-105 中，要想延伸表示此甲板的台阶的直线。启动"延伸"命令，选择边界，然后按 Enter 键或空格键。

接下来，选择要延伸的对象（靠近要延伸的端点），然后按 Enter 键或空格键以结束命令。

结果如图 2-105 所示，直线已延伸到边界。

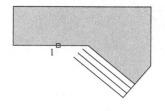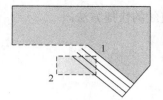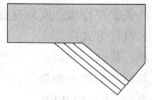

图 2-105　延伸实例

3．拉伸

使用拉伸命令可以按指定的方向和角度拉伸或缩短实体，改变对象的形状。

（1）执行方式：

菜单：修改→拉伸。

工具栏：修改→拉伸 。

命令行：STRETCH。

（2）操作方法：

执行命令"STRETCH"后系统提示如下：

选择对象：(以交叉窗口或交叉多边形选择要拉伸的对象)

指定基点或[位移(D)]<位移>：(指定拉伸的基点)

指定第二个点或<使用第一个点作为位移>：(指定拉伸的移至点)

此时若指定第二个点，系统将根据这两点决定矢量拉
伸对象。若直接按"Enter"键，系统会把第一个点作为 X
和 Y 轴的分量值。拉伸实例如图 2-106 所示。

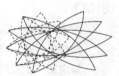

提示：

用交叉窗口选择拉伸对象后，包含在交叉窗口内的部分
被拉伸，落在外部的部分保持不动。

图 2-106　拉伸实例

4．拉长

拉长命令可以改变被选对象的长度或角度。

（1）执行方式：

菜单：修改→拉长。

命令行：LENGTHEN。

（2）操作方法：执行"LENGTHEN"命令后，系统提示如下。

选择对象或[增量（DE）/百分数（P）/全部（T）/动态（DY）]：（选定对象）

当前长度：30.5001（给出选定对象的长度，如果选择圆弧则还将给出圆弧的包含角）

选择对象或[增量（DE）/百分数（P）/全部（T）/动态（DY）]：DE✓（选择拉长或缩短的方式。如
选择"增量（DE）"方式）

输入长度增量或[角度（A）<0.0000>：10✓（输入长度增量数值。如果选择圆弧段，则可输入选项
"A"给定角度增量）

选择要修改的对象或[放弃（U）]：（选定要修改的对象，进行拉长操作）

选择要修改的对象或[放弃（U）]：（继续选择，按回车键结束命令）

5．倒角

使用此命令可以给对象加倒角，可按用户选择对象的次序应用指定的距离和角度。这是

一种在两条非平行线之间创建直线的快捷方法。

（1）执行方式：

菜单：修改→倒角。

工具栏：修改→倒角▱。

命令行：CHAMFER。

（2）操作方法：AutoCAD 提供以下两种方法进行两个线型对象的倒角操作。

① 指定倒角距离。该距离是指从被连接的对象与斜线的交点到被连接的两对象的可能交点之间的距离，如图 2-107 所示。执行命令"CHAMFER"后系统提示如下：

("修剪"模式)当前倒角距离 1=0.0000，距离 2=0.0000
选择第一条直线或[放弃(U)/多段线(P)/距离(D)/角度(A)/修剪(T)/方式(E)/多个(M)]：D↙
指定第一个倒角距离
指定第二个倒角距离

在此时可以设定两个倒角的距离，第一距离的默认值是上一次指定的距离，第二距离的默认值为第一距离所选的任意值。然后，选择要倒角的两个对象。系统会根据指定的距离连接两个对象。

② 指定倒角角度和倒角距离。使用这种方法时，需确定两个参数：倒角线与一个对象的倒角距离和倒角线与该对象的夹角，如图 2-108 所示。执行命令"CHAMFER"后系统提示如下：

("修剪"模式)当前倒角距离 1=0.0000，距离 2=0.0000
选择第一条直线或[放弃(U)/多段线(P)/距离(D)/角度(A)/修剪(T)/方式(E)/多个(M)]：A↙
指定第一条直线的倒角长度
指定第一条直线的倒角角度

"[放弃(U)/多段线(P)/距离(D)/角度(A)/修剪(T)/方式(E)/多个(M)]"中部分选项的含义如下。

多段线(P)：对整个二维多段线倒角。选择多段线后，系统会对多段线每个顶点处的相交直线段倒角。为了得到最好的倒角效果，一般设置倒角线为相等的值。

修剪(T)：控制 AutoCAD 是否修剪选定边为倒角线端点。

方式(E)：控制 AutoCAD 使用两个距离还是一个距离和一个角度来创建倒角。

多个(M)：给多个对象集加倒角。

倒角实例如图 2-109 所示。

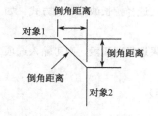

图 2-107　倒角距离

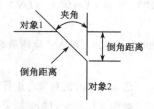

图 2-108　倒角距离与夹角

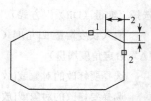

图 2-109　倒角实例

6．圆角

圆角是指用指定的半径决定的一段平滑的圆弧连接两个对象。用户可以为两段直线、圆弧、多段线、构造线、样条曲线及射线加圆角。

（1）执行方式：

菜单：修改→圆角。

工具栏：修改→圆角◯。

命令行：FILLET。

（2）操作方法：

执行 FILLET 命令后系统提示如下。

当前设置：模式=修剪，半径=0.0000

选择第一个对象或[放弃(U)/多段线(P)/半径(R)/修剪(T)/多个(M)]

上述提示中各个选项含义如下。

① 当前设置：模式=修剪，半径=0.0000：当前圆角的设置是前一次设置的状态的显示，可更改。

② 选择第一个对象：系统把选择的对象作为要进行圆角处理的第一个对象。

多段线(P)：用于在一条二维多段线的两段直线段的交点处插入圆角弧。

半径(R)：设置圆角半径。

修剪(T)：用于在圆滑连接两条边时是否修剪这两条边。

多个(M)：给多个对象集加圆角。

圆角实例如图 2-110 所示。

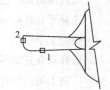

图 2-110　圆角实例

7．打断

打断命令可以删除对象上两个指定点间的部分，或者将它们从某一点打断为两个对象。如果这些点不在对象上，则会自动投影到该对象上，打断命令通常用于为块或文字创建空间。

（1）执行方式：

菜单：修改→打断。

工具栏：修改→打断◻。

命令行：BREAK。

（2）操作方法：

执行 BREAK 命令后系统提示如下：

选择对象：　(选择要断开的对象)

指定第二个打断点或[第一点(F)]：

上述提示中各个选项含义如下。

① 选择对象：若用鼠标选择对象，系统会选中该对象并把选择点作为第一个断开点。

② 指定第二个打断点或[第一点(F)]：若输入"F"，系统将取消前面的第一个选择点，提示指定两个新的打断点。

打断实例如图 2-111 所示。

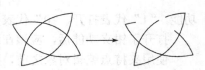

图 2-111　打断实例

"修改"工具栏中还有一个"打断于点"命令，其作用与"打断"命令类似。有效对象包括直线、开放的多段线和圆弧。不能在一点打断闭合对象（例如圆）。

8．分解

在希望单独修改合成对象的部件时，可对合成对象进行分解。可分解的对象包括块、多段线及面域等。

（1）执行方式：

菜单：修改→分解。

工具栏：修改→分解凸◐。

命令行：EXPLODE。

（2）操作方法：执行命令后选择对象（选择一个对象后，该对象会被分解）。

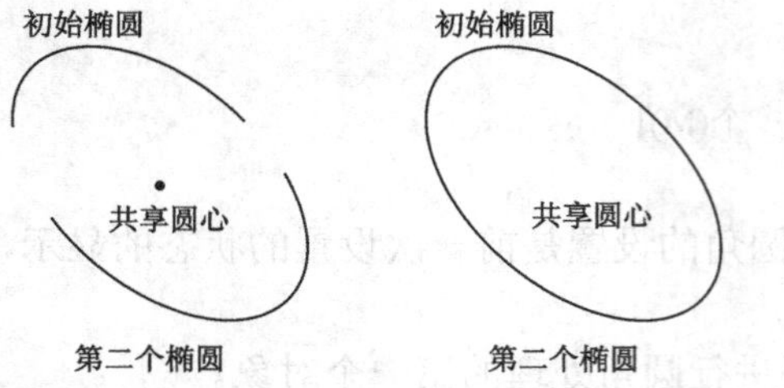

9．合并

它将直线、圆、椭圆弧和样条曲线等独立的线段合并为一个对象，如图 2-112 所示。

（1）执行方式：

菜单：修改→合并。

工具栏：修改→合并►◄。

命令行：JOIN。

（2）操作方法：执行 JOIN 命令后系统提示如下。

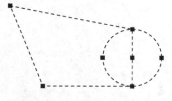

初始椭圆　　初始椭圆

共享圆心　　共享圆心

第二个椭圆　　第二个椭圆

图 2-112　合并对象

选择源对象：(选择一个对象)

选择要合并到源的直线：　(选择另一个对象)

找到 1 个

选择要合并到源的直线：✓

已将 1 条直线合并到源

任务 6　修改对象特性命令

1．钳夹功能

利用钳夹功能可以快速、方便地编辑对象。AutoCAD 在图形对象上定义了一些特殊点，称为夹持点，如图 2-113 所示。利用夹持点可以灵活地控制对象。

要使用钳夹功能编辑对象必须先打开钳夹功能，打开的方法如下。

菜单：工具→选项→选择。

在"选择"选项卡的夹持点选项组下面，勾选"启用夹持点"复选框。在该页面上还可以设置代表夹持点的小方格的尺寸和颜色。也可以通过"GRIPS"系统变量控制是否打开钳夹功能，"1"代表打开，"0"代表关闭。

图 2-113　夹持点

打开了钳夹功能后，应该在编辑对象之前先选择对象。夹持点表示了对象的控制位置。

使用夹持点编辑对象之前，要选择一个夹持点作为基点，称为基准夹持点。然后，选择一种编辑操作：可以选择的编辑操作有镜像、移动、旋转、拉伸和缩放等。可以用"Space"键、"Enter"键或键盘上的快捷键循环选择这些功能。

下面仅就其中的拉伸对象操作为例进行讲述，其他操作类似。

在图形上拾取一个夹持点，该夹持点马上改变颜色，此点为夹持点编辑的基准点。这时系统提示如下。

拉伸

指定拉伸点或[基点(B)/复制(C)/放弃(u)/退出(X)]

在上述拉伸编辑提示下输入镜像命令或在鼠标右键快捷菜单中选择"镜像"命令，系统就会转换为"镜像"操作，其他操作类似。

2．特性工具栏

执行方式：

● 菜单：修改→特性。

● 工具条：标准→特性。

● 命令行：DDMODIFY 或 PROPERTIES。

打开特性工具栏，如图 2-114 所示。利用它可以方便地设置或修改对象的各种属性。

不同的对象属性种类和值不同，修改属性值，对象改变为新的属性。

图 2-114　特性工具栏

3．特性匹配

利用特性匹配功能可以将目标对象的属性与源对象的属性进行匹配，使目标对象变为与源对象相同。利用特性匹配功能可以方便快捷地修改对象属性，并保持不同对象的属性相同。

（1）执行方式：

菜单：修改→特性匹配。

命令行：MATCHPROP。

（2）操作方法：执行 MATCHPROP 命令后系统提示如下。

选择源对象：(选择源对象)

选择目标对象或[设置(S)]：(选择目标对象)

如图 2-115（a）所示的是两个不同属性的对象，以左边的圆为源对象，对右边的矩形进行属性匹配。结果如图 2-115（b）所示。

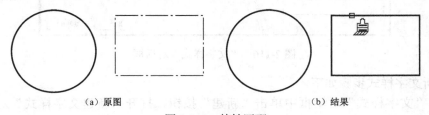

（a）原图　　　　　　　　　　　　（b）结果

图 2-115　特性匹配

单元 4　文本、表格与尺寸标注

在设计制图时，不仅要绘出图形，还要在图形中标注一些文字（如技术要求、注释说明等）对图形对象加以解释。图样上的文字主要有数字、字母和汉字等，AutoCAD 提供了多种写入文字的方法，本单元重点介绍文本的注释和编辑功能。图表在 AutoCAD 图形中也有大量的应用，如名细表、参数表和标题栏等。

任务 1 文本标注

文本是通信工程图形的基本组成部分，在图签、说明、图纸目录等地方都要用到文本。本任务学习文本标注的基本方法。

1. 设置文本样式

在 AutoCAD 中创建文字对象时，文字的外观都由与其关联的文字样式所决定。系统默认"Standard"文字样式为当前样式，可以通过下面的方法创建新的或修改已有的文字样式以及设置图形中书写文字的当前样式。

（1）执行方式：

菜单：格式→文字样式。

工具栏：文字→文字样式 A 。

命令行：STYLE 或 DDSTYLE。

（2）操作方法：

执行上述命令，AutoCAD 打开"文字样式"对话框，如图 2-116 所示。通过该对话框可以建立新的文字样式或对当前文字样式的参数进行修改。

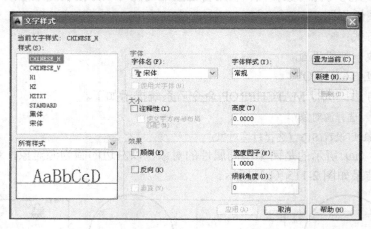

图 2-116 "文字样式"对话框

建立新文字样式步骤如下。

① 在"文字样式"对话框中单击"新建"按钮，打开"新建文字样式"对话框，如图 2-117 所示。

图 2-117 "新建文件样式"对话框

② 在对话框的"样式名"文本框中输入新文字样式的名称后，单击"确定"按钮返回"文字样式"对话框。

③ 在"字体"选项组中的"字体名"处选取新字体。例如通信工程制图中，在字体名下拉列表项中选"仿宋-GB2312"。

④ 在"大小"选项组中，选中相应的复选框，可以指定文字为注释文字；也可以将指定图纸空间视口中的文字方向与布局方向匹配；还可以设置文字高度。

⑤ 在"效果"选项组中，选中相应的复选框，可以设置文字样式特殊效果，如"颠倒""反向"和"垂直"等；在"宽度因子"和"倾斜角度"文本框中指定文字宽度的比例和倾斜的角度。

2．单行文字输入

使用单行文字输入命令，其每行文字都是独立的对象，可以单独进行定位、调整格式等编辑工作。

（1）执行方式：

菜单：绘图→文字→单行文字。

工具栏：文字→单行文字A^I。

命令行：TEXT 或 DTEXT。

（2）操作方法：执行上述命令后，系统提示如下。

当前文字样式："Standard"当前文字高度：1.0000　注释性：否

指定文字的起点或[对正(J)/样式(S)]

在此提示下直接在绘图屏幕上点取一点作为文本的起始点，系统提示如下。

指定高度<1.0000>：(确定字符的高度)

指定文字的旋转角度<0>：(确定文本行的倾斜角度)

输入文字：(输入文本)

输入文字：(输入文本或回车)

在上面的提示下键入"J"来确定文本的对齐方式，对齐方式决定文本的哪一部分与所选的插入点对齐。执行此选项，系统提示如下。

输入选项[对齐(A)/调整(F)/中心(C)/中间(M)/右（R）/左上(TL)/中上(TC)/右上(TR)/左中(ML)/正中(MC)/右中(MR)/左下(BL)/中下(BC)/右下(BR)]

在此提示下选择一个选项作为文本的对齐方式。

用"TEXT"命令创建文本时，在命令行输入文字的同时，文字也显示在屏幕上，而且在创建过程中可以随时改变文本的位置，只要将光标移到新的位置单击，当前行就会结束，随后输入的文本则出现在新的位置上。

3．多行文字输入

使用多行文字输入命令也可以在绘图区创建标注文字。它与单行文字的区别在于所标注的多行段落文字是一个整体，可以进行统一编辑，因此，多行文字命令较单行文字命令更方便、灵活，它具有一般文字编辑软件的各种功能。

（1）执行方式：

命令行：MTEXT。

菜单：绘图→文字→多行文字。

工具栏：绘图→多行文字**A** 或 文字→多行文字**A**。

（2）操作方法：输入命令 MTEXT 后按回车键，系统提示如下。

当前文字样式："Standard" 当前文字高度：1.9122 注释性：否

指定第一角点：(指定矩形框的第一个角点)

指定对角点或[高度(H)/对正(J)/行距(L)/旋转(R)/样式(S)/宽度(W)/栏(C)]

指定对角点后，系统打开多行文字编辑器，如图 2-118 所示，可利用此对话框与编辑器输入多行文本并对其格式进行设置。

图 2-118　多行文字编辑器

图 2-119　右键快捷菜单

在多行文字绘制区域以鼠标右键单击，系统打开的右键快捷菜单如图 2-119 所示。该快捷菜单提供标准编辑选项和多行文字特有的选项。

（1）分栏：可以将多行文字对象的格式设置为多栏。可以指定栏和栏间距的宽度、高度及栏数。可以使用夹点编辑栏宽和栏高。可以使用"分栏设置"对话框进行设置，如图 2-120 所示。

（2）段落对齐：设置多行文字对象的对正和对齐方式。"左上"选项是默认设置。在一行的末尾输入的空格也是文字的一部分，并会影响该行文字的对正。文字根据其左右边界进行居中对正、左对正或右对正；根据其上下边界进行中央对齐、顶对齐或底对齐。

（3）查找和替换：显示"查找和替换"对话框，如图 2-121 所示。在该对话框中可以进行替换操作，操作方式与 Word 编辑器中替换操作类似，不再赘述。

（4）全部选择：选择多行文字对象中的所有文字。

图 2-120　"分栏设置"对话框

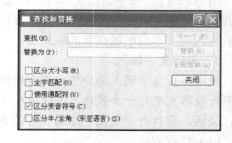

图 2-121　"查找和替换"对话框

（5）改变大小写：改变选定文字的大小写。可以选择"大写"或"小写"。

（6）自动大写：将所有新输入的文字转换成大写。自动大写不影响已有的文字。改变已有文字的大小写要先选择文字以鼠标右键单击，然后在快捷菜单上单击"改变大小写"。

（7）删除格式：清除选定文字的粗体、斜体或下画线格式。

（8）合并段落：将选定的段落合并为一段并用空格替换每段的回车符。

（9）堆叠/非堆叠：如果选定的文字中包含堆叠字符则堆叠文字。如果选择的是堆叠文字则取消堆叠。该选项只有在文本中有堆叠文字或待堆叠文字时才显示。

（10）符号：在光标位置插入列出的符号或不间断空格。也可以手动插入符号。常用的符号如图 2-122 所示。

（11）输入文字：显示"选择文件"对话框，如图 2-123 所示。选择任意 ASCII 或 RTF 格式的文件。输入的文字保留原始字符格式和样式特性，但可以在多行文字编辑器中编辑和格式化输入的文字。选择要输入的文本文件后，可以替换选定的文字或全部文字，或在文字边界内将新加的文字插入到选定的文本中。输入文字的文件必须小于 32KB。

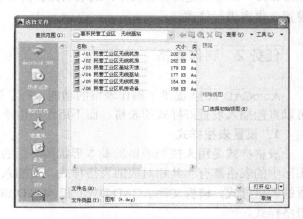

图 2-122　常用符号　　　　　　　　　　图 2-123　"选择文件"对话框

（12）插入字段：插入一些常用或预设字段。单击该命令后，系统会打开"字段"对话框，如图 2-124 所示。用户可以从中选择字段插入到标注文本中。

（13）背景遮罩：用设定的背景对标注的文字进行遮罩。单击该命令后，系统会打开"背景遮罩"对话框，如图 2-125 所示。

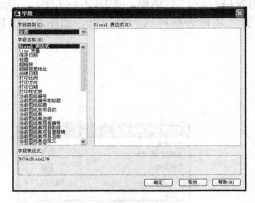

图 2-124　"字段"对话框　　　　　　　图 2-125　"背景遮罩"对话框

（14）字符集：可以从后面的子菜单打开某个字符集，插入字符。

4．文本编辑

在绘图过程中，如果输入的文本不符合绘图要求，则需要在原有基础上进行修改，AutoCAD 提供的文本编辑功能可以编辑修改文本的内容。

（1）执行方式：

菜单：修改→对象→文字→编辑。

工具栏：文字→编辑 🅰。

命令行：DDEDIT。

（2）操作方法：输入命令"DDEDIT"后按回车，AutoCAD 提示"选择注释对象或[放弃 U]："。这时要求选择想要修改的文本，同时光标变为拾取框。用拾取框选择对象，如果选取的文本是用 TEXT 命令创建的单行文本，可对其直接进行修改；如果选取的文本是用"MTEXT"命令创建的多行文本，选取后则打开多行文字编辑器，可根据前面的介绍对各项设置或内容进行修改。

任务 2　制作表格

AutoCAD 2014 提供了制作表格的功能，有了该功能，创建表格就变得非常容易，用户可以直接插入设置好样式的表格，而不用绘制由单独的图线组成的栅格。

1．设置表格样式

表格样式是用来控制表格的基本形状和间距的，和文字样式一样，所有 AutoCAD 2014 图形中的表格都有和其相对应的表格样式。当插入表格对象时，AutoCAD 2014 使用当前设置的表格样式。模板文件 ACAD.DWT 和 ACADISO.DWT 中定义了名为"Standard"的默认表格样式。

（1）执行方式：

菜单：格式→表格样式。

工具栏：样式→表格样式 📑。

命令行：TABLESTYLE。

（2）操作方法：执行上述命令，系统打开"表格样式"对话框，如图 2-126 所示。

单击"新建"按钮，系统打开"创建新的表格样式"对话框，如图 2-127 所示。输入新的表格样式名后，单击"继续"按钮，系统打开"新建表格样式"对话框，如图 2-128 所示。从中可以定义新的表格样式。

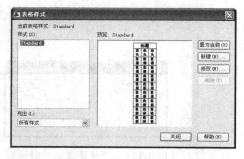

图 2-126　"表格样式"对话框

图 2-127　"创建新的表格样式"对话框

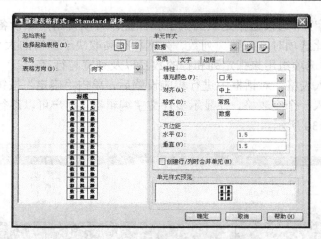

图 2-128 "新建表格样式"对话框

"新建表格样式"对话框中有"常规""文字"和"边框"3 个选项卡。分别控制表格中数据、表头和标题的有关参数。

2．创建表格

在设置好表格样式后，就可以开始创建表格了。

（1）执行方式：菜单：绘图→表格。

工具栏：绘图→表格 。

命令行：TABLE。

（2）操作方法：执行上述命令，系统打开"插入表格"对话框，如图 2-129 所示。

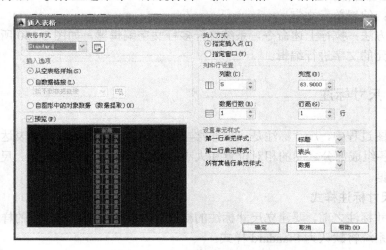

图 2-129 "插入表格"对话框

（3）选项说明：在"表格样式"选项组中，可以在下拉列表框中选择一种表格样式，也可以单击后面的" "按钮新建或修改表格样式。

在"插入方式"选项组中，有两个单选项：

① "指定插入点"单选按钮指定表左上角的位置。可以使用定点设备，也可以在命令行输入坐标值。如果表格样式将表的方向设置为由下而上读取，则插入点位于表的左下角。

② "指定窗口"单选按钮指定表的大小和位置。可以使用定点设备，也可以在命令行输入坐标值。选定此选项时，行数、列数、列宽和行高取决于窗口的大小以及列和行设置。"列和行设置"选项组用来指定列和行的数目以及列宽与行高。

在上面的"插入表格"对话框中进行相应设置后，单击"确定"按钮，系统在指定的插入点或窗口自动插入一个空表格，并显示多行文字编辑器，用户可以逐行逐列输入相应的文字或数据，如图 2-130 所示。

图 2-130　空表格和多行文字编辑器

3. 编辑表格文字

使用本命令可以对表格中的文字内容进行编辑修改。

（1）执行方式：

命令行：TABLEDIT。

定点设备：表格内双击。

快捷菜单：编辑单元文字。

（2）操作方法：执行上述命令，系统打开多行文字编辑器，如图 2-130 所示，用户可以对指定表格单元的文字进行编辑。

任务 3　尺寸标注

在设计绘图过程中，尺寸标注是一项非常重要的内容。由于图形只能表达设计对象的形状，设计对象各组成部分之间的相对位置和大小必须通过尺寸标注来表达，尺寸标注是实际施工的重要依据。

1. 设置尺寸标注样式

在进行尺寸标注之前，要建立尺寸标注的样式，如果不建立尺寸标注的样式而直接进行标注的话，则系统将默认为 Standard 样式。

（1）执行方式：

菜单：格式→标注样式或标注→样式。

工具栏：标注→标注样式✎。

命令行：DIMSTYLE。

（2）操作方法：执行上述命令，系统打开"标注样式管理器"对话框，如图 2-131 所示。利用此对话框可方便、直观地定制和浏览尺寸标注样式，包括产生新的标注样式、修改已存在的样式、设置当前尺寸标注样式、样式重命名以及删除一个已有样式等。

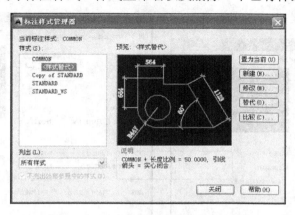

图 2-131　"标注样式管理器"对话框

① 单击"置为当前"按钮，可以把在"样式"列表框中选中的样式设置为当前样式。

② "新建"按钮用于定义一个新的尺寸标注样式。单击此按钮，AutoCAD 打开"创建新标注样式"对话框，如图 2-132 所示。利用此对话框可创建一个新的尺寸标注样式，单击"继续"按钮，系统打开"新建标注样式"对话框，如图 2-133 所示，利用此对话框可对新样式的各项特性进行设置。

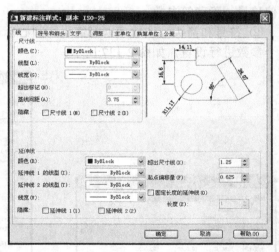

图 2-132　"创建新标注样式"对话框　　　　图 2-133　"新建标注样式"对话框

③ "修改"按钮用于对已有标注样式进行修改。其对话框与"新建标注样式"对话框相似，如图 2-134 所示。

④ "替代"按钮用于设置临时覆盖尺寸标注样式。用户可改变选项的设置并覆盖原来的设置，但这种修改只对指定的尺寸标注起作用，而不影响当前尺寸变量的设置。其对话框与"新建标注样式"对话框相似，如图 2-135 所示。

⑤ "比较"按钮用来比较两个尺寸标注样式在参数上的区别或浏览一个尺寸标注样式的参数设置，如图 2-136 所示。可以把比较结果复制到剪切板上，然后再粘贴到其他的

Windows 应用软件上。

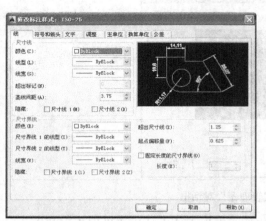

图 2-134　"修改标注样式"对话框

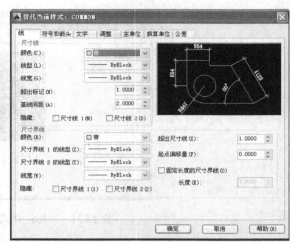

图 2-135　"替代当前样式"对话框

在如图 2-133 所示的"新建标注样式"对话框中，有 7 个选项卡，分别说明如下。

① 线。该选项卡对尺寸的尺寸线和尺寸界线的各个参数进行设置。包括尺寸线的颜色、线型、线宽、超出标记、基线间距、隐藏等参数，尺寸界线的颜色、线宽、超出尺寸线、起点偏移量、隐藏等参数。

② 符号和箭头。该选项卡对箭头、圆心标记、折断标注、弧长符号和半径折弯标注的各个参数进行设置，如图 2-137 所示。

图 2-136　"比较标注样式"对话框

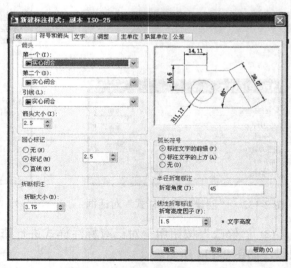

图 2-137　"符号和箭头"选项卡

③ 文字。该选项卡对文字的外观、位置、对齐方式等各个参数进行设置，如图 2-138 所示。包括文字外观的文字样式、文字颜色、填充颜色、文字高度、分数高度比例、是否绘制文字边框等参数，文字位置的垂直、水平和从尺寸线偏移量等参数。对齐方式有水平、与尺寸线对齐、ISO 标准 3 种方式。图 2-139 为尺寸文本在垂直方向放置的 4 种不同情形，

图 2-140 为尺寸在水平方向放置的 5 种不同情形。

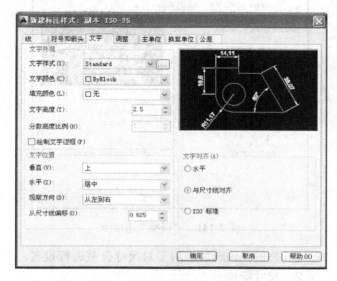

图 2-138 "文字"选项卡

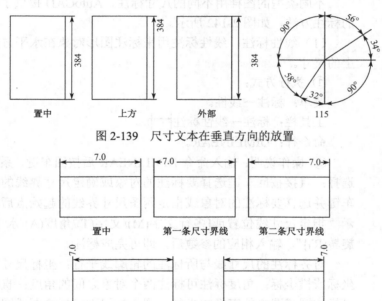

图 2-139 尺寸文本在垂直方向的放置

图 2-140 尺寸文本在水平方向的放置

④ 调整。该选项卡对调整选项、文字位置、标注特征比例、优化等各个参数进行设置，如图 2-141 所示。

⑤ 主单位。该选项卡用来设置尺寸标注的主单位和精度，以及给尺寸文本添加固定的前缀或后缀。本选项卡含两个选项组，分别对长度型标注和角度型标注进行设置。

⑥ 换算单位。该选项卡用于对替换单位进行设置。

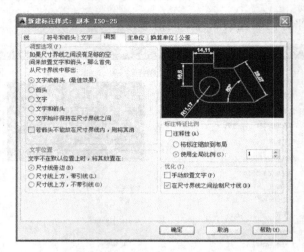

图 2-141　"调整"选项卡

⑦ 公差。该选项卡用于对尺寸公差进行设置。

2. 尺寸标注

不同类型的图样用不同的尺寸标注，AutoCAD 提供了多种方便快捷的标注方法，如图 2-142 所示。

（1）线性标注：线性标注用来标注图形对象在水平方向、垂直方向上的尺寸。

① 执行方式：

菜单：标注→线性。

工具栏：标注→线性标注 ⊢⊣。

命令行：DIMLINEAR。

② 操作说明：输入命令 DIMLINEAR 后按回车键，系统提示有两种选择：直接按回车键选择要标注的对象或确定尺寸界线的起始点；按回车键并选择要标注的对象或指定两条尺寸界线的起始点后，系统继续提示"指定尺寸线位置或[多行文字(M)/文字(T)/角度(A)/水平(H)/垂直(V)/旋转(R)]"，输入相应的参数后，即可完成标注。

对齐标注的尺寸线与所标注的轮廓线平行；坐标尺寸可标注点的纵坐标或横坐标；角度标注可标注两个对象之间的角度；直径或半径标注可标注圆或圆弧的直径或半径；圆心标记则可标注圆或圆弧的中心或中心线，具体由"新建(修改)标注样式"对话框"尺寸与箭头"选项卡"圆心标记"选项组决定。上面所述这几种尺寸标注与线性标注类似，不再赘述。

图 2-142　快捷菜单

（2）基线标注：基线标注用于产生一系列基于同一条尺寸界线的尺寸标注，适用于长度尺寸标注、角度标注和坐标标注等。在使用基线标注方式之前，应该先标注出一个相关的尺寸。如图 2-143（a）所示。基线标注两平行尺寸线间距由"新建(修改)标注样式"对话框"尺寸与箭头"选项卡"尺寸线"选项组中"基线间距"文本框中的值决定。

（3）连续标注：连续标注又叫尺寸链标注，用于产生一系列连续的尺寸标注，后一个尺寸标注把前一个标注的第二条尺寸界线作为它的第一条尺寸界线。与基线标注一样，在使用连续标注方式之前，应该先标注出一个相关的尺寸。其标注过程与基线标注类似，如图 2-143（b）所示。

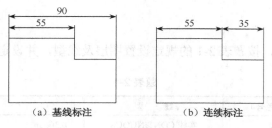

（a）基线标注　　　　　　　　（b）连续标注

图 2-143　线性标注

（4）快速标注：快速尺寸标注命令 QDIM 使用户可以交互地、动态地、自动化地进行尺寸标注。在 QDIM 命令中可以同时选择多个圆或圆弧标注直径或半径，也可同时选择多个对象进行基线标注和连续标注，选择一次即可完成多个标注，因此可节省时间，提高工作效率。

（5）引线标注：引线标注主要用于对图形中的某些特定对象进行注释和说明，以使图形表达得更清楚。执行 QLEADER 命令可以快速生成指引线及注释，通过"引线设置"对话框设置引线格式。在引线标注中，指引线可以是折线，也可以是曲线，指引线端部可以有箭头，也可以不用箭头。利用 QLEADER 命令可快速生成指引线及注释，而且可以通过命令行优化对话框进行自定义，由此可以消除不必要的命令行提示，得到最高的工作效率。

项目小结

AutoCAD 是工程设计领域中应用最为广泛的计算机辅助绘图软件。要运用它进行通信工程图纸的绘制，必须熟练掌握各种常用绘图命令和制图方法。

使用 AutoCAD 软件进行绘图时，首先要了解 AutoCAD 软件界面、各工具栏功能，并能够对初始绘图环境依据绘图要求进行设置。

任何一幅工程图都是由一些基本图形元素（如直线、圆、圆弧和文字等）组成的，学习 AutoCAD 首先应掌握基本图形元素的绘制方法。

AutoCAD 的命令通常有菜单方式、工具栏方式和命令行方式 3 种执行方式。

在工程图纸中所绘制的图形只用于反映实物的形状，而物体各部分的真实大小和各部分之间的确切位置关系，应通过标注尺寸准确地表达出来。

思考题

1．调用 AutoCAD 命令的方法有哪些？
2．怎样设置当前图层，如何改变图层的属性？
3．撤销命令和清除命令有何区别？
4．移动命令和偏移命令有什么不同？
5．复制命令和阵列命令有什么差异？
6．延伸命令和拉伸命令有何区别？

项目实训

1. 利用 AutoCAD，按题表 2-1 的规定设置图层及线型，并设定线型比例。

题表 2-1

图 层 名 称	颜色（颜色号）	线　　　型	线　　　　宽
0	白色	实线 CONTINUOUS	0.30mm
填充	蓝色	实线 CONTINUOUS	0.35mm
标注	洋红色	实线 CONTINUOUS	0.15mm(细实线，尺寸标注及文字用)

2. 在 AutoCAD 绘图区中绘制标题栏（题图 2-1）。

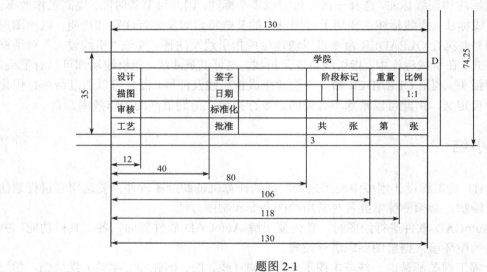

题图 2-1

3. 根据所给的标注尺寸，在 AutoCAD 中画出下图（题图 2-2）。

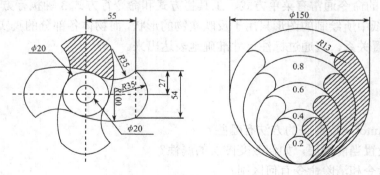

题图 2-2

4. 根据所给的标注尺寸，在 AutoCAD 中画出如题图 2-3 所示的图纸。

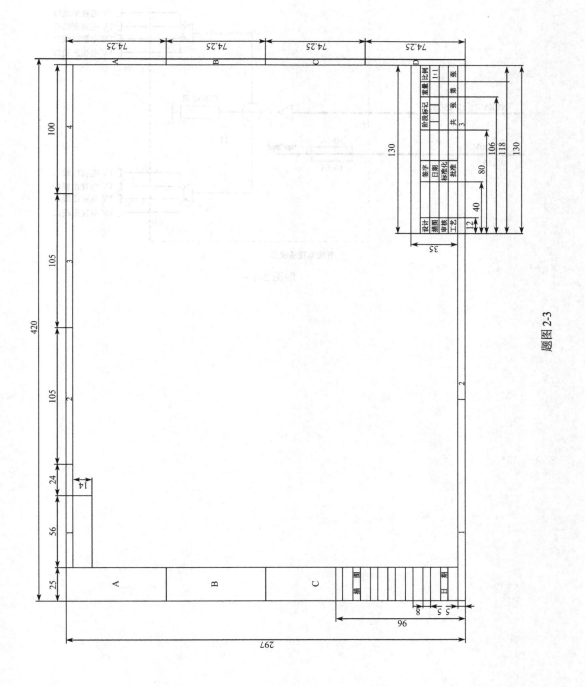

题图 2-3

5．在 AutoCAD 环境中绘制题图 2-4。

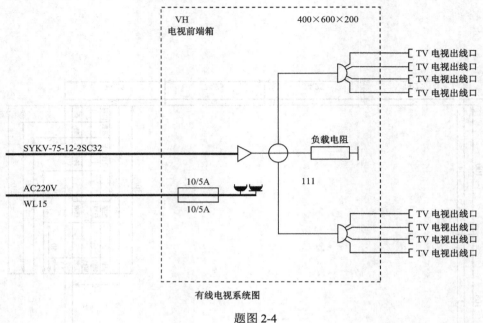

有线电视系统图

题图 2-4

项目三 通信工程设计勘察与测量

项目要求

在通信工程的设计过程中，现场勘察与测量是非常重要的一个环节。施工图的设计绘制必须在取得第一手现场资料的基础上，才能正确并顺利完成。因此，从事通信工程设计工作的人员必须掌握工程测绘技能，具体要求如下。

（1）熟悉现场设计勘察的基本内容，了解主要工作步骤。

（2）掌握通信机房和线路工程的勘察方法，能正确运用标杆法、仪器法进行测量，了解其他测量方法。

（3）熟悉通信线路工程和通信设备工程的常用图形符号，掌握通信工程制图的通用准则。

（4）掌握线路施工图、机房平面图和设备安装工程图的绘制方法。

单元 1 工程设计勘察

任务 1 了解现场设计勘察的内容与步骤

没有好的勘察，就没有合格的设计。

工程勘察是指合同签定之后，由勘察工程师按照《工程勘察指导手册》的要求，对工程安装环境、安装设备进行勘察并且确定工程安装方案，最终汇总形成《工程勘察报告》。

勘察是工程设计工作的重要环节，勘察测量后所得到的资料是设计的基础。通过现场实地勘测，获取工程设计所需要的各种业务、技术和经济方面的有关资料，并在全面调查研究的基础上，结合初步拟定的工程设计方案，联合有关专业和单位，认真进行分析、研究、讨论，为确定具体设计方案提供准确和必要的依据。

工程勘察与设计是通信工程建设中的核心部分，也是一个工程项目从合同到工程建设的开始，因此勘察与设计是否合格是项目能否顺利执行的关键。

设计文件是安排建设项目和组织施工的重要依据；而勘察则是整个设计的基础阶段，勘察所取得的资料是设计的重要基础资料。

实地勘测后，当发现实际情况与设计任务书有较大出入时，应上报给下达任务书的单位重新审定，并在设计中加以论证说明。

1. 工程勘察的工作流程

（1）签发工程勘察任务书。

（2）勘察任务审核。

（3）勘察任务安排。

（4）工程勘察准备，确定工程勘察计划。

（5）工程现场勘察，第一次环境验收——工程勘察指导手册。

（6）勘察文档制作——工程勘察报告、环境验收报告。

（7）勘察评审——工程勘察报告评审表。

（8）文档处理。

（9）输出结果。

2．工程勘察的主要内容

"勘察"包括初测和具体测量。大部分本地网线路工程均属一阶段设计工程，"初测"和"具体测量"工作同时进行。工程勘察的内容主要有以下三个方面。

1）向工程沿线相关部门收集资料

（1）从电信部门调查收集：①现有长途干线情况，包括电缆、光缆系统的组成、规模、容量，线路路由，长途业务量，设施发展概况以及发展可能性。②市区相关市话管道分布、管孔占用及可以利用等情况。③沿线主要相关电信部门对工程的要求和建议。④现有通信维护组织系统、分布情况。

（2）从水电部门调查收集：①农业水利建设和发展规划，线路路由上新挖河道、新修水库工程计划。②水底电/光缆过河地段的拦河坝、水闸、护堤、水下设施的现状和规划；重要地段河流的平、断面及河床土质状况、河堤加宽加高的规划等。③主要河流的洪水流量、洪流出现规律、水位及其对河床断面的影响。④电力高压线路现状，包括地下电力电缆的位置、发展规划，路由与光缆路由平行段的长度、间距及交越等相互位置关系。⑤沿路由的高压线路的电压等级、电缆护层的屏蔽系数、工作电流、短路电流等。

（3）从铁道部门调查收集：①电/光缆路由附近的现有、规划铁路线的状况、电气化铁道的位置以及平行、交越的相互位置关系等。②电气化铁道对通信线路防护设施情况。

（4）从气象部门调查收集：①路由沿途地区室外（包括地下 1.5m 深度处）的温度资料。②近十年雷电日数及雷击情况。③沟河水流结冰、市区水流结冰情况以及野外土壤冻土层厚度、持续时间及封冻、解冻时间。④雨季时间及雨量等。

（5）从农村、地质部门调查收集：①路由沿途土壤分布情况，土壤翻浆、冻裂情况。②地下水位高低、水质情况。③山区岩石分布、石质类型。④沿线附近地下矿藏及开采地段的地下资料。⑤农作物、果树园林及经济作物情况、损物赔偿标准。

（6）从石油化工部门调查收集：①油田、气田的分布及开采情况。②输油、输气管道的路径、内压、防蚀措施以及管道与线路路由间距、交越等相互位置。

（7）从公路及航运部门调查收集：①与线路路由有关的现有及规划公路的分布；与公路交越等相互位置关系和对电/光缆沿路肩敷设、穿越公路的要求及赔偿标准。②现有公路的改道、升级和大型桥梁、隧道、涵洞建设整修计划。③电/光缆穿越通航河流的船只种类、吨位、抛锚及航道疏浚、码头扩建、新建等。④光缆线路禁止抛锚地段、禁锚标志设置及信号灯光要求。⑤临时租用船只应办理的手续及租用费用标准。

（8）从城市规划及城建部门调查收集：①城市现有及规划的街道分布，地下隐蔽工程、地下设施、管线分布；城建部门对市区电/光缆的要求。②城区、郊区线路路由附近影响电/光缆安全的工程、建筑设施。③城市街道建筑红线的规划位置，道路横断面、地下管线的位置，指定敷设电/光缆的平断面位置及相关图纸。

（9）从其他单位调查收集资料。

2）路由及站址的勘察

（1）通信线路路由的勘察。根据勘察的情况，整理已收集的资料，到现场核对确定传输线路与沿线村庄、公路、铁路、河流等主要地形地物的相对位置；确定传输线路经过市区的街道、占用管道情况以及特殊地段电/光缆的位置。调查现场地形、地物、建筑设施现状，如果拟定的线路路由与现场情况有异，应修改传输线路路由，选取最佳路由方案。同时还要确定特殊地段电/光缆线路路由的位置，拟定传输线路防雷、防机械损伤、防白蚁的地段及措施。

（2）站址的勘察。拟定终端站、转接站、有人中继站的具体位置、机房内平面布置及进局（站）电/光缆的路由；拟定无人中继站的位置、建筑方式、防护措施、电/光缆进站方位等。要求对站址选定、站内平面布置、进局电/光缆线路走向等内容，与当地局专业人员共同研讨决定。

（3）拟定线路传输系统配置及电/光缆线路的防护。要求拟定机房建筑的具体位置、结构、面积和工艺要求；拟定监控及远供方案设施；拟定电/光缆线路防雷、防白蚁、防机械损伤的地段和防护措施。

（4）测量各站及沿线安装地线处的电阻率，了解农忙季节和台风、雨季、冻冰季节时段等。拟定传输线路的维护方式。划分传输线路和无人中继站的维护区域。

（5）对外沟通。对于传输线路穿越公路、铁道、重要河道、水闸、大堤及其他障碍物以及传输线路进入市区，包括必越单位、民房等情况，应协同建设单位、主管部门协商，需要时发函备案。

3）工程方案勘察的资料整理

工程勘察主要文档有：《工程勘察任务书》《工程勘察计划》《工程勘察报告》《环境验收报告》《合同问题反馈表》《工程勘察报告评审表》。

现场勘察结束后，应按下列要求进行资料整理，必要时写出勘察报告。

（1）将勘察确定的传输线路路由、终端站、转接站、中继站、无人中继站的位置，标绘在 1∶50 000 的地形图上。

（2）将传输线路路由总长度、局部修改路由方案长度，终端站、转接站、中继站、无人中继站之间的距离，及其到重要建筑设施、重大军事目标的距离，以及传输线路路由的不同土质、不同地形、铁道、公路、河流和防雷、防白蚁、防机械损伤地段及不同方案等相关长度，标注在 1∶50 000 地形图上。

（3）将调查核实后的军事目标、矿区范围、水利设施、附近的电力线路、输气管线、输油管线、公路、铁道及其他重要建筑、地下隐蔽工程，标注在 1∶50 000 的地形图上。

（4）列出光缆线路路由、终端站、转换站、有人及无人中继站的不同方案比较资料。

（5）统计不同敷设方式的不同结构电/光缆的长度、接头材料及配件数量。

（6）将勘察报告向建设单位交底，听取建设单位的意见，对重大方案及原则性问题，应尽早报上级主管部门，审批后方可进行初步设计阶段的工作。

3．工程勘察的准备工作

1）资料准备

① 阅读勘察通知单。通常勘察通知单包含工程名称、产品类型、工程容量和勘察周期、用户联系人和电话等内容。

② 阅读合同清单、技术建议书、组网图、分工界面图。熟悉局点配置、工程要求、用户背景等信息，充分理解产品配置和产品性能。

③ 阅读站址分布图、勘测计划表、地图等。

2）工具准备

便携式计算机：记录、保存和输出数据。

数码相机：拍摄基站周围无线传播环境，天面信息以及共站址信息。

测距工具：激光测距仪、卷尺。

Mapinfo：配置扫描地图的经纬度、基站位置、扇区信息。

此外，还要配备望远镜、GPS（测经纬度）、指北针（测天线方位角）等。

3）勘测协调

① 勘测及配合人员的落实。

② 准备车辆、相关设备。

③ 确定勘测计划，确定勘测路线，如果时间紧张或需要勘测区域比较大，可划分成几组，同时进行勘测。

④ 与运营商交流，获得共站址站点已有天线系统的频段、最大发射功率、天线方位角等。

⑤ 如果涉及到非运营商物业的楼宇或者铁塔，需要向客户确认是否可以到达楼宇天面或铁塔。

⑥ 确认客户需要重点照顾的区域是否在本站址的覆盖范围内，勘测前需要明确这些重点覆盖区域。

4．工程设计勘察的实施步骤

（1）选定线路路由。选定传输线路与沿线的城镇、公路、铁路、河流、水库、桥梁等地形地物的相对位置；选定线路进入城区所占用街道的位置；利用现有通信专用管道或要新建管道的位置；选定电/光缆在特殊地段通过的具体位置。

（2）选定终端站及中间站（转接站、中继站、光放大站）的站址。配合设备、电力、土建等相关专业的工程技术人员，根据设计任务书的要求，选定站址，并商定有关站内的平面布局和线缆的进线方式、走向。

（3）拟定有人段内各系统的配置方案。

（4）拟定无人站的具体位置，无人站的建筑结构和施工要求，确定中继设备的供电方式和业务联络方式。

（5）拟定线路路由上采用直埋、管道、架空、过桥、水底敷设时各段落所使用电/光缆的规格和型号。

（6）拟定线路上需要防护的地段和防护措施。

（7）拟定维护方式和维护任务的划分，提出维护工具、仪表及交通工具的配置。

（8）协同建设单位与线路上特殊地段（如穿越的公路、铁路、重要河流、堤坝及进入城区等）的主管单位进行协商，确定穿越地点、保护措施等，必要时应向沿途有关单位发函备案，并从有关部门收集相关资料。

（9）初步设计现场勘察。参加现场勘察的人员按照分工进行现场勘察；核对在 1：5000、1：10 000 或 1：50 000 地形图上初步标定的位置；核实向有关单位、部门收集了解到的资料内容的可靠性、准确性，核实地形、地物及其他建筑设施等的实际情况，对初拟路由中地形不稳固或对其他建筑有影响的地段进行修正，通过现场勘察比较，选择最佳路由方案；与维护人员在现场确定线路进入市区位置，需新建管道的地段和管孔配置，计划安装制作接头的人孔位置；根据现场地形，研究确定利用桥梁附挂的方式和采用架空敷设的地段；确定线路穿越河流、铁路、公路的具体位置，并提出相应的施工方案和保护措施。

（10）整理图纸资料。通过现场勘察和对先期收集资料的整理、加工，形成初步设计图纸；将线路路由两侧一定范围内（200m）的有关设施，如军事重地、矿区范围、水利设施、铁路、公路、输电线路、输油管线、输气管线、供排水管线、居民区等，以及其他重要的建筑设施（包括地下隐蔽工程），准确地标绘在地形图上；整理并提供的图纸有电/光缆线路路由图、路由方案比较图、系统配置图、管道系统图、主要河流敷设水底光缆线路平面图和断面图、光缆进入城市规划区路由图；整理绘制图纸时应使用专业符号；在图纸上计取路由总长度、各站间的距离、线路与重大军事目标和重要建筑设施的距离、各种规格的线缆长度；按相应条目统计主要工作量；编制工程概算及说明。

（11）总结汇报。勘察组全体人员对选定的路由、站址、系统配置、各项防护措施及维护措施等具体内容进行全面总结，并形成勘察报告，向建设单位报告；对于暂时不能解决的问题以及超出设计任务书范围的问题，形成专案报请主管部门审定。

5．注意事项

（1）资料整理。机房勘察时，应将有价值的内容在图上标注清楚，有不清楚的地方或缺失的资料要及时与相关人员联系，进行补充和修改。最后要求客户签字确认。

机房勘察完，做到当天勘察当天整理，以避免资料积累太多而造成信息错位。

（2）与建设单位沟通：

① 任何形式的沟通均以书面的方式记录保留，涉及关键问题的沟通必须形成面谈或会议纪要以备留档查询。

② 与客户沟通交流前应理清思路，明确需沟通的内容，避免交流过程中出现内容杂乱无章、前后重复或次数频繁的情况。

③ 对于在勘察过程中与建设单位或其他单位的人员不能取得一致观点的内容，应主动与建设单位协商，广泛征求意见，把问题尽量解决在编制设计之前，以加快设计进度、提高设计质量。

任务 2　线路工程的勘察

勘察就是根据设计规范和现场的实际条件决定施工现场的路由、施工方式及保护措施等内容的过程，是一项艰苦、细致的工作。无论是现场或天气条件如何，该丈量的一定要丈量，该下井查看的就一定要下井查看，这就要求勘察人员一定要具有不怕苦、不怕累、不怕脏的实干精神，只有这样才能掌握准确第一手设计资料，为做出高质量的设计创造良好的先决条件。

线路勘察是线路工程设计的重要阶段，它直接影响到设计的准确性、施工进展及工程质量，必须认真对待。

1. 勘察前的准备工作

（1）人员组织。由设计、建设、施工三方人员组成勘察小组。

（2）熟悉和研究有关文件。勘察小组首先应听取并研究工程负责人对设计任务书中的工程概况和要求等方面的介绍。充分了解工程建设的意义和任务要求；明确工程任务和范围。如工程性质，规模大小，建设理由，近、远期规划，原有设备利用情况，是否新（扩）建局（站）及其地点、面积等要求。

（3）收集资料。由于通信线路的建设布局面较广，涉及的部门较多，为了不互相影响应选择合理的线路布局和路由，以保证通信的安全和便利，必须向有关单位和部门调查了解和收集有关其他建设方面的资料。

（4）确定勘察计划。根据设计任务书的要求及所收集了解的资料，在 1∶50 000 的地形图上粗略选定电/光缆路由，并依此确定勘察计划。

（5）准备勘察器材。常用的勘察器材有望远镜（×10）、测距仪、地理测量仪、罗盘仪、皮尺、绳尺、标杆、随带式图板及工具等。

2. 勘察的基本要求

实际上要做到勘察好路由，在草图上准确地标出正式设计时所需的各种参数，就要求勘察人员对传输线路的性能、已公布的各种设计规范做详细的了解和研读，并结合自己的实际经验在勘察过程中认真实施。下面就一些相关规定简要介绍如下。

（1）选择线路的路由，应以工程设计任务书和干线通信网规划为依据，本着"路由稳定可靠、走向合理、便于施工维护及抢修"的原则，进行多方案技术、经济比较。

（2）选择线路路由，应以现有的地形、地物、建筑设施和既定的建设规划为主要依据，并考虑有关部门的长远发展规划。应选择线路路由最短、弯曲较少的路由。

（3）选择路由时，尽量兼顾国家、军队、地方的利益，多勘察、多调查，综合考虑，尽可能使其投资少、见效快。

（4）选择路由时，应尽量远离干线铁路、机场、车站、码头等重要设施和相关的重大军事目标。

3. 光缆线路路由的选择

长途通信光缆干线的敷设方式，以直埋和简易塑料管道敷设为主，个别地段辅以架空和水线方式。下面介绍几种常用路由的选择方法。

（1）直埋光缆路由选择：

① 在符合路由走向的前提下，直埋光缆线路应沿公路（高等级公路、等级公路、非等级公路）或乡村大路顺路取直敷设，避开公路用地、路旁设施、绿化带和道路计划扩建地段，光缆的路由距公路平行距离不宜小于 50m。

② 光缆线路的路由应选择在地质稳固、地势较平坦的地段，避开湖泊、沼泽、排涝蓄洪地带，尽量不穿越水塘、沟渠，不宜强求长距离的大直线。穿越山区时，应选择在地势起伏小、土石方工作量较少的地方，避开陡崖、沟壑以及滑坡、泥石流冲刷严重的地方。

③ 光缆线路穿越河流，应选择在河床稳定、冲刷深度较浅的地方，并兼顾大的路由走向，不宜偏离太远，必要时可采用光缆飞线架设方式。对特大河流，可选择在桥上架挂，但

要考虑到战备时布设水底光缆的转换方式。

④ 光缆线路尽量远离水库位置，通过水库时也应设在水库的上游。当必须在水库的下游通过时，应考虑水库发生事故，危及光缆安全时的保护措施。光缆不应在坝上或坝基上敷设。

⑤ 光缆线路不宜穿过大的工业基地、矿区、城镇、开发区、村庄。当不能避开时，应采取修建管道等措施加以保护；光缆路由不应通过森林、果园等经济林带，当必须穿越时，应当考虑经济作物根系对光缆的破坏性。

⑥ 光缆线路应尽量远离高压线，避开高压线杆塔及变电站和杆塔的接地装置，穿越时尽可能与高压线垂直，当有条件限制时，最小交越角不得小于 45°。

⑦ 光缆线路尽量少与其他管线交越，必须穿越时，应在管线下方 0.5m 以下加钢管保护。当敷设管线埋深大于 2m 时，光缆也可以从其上方适当位置通过，交越处应加钢管保护。

⑧ 光缆线路不宜选择存在鼠害、腐蚀和雷击的地段，不能避开时应考虑采取保护措施。

（2）水底光缆线路的路由选择。水底光缆线路的过河位置应选择在河道顺直、流速不大、河面较窄、土质稳定、河床平缓、两岸坡度较小的地方。水底光缆上岸处宜选择在坡度小、岸滩稳固不易坍塌，且不易被洪水淹没的地段。水底光缆上岸处应地形宽敞，以便于施工、维护和设置水底光缆标志牌等。以下地点不能敷设水底光缆：

① 两条河流的交汇处。

② 水道经常变更的地段。

③ 河道的转弯处。

④ 险滩、沙洲附近。

⑤ 产生漩涡的地方。

⑥ 有拓宽和疏浚计划的地段。

⑦ 两岸陡峭、经常遭猛烈冲刷、易塌方的地段。

⑧ 江河边的游泳场所。

⑨ 有腐蚀性污水排泄的水域。

⑩ 石质卵石河床，施工困难的地段。

⑪ 附近有其他水底光（电）缆、沉船、爆炸物、沉积物等的区域。

⑫ 在码头、港口、渡口、桥梁、停船抛锚区、船闸、避风处和水上作业区的附近（如需敷设时，距以上地点距离应大于 300m 以上）。

（3）架空光缆线路的路由选择。选择架空光缆线路的路由，以近、直、平为原则，即采取最简短的路线，应尽量取直线，减少转弯角杆；采取较平坦的路线，减少坡度变更。避免在短距离内有连续两个方向不同的角杆。

与铁路并行时，与路基隔距不小于 50m；与公路并行时，与路边隔距不小于 20m。丘陵和山区公路弯曲多，当架空杆路采取直线并行时，其最近处以不小于 6m，最远处大于 100m 为宜；与其他通信线路并行时，双方应保持不小于 8m 的间隔。

（4）管道光缆线路的路由选择。管道光缆线路的路由，一般与市区内电缆管道合用，在管道建好后，路由选择的余地比较小，基本原则为不影响市话电缆的扩容、改造，并能保障光缆线路的安全。目前一般可在一个电缆管孔内布放 2～3 条塑料子管，每条子管布放一条光缆，以提高管孔的利用率。

4．本地网线路路由勘察

（1）主干电缆路由的选定。根据现行许多城市本地通信网的布线原则，绘制出住户分布图和城市街道图来确定主干电缆的路由，并结合原有设备情况，把交换区组成一个灵活、稳定而又经济的线路网。勘察时，应确定各段电缆线路的构筑方式、引上位置及各段电缆的容量等。具体要求如下。

① 电缆路由应当短直、安全、固定、敷设和维护方便，走向应与配线方向一致，避免走回头线。同时，充分考虑原有设备的合理利用及将来扩建、调整工作的方便。

② 电缆不宜敷设在有腐蚀性的地区或电蚀地区（如电力系统的接地点等）。

③ 路由应符合城建规划部门的规定。同时，应考虑路由建筑技术的各种条件，保证技术上的可靠性和经济合理性。

（2）配线电缆的勘察。根据住户分布情况和原有设备情况划分配线区，确定用户线引入方式、配线点、分线设备容量及分线方式、配线电缆容量、建筑方式及路由等。目前住宅区的分线设备最小容量为10P，即每10个住户就应对应1根配线电缆。配线电缆建筑方式可采用架空、墙壁或地下等方式。当采用架空方式时，应对杆路设备进行勘测，在新建线路上，应通过测量选定路由及杆位，确定杆路所采用的建筑方式。在原有线路上进行扩建或调整时，对原杆路设备应进行详细勘察，了解原杆能否利用或需加固、调整，原有杆路建筑是否合理，是否需要加以改善（如调整杆路或移改路由），核对杆距，以便作为配线设计和杆路设计的依据。

（3）管道路由勘察。在局址和主干路由勘测的基础上确定管道路由。选定路由前，向城建部门了解路由内地下管线的分布情况，并注意以下几点。

① 尽量利用原有电信管道，避免新设和扩建的管线走回头线。

② 选择地下水位低，地面上、下障碍物少，远离电蚀或化学腐蚀地区的街道建筑管道。

③ 一般管道均应建在人行道下。

④ 考虑引上的方便和人孔建筑的可能性。

⑤ 管道所选路由要征得城建部门的书面同意。

任务 3　机房的勘察

通信机房是通信网络的核心部分，机房内的通信设备、监控设备、强电和弱电供电系统的布局，以及防雷、接地、消防、空调、通风等各个子系统的规划，都是通信机房的设计和施工的重要组成部分，它的地址选择应根据通信网络规划和通信技术要求以及水文、地质、抗震、交通等因素综合考虑。通信机房的设计和施工应符合原邮电部和信产部颁布的《通信机房建筑设计规范》《通信机房静电防护通则》《建筑物防雷设计规范》等规范性文件的要求。通信机房不应设在高温、多尘、易爆或低压地区；应避开有害气体，避开经常有大震动或强噪声的地方，远离有总降压变电所和牵引变电所的地方。专用的通信机房为通信设备安装和通信设备的安全运行提供良好的环境。

在通信网络中，通信机房包括终端站机房、中继站机房、转接站机房以及枢纽站机房等。对于大型通信站，可以将其视为一个独立体系，包括传输机房、交换机房、数字机房、监控室、光缆进线室、供电室、油机室、值班室等，此外还有办公室等辅助设施。

1．机房及机房的平面布局

对于新建局（站）的机房建设，应由具有通信建筑设计资质的专业设计单位，根据建设规模和中长期规划进行合理设计，而通信工程设计单位应根据机房设备安装和设备运营维护管理的需要向建筑设计单位提出相关的技术要求，如室内最低净高度、地面荷载、照明等。

对于改扩建工程，通信工程设计单位应根据现有机房的条件和设备安装的需要，合理安排机房的平面布局，确定设备的安装位置，必要时对机房的配套设施进行相应的改造，使之符合设备安装、使用、维护的需要。

简而言之，通信机房指的是安装传输设备、程控交换设备、电源等配套设备的房屋。根据功能的不同，通信机房可分为设备机房、配套机房和辅助用房等。设备机房用于安装某一类无线通信或有线通信设备，如接收机房、发信（射）机房、交换机房、传输机房等；配套机房用于安装保证通信设施正常、安全和稳定运行的设备，如计费中心、网管监控室、配电室、蓄电池室、油机室等；辅助用房是指除通信设施机房外，保障生产、办公、生活需要的用房，如办公室、值班室、资料室、消防保安室、备品备件室、通风机房、卫生间等。为了维护和管理上的方便，通信机房总体要求安排紧凑，典型的机房平面布局如图 3-1 所示。

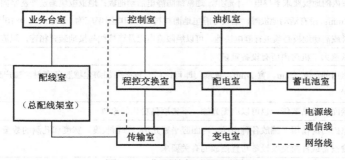

图 3-1　典型的机房平面图

机房布局总的原则如下。

（1）机房最好设计成套间，里间装机器，外间为控制室，里外间的隔墙可采用铝型材玻璃墙，或普通砖墙安装宽幅玻璃窗，便于维护人员在外屋隔着玻璃观察机器的工作状况。

（2）传输室设置在靠近配线室和程控交换室处。通常，传输设备安装在传输室，不设传输室时，将传输设备放置在配线室或程控交换室。

机房内传输室设备布放一般包括三种形式，即矩阵形式布放、面对面布放和背靠背布放。矩阵形式布放应用居多，另外两种特殊形式布放也有应用。传输设备矩阵形式布放的布局如图 3-2 所示。

（3）通信线缆、电源线缆等布放要尽量简单，避免迂回，这既可减少线路投资，又利于降低通信故障率，提高工作效率。

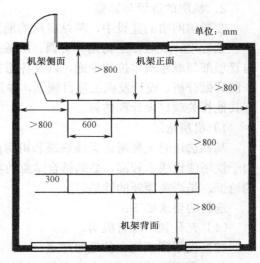

图 3-2　矩阵形式布放布局图

（4）综合机房内不同类型的设备应分区安装，各分区之间应有专用的设备之间互连线缆的走线通道，如走线桥架、走线槽道等。机房内应做到设计布局合理，设备之间连线敷设要短，尽量减少转弯。

（5）设备布放要便于施工、维护，且要整齐美观，对有扩增设备可能的局站，应预留相应的安装位置和空间。一般机房的面积应在设备垂直投影面积的 5 倍以上。

（6）通信机房在房屋建筑、室内结构、采暖通风、设备供电、室内照明及消防安全等诸多方面应符合国家现行标准、规范以及有关房屋建筑设计的规定，还要符合环保、消防及人防等有关规定。

通信机房室内要求见表 3-1。

表 3-1　机房室内要求

具 体 项 目	指 标 要 求
机房面积	通信机房室内的最小面积应能容纳终端局设计容量的设备
室内净高度	室内最低高度（指梁下或风管下的净高度）不低于 3m 为宜
室内地板	室内的地板要求半导电，不起尘，通常铺防静电活动地板；地板板块铺设严密坚固，每平方米水平误差小于 2mm；没有活动地板时，铺设导电地面材料（体积电阻率应为 $1.0\times10^7\sim1.0\times10^{10}\Omega\cdot m^3$）；导静电地面材料或活动地板必须进行静电接地，可以经限流电阻及连接线与接地装置相连，限流电阻的阻值为 $1M\Omega$
地板承重	承重大于机房内所有设备重量
房内门窗	室内的门高 2mm、宽 2mm，单扇门即可；门、窗必须加防尘橡胶条密封，窗户建议装双层玻璃并严格密封
室内墙面	墙面可以贴壁纸，也可以刷无光漆；不宜刷易粉化的涂料
房内的沟槽	室内的沟槽用于铺放各种电缆，内面应平整光洁，预留长度、宽度和孔洞的数量、位置、尺寸均应符合传输设备或程控交换设备布置摆放的有关要求
给水排水	给水管、排水管、雨水管不宜穿越机房，消防栓不应设在机房内，应设在明显而又易于取用的走廊内或楼梯间附近

2. 机房的选址与勘察

在通信网络的建设中，基站机房的勘察有一定代表性，下面以基站机房为例进行说明。

工程设计成败在于初期的协调、准备工作。协调工作涉及与业主对于机房设置的沟通，与管理部门或建筑单位的沟通，以及各相关厂商的协调。协调成功后，须绘制现场图解，再依图解做分析、设计及施工项目规划，并且确定机房施工说明与施工配置图，图纸确定后进行其他相关项目设计和估算。

1）机房选址

基站选址时主要考虑天线铁塔和机房内设备的安装条件、电源供应、自然环境等因素。由于铁塔建设成本较高，必须结合站点的实际情况（地理位置、楼高、障碍物等）进行严格的论证，是否需要新的铁塔。

选址的要求如下：

（1）充分利用现有机房。

（2）使用预规划中的理想站点。

（3）保证重要区域和人口密集区域的覆盖。

（4）要求被选建筑物附近尽量开阔。

（5）避免选择很高的山峰。

（6）新建基站应选在交通方便、市电可用、环境安全及少占良田的地方。

（7）避免在大功率无线电发射台、雷达站或其他干扰源附近建站。

（8）避免在树林、山区、岸比较陡或密集的湖泊区、丘陵城市及有高层金属建筑的环境中建站。

（9）基站应避免建在天线前方近处有高大楼房处。

（10）两个网络系统的基站尽量共址或靠近选址建站。

（11）选择机房改造费低、租金少的楼房作为站址。

机房内一般安装有 BTS、电力设备、传输设备和蓄电池等。当 BTS 容量大时，各种设备要分别安装于各自的机房内，对于容量不大的 BTS，可将以上设备安装在同一机房内，以减小建筑面积和便于维护管理，并采用免维护蓄电池。

一般情况下，BTS 工作在无人值守的方式下，且 BTS 分布比较分散，所以对 BTS 机房的电源自动控制、温度和湿度的监控、烟雾及火情报警、防盗报警等功能有较高的要求。BTS 多位于建筑物顶层，机房面积比较小，所以 BTS 的机房结构、供电、空调通风、照明和消防等的工程设计一般比较紧凑。

在 BTS 机房建筑设计要求中，对避雷防护要求比较高。在 BTS 安装工程开始之前，需要将基本避雷设施安装好，以保证工程顺利进行。

BTS 机房的房屋建筑结构、采暖通风、供电、照明、消防等项目的工程设计一般由建筑专业设计人员承担，但必须按 BTS 机房的环境设计要求进行设计，同时应符合环保、消防、人防等有关规定，符合国家现行标准、规范，以及特殊工艺设计中有关房屋建筑设计的规定和要求。

机房的建筑设计应符合国家《建筑设计防火规范》中关于"民用建筑的防火间距"的规定，通信建筑作为重点防火单位，其设计耐火等级为二级或一级（高层建筑），建筑物之间防火间距不少于 6m；当相邻单元建筑物耐火等级为三、四级时，则其间距不少于 7m。

（1）机房内严禁存放易燃、易爆等危险品。

（2）施工现场必须配备有效的消防器材。如装有感烟、感温等报警装置，应确保其性能良好。

（3）机房内不同电压的插座，应有明显标志。

（4）楼板预留孔洞应配有安全盖板。

机房内除了安装有火灾和烟雾等报警装置外，还可以安装自动灭火器，以便在火情初期扑灭或控制火势。此外，机房外面的过道应设置一定数量的手提灭火器，供火灾初起时使用。

当按消防的规定需要设置消防水池时，其容量应能满足在火灾延续时间内室内外消防用水总量的要求（火灾延续时间按 2 h 计算）。消防栓不应设在机房内，应设在明显而又易于取用的走廊内或楼梯间附近。

2）机房勘察

勘察时应准备好地图、数码相机、地阻仪、卷尺、万用表、罗盘、手持 GPS、激光测距仪、望远镜和相关的工程合同、工程界面、网络规划报告、工程勘察计划、工程勘察报告、环境验收报告等。

基站机房的位置和里面的各项设施是否齐全必须在勘察时予以确认。勘察内容包括环境勘测、配套设施勘测、线缆勘测 3 个方面。机房勘察应注意以下问题。

（1）机房应避免处于地下室或潮湿地点，同时禁止设置在设备进出口过小、搬运不便之地，应保留或设计足够让大型设备出入的进出口，同时也应注意将来设备扩充空间的可能，对电力系统、空调设备的预算也要考虑未来若干年内扩充需求。

（2）应避开存在电磁场、电力噪声、腐蚀性气体或易燃物、湿气、灰尘等有害因素的环境。

（3）注意机房楼板面承受力的问题，比较重的设备，应在建筑物外围或以柱子与大楼桁梁为中心放置，以免楼板面承受力不足。机房的承重要求为每平方米大于450千克。

（4）机房严禁靠近水源，严禁墙壁内部有水源管路经过机房顶部及底部，如有大楼消防管路通过，应修改或封闭，使用独立型消防系统。

（5）机房内部不宜受阳光直接照射，以免产生不必要的热能，增加电力负载。空调设备应采用下吹式恒温恒湿空调机组，水冷式空调机组应采用独立管路，不得与大楼水塔连接。机房温度要求长期保持在+5℃～+30℃，机房湿度建议长期保持在40%～65%。

（6）根据事前取得的资料、工程设计图等得到机房在站点的具体位置（几楼、高度）；在勘测中确定和天线设立位置的方位关系、距离。

（7）勘测时往往还没有安装设备，首先要对房间和楼梯的位置距离、楼道的宽度、层高、房间内原有的门窗等进行测量，看看是否要进行改造来适应设备搬入的要求。

（8）对房间的大小、高度进行测量（房间高度至少为1700mm），由于Node B的放置对主设备和前侧的墙壁的距离（750mm）、侧面的墙壁的距离（500mm）和后侧的墙壁的距离（100mm）均有一定的要求（便于进行操作维护及考虑空气流通），所以对房间的测量要验证这些数据是否满足安装的要求。

（9）对房间的地面应确认是否要铺设地板，有没有防静电的措施，对Node B放置的地方应确认是否需要新的铺垫物。如果使用的是防静电地板，则须测量水泥地板到防静电地板的尺寸，所有的机架应配备钢筋底座。

（10）确定交流电源的位置，确认RECT的位置和容量，测量电源电缆的走线距离（从RECT到Node B）。在机房须安装220V交流电源插座，供机房设备安装维护时使用，并请注意插座的接口型号。

（11）确认密封蓄电池组的位置和容量。

（12）根据事先取得的资料确定走线架的位置和走向；测量电缆走线架的端墙连接，离机房地板的高度，走线架的长度、宽度；测量电缆走线架距离主设备顶端的垂直距离。

（13）确认EARTHER BAR的位置，测量地线的走线距离。

（14）确认IDF/DDF的方位，测量其离地高度和走线架的垂直距离及走线距离。

（15）确认机房是否需要新开馈线洞，如要新开，确定馈线洞的规格、方位和高度。

（16）空调的数量和位置确认，照明情况确认，保证足够电力供应。

3. 机房电力系统配置

主设备的电源供给关系到工程实施的顺利进行，在基站勘察中要确认以下事宜。

（1）确认共用交流电的入口。

（2）确定交流配电箱的位置和容量。确认是否有已存在的交流配电箱，如有可用的配电箱，确认其容量大小和具体方位。

（3）是否需要直流开关电源及具体的方位，这对计算电源电缆的长度是必需的。

（4）确认电源电缆的走线路径，室内电缆走线架需要与否。

（5）确认电缆的长度。

（6）在安装前能否获取共用交流电。

（7）室内走线架的安装位置观察或预估，测量室内走线架的长度、高度、宽度，与主设备的方位关系，距离主设备的高度落差，从墙壁电源到走线架的高度等。

（8）根据得到的测量数据来计算电源电缆的长度。

（9）按要求的规格购买电源电缆并进行切割以备工程使用。

4．机房接地系统

把电路中的某一点或某一金属壳体用导线与大地连在一起，形成电气通路，目的是让电流易于流到大地，因此电阻越小越好。

接地系统的作用：一是保护设备和人身的安全；二是保证设备系统的稳定运行。

（1）4类机房系统接地：

① 直流工作地。

② 交流工作地。

③ 安全保护地。

④ 防雷保护地。

（2）接地阻值及相互关系：

① 交流工作地阻值不大于4Ω。

② 安全保护地阻值不大于4Ω。

③ 防雷保护地阻值不大于10Ω。

④ 直流工作地阻值的大小、接法以及诸地之间的关系，应依据不同系统而定，一般要求阻值不大于4Ω。

（3）各工作地的实现措施：

① 实现交流工作地措施。用绝缘导线将主设备串联起来接到配电柜的中性线上，然后用接地母线接地，实现交流接地。其他交流设备应各自独立地按电气规范的规定接地。

② 实现安全保护地措施。对于机房内的设备，将所有机柜的外壳，用绝缘导线串联起来，再使其通过接地母线与大地相连。辅助设备，如空调、电动机、变压器等机壳的安全保护地，应按相关的电气规范接地。

③ 实现直流工作地措施。所谓直流工作地指的是逻辑地，为了设备的正常工作，机器的所有电子线路必须工作在一个稳定的基础电位上，即零电位参考点。

（4）直流接地的方法。直流接地就是把电子系统中数字电路的等电位点与大地连起来，主要防止静电或感应电以及高频干扰所带来的影响。

① 串联接地（多点接地）。将计算机系统中各个设备的直流地以串联的方式接在作为直流地线的铜板上（注意：连接导线应与机壳绝缘），然后将直流地线的铜板通过接地母线接在接地地桩上，成为直流接地（主要用在要求不高的机房）。

② 并联接地（单点接地）。将机房内的机柜分别用引线连到一块铜板地线上，铜板下要求垫绝缘材料，保证机房内的直流工作地对大地有良好的绝缘，主要用在要求较高的机房。

③ 网格接地。把一定截面积的铜带（厚1～1.5mm、宽25～35mm）在地板下交叉排成600mm×600mm的方格，其交叉点与活动地板支撑架的位置交错排列。交叉点焊接或是压接（注意绝缘、地面卫生、处理方式）工艺复杂，一般用在要求较高的机房。

（5）基站机房接地的控制点：

① 基站机房接地分为天线馈线接地、主设备接地和其他设备接地。天线馈线自铁塔/抱杆

下至室外电缆走线架，入机房前，至少应 3 点（馈线引下点、中间点、入机房前一点）接地。

② 确定楼顶避雷带和建筑地级组的位置，选择合适的接地点。

③ 确认馈线接地件（EARTHER KIT）的数量，安装位置。设备保护地不能同室外避雷地和交流地共地使用，室内接地排到地网接入地排间请使用较粗的地线连接。

④ 确认机房内 EARTHER BAR 的位置和 Node-B 的方位关系，测量所需地线（绿色 av 16mmSq）的长度。勘测须注意下列 5 类地线情况：Node-B 设备到室内接地排的距离；直流电源柜设备到室内接地排的距离；室内走线架到室内接地排的距离；DDF 到室内接地排的距离；室内接地排到室内地网的距离。

⑤ 确认室外接线排的安装位置及室外接线排的长度、型号。例如，安装 500mm 长的 TMY-100×10 室外接地排一块，安装于馈线孔下方外墙上，并就近引接地线至建筑地极组或楼顶避雷带。

⑥ 各项接地确认：交流引入电缆、交流配电箱、电源架接地、传输设备和其他设备。

5. 铁塔和屋舍位置关系

根据事先取得的资料和设计图纸结合现场勘测，应确认以下事项。

（1）根据天线安装的设计图，结合站点周边的环境和屋舍的高度、无线环境的情况综合考虑是否需要铁塔。详细了解其他无线设备所使用的频点、发射功率、距离 TD-SCDMA 天线的距离及其主覆盖的方向。

（2）如站点已经存有铁塔，则考虑能否继续利用。须明确铁塔的物主及原来的用途，委托客户来对使用权进行交涉协商。须考察铁塔的具体方位并测量塔的高度、尺寸，塔的强度是否符合要求，塔上有无足够空间可利用。塔上若已存天线，则要考虑干扰的预估和排除。如果能有效快速地改造铁塔，且铁塔的各方面情况都能符合要求，则推荐使用原有铁塔，这样可以节约工时和开支。

（3）根据取得的图纸和勘测时拍摄的照片及测量数据来得到屋舍的全图，确定铁塔在站点的什么位置，与机房的方位、距离关系。必须对铁塔和机房的距离方位进行严格的测量，并根据测量得到的数据画出图纸。

（4）根据铁塔和机房的具体方位，结合站点的实际情况来确定馈线的走线路径。由于馈线的长度涉及馈线的损耗和工程的费用问题，根据测量的情况选取最短的走线路径是非常有必要的。测量主馈线时对各个馈线弯角的弧长进行估算，在进入室内时，要考虑滴水弯的弧线长度，同时要留有一定的余量。

（5）考虑是否需要新的馈线架，如果需要，根据馈线的走线路径来确定馈线架的尺寸、长度等问题。如果站点存在馈线架，对能否利用、强度、长度等问题予以确认。

（6）确定塔顶放大器、天线在铁塔上的安装位置。保证 GPS 天线上方大约 45° 范围内没有遮盖物。

（7）馈线自铁塔/抱杆下至室外电缆走线架，进入机房前，至少应 3 点（馈线引下点、中间点、入机房前一点）接地，确认这些接地点的存在。抱杆和室外走线架应就近接入避雷地网，如附近无可用的避雷地网，须分别接到室外接地排，由室外接地排统一接入接地网。避雷器汇流条要同室外的避雷接地排牢靠连接，绝对不能同室内的设备保护地网连接在一起。如果室外走线架长度超过 20m，要求每隔 20m 将室外走线架就近接入避雷地网。

（8）确认是否需要馈线穿墙板，穿墙板的规格（2 孔、4 孔、6 孔），孔径的大小等，天线馈线和馈线架的固定问题，以及所需工具和材料。

6. 天线设立位置

设立天线位置时应确认的问题如下。

（1）安装天线的高度。

（2）安装天线的用途。

（3）安装天线的铁塔或抱杆等的强度。

（4）是否有空间对指定方向（0°，120°，240°）的天线进行安装。

（5）是否有天线接续场所。

（6）事先准备时，如不明确天线安装位置的情况，应向客户或业主确认或取得设计图等资料。注意这些信息是在工程准备阶段取得的，但主要还是要依据实际测得的数据来确定。

（7）在天线安装的时候如有意外的情况发生（如某些地点不允许安装天线），应向客户或业主进行说明和委托研讨。

（8）须确认在天线的方向无障碍物。如发现可能由于障碍物而引起信号故障，应向客户提出变更天线位置及高度，或要求更改设立基站机房的地点。

（9）须确认已安装的天线无干扰问题。如果有干扰问题，而且无法避免，则应更改设立基站机房的地点。

（10）如要进行天线位置的变更，必须在事前对天线将设立何处，能否解决问题等进行详细调查。

室外勘察结束，最后提交勘察报告和环境验收报告。

任务 4 无线网络规划勘察

进行无线网络勘察时，除准备笔记本计算机、GPS、罗盘等外，还要从下列人员处获得以下资料：

从无线网络规划师处获得无线网络预规划报告、无线网络预规划基站信息表、站点分布图。

从项目管理员处获得站点信息采集表、规划区电子地图，以及覆盖距离估算/计算工具、无线挂高估算工具、话务估算工具。

到达勘察所在地后，与客户落实以下项目：熟悉当地环境的随工人员；车辆；站址的特殊要求；勘察时间安排。编写勘察计划制定表，格式如表3-2所示。

表 3-2 勘察计划制定表

时间计划	
工作分工	
关键输出	
沟通汇报方式	
责任人	
......	

无线网络勘察包括如下内容。

1. 无线传播环境勘察

（1）站址应尽量选择在规则蜂窝网孔中规定的理想位置，其偏差不应大于基站小区半径的四分之一，以便频率规划和以后的小区变更。

（2）基站的疏密布置应对应于话务密度分布。

（3）在建网初期投入站点较少时，选择的站址应保证对重要用户和用户密度较大地区的覆盖。

（4）在勘测市区基站时，对于宏蜂窝（$R=1\sim3km$）基站宜选高于建筑物平均高度但低于最高建筑物的楼址作为站址，对于微蜂窝基站则选低于建筑物平均高度且四周建筑物屏蔽较好的楼宇设站。

（5）在勘测郊区或乡镇站点时，需要对站址周围是否有受到遮挡的大话务量地区进行调查核实。

（6）在市区楼群中选址时，避免天线指向附近的高大建筑物或即将建设的高大建筑物。

（7）避免在大功率无线电发射台、雷达站或其他干扰源附近设站。如果非设不可，应进行干扰场强测试。

（8）避免在高山上设站。在城区设高站干扰范围大，影响频率复用。在郊区或农村设高站往往对处于小盆地的乡镇覆盖不好。

（9）避免在树林中设站。如要设站，应保证天线高于树顶。

（10）保证必要的建站条件，对于市区站点要求：楼内有可用的市电及防雷接地系统，楼面负荷满足工艺要求，楼顶有安装天线的场地；对于郊区和农村站点要求：市电可靠、环境安全、交通方便和便于架设铁塔等基建设施。

（11）尽量不要采用农电直接供电，否则可能会因为电压不稳而导致影响基站的正常工作。

（12）市区两个系统的基站尽量共址或靠近选址。

（13）在一般勘测前，运营商对站址选择有总体设想，有些站点甚至都会有确定的站址。勘察工程师可根据以上原则，来判断选择的站址是否合适；如不合适，可勘测选择更合适的备选站址，同时解释原因并提出建议，由甲方最终决定，此项需要书面确认。

2. 天线勘察

（1）一般来说，在城区或一些特殊地形地貌地区，高层建筑较多，导致反射多、多径多，建议使用线阵天线。

（2）在农村或郊区环境下可使用圆阵天线。

3. 天线安装条件的勘察

（1）是否能牢靠地架设抱杆。

（2）安装位置的覆盖区方向视野是否开阔。

（3）在城区，天线覆盖方向 200m 内不能存在阻挡天线和覆盖区的障碍物；在郊区，天线覆盖方向 1000m 内不能存在阻挡天线和覆盖区的障碍物。

在勘察过程中，要记录并注意以下事项：

（1）覆盖区域的总体环境特征描述。

（2）覆盖村庄的位置信息，包括：经度、纬度、海拔高度、相对于基站的距离。

（3）障碍物（比如：山体、高楼、树林等）描述，包括：位置信息、障碍物特征、高度、阻挡范围等，包括 3D 位置信息。

（4）普通居民楼层高和密度、一般商用楼高度和密度、楼间距等。

（5）覆盖区村庄的描述，包括 3D 位置信息、可视性、房屋特点、总体结构布局（比如街道走向等）、房屋穿透损耗估算等。

（6）上述信息的照片采集。在拍摄站点周围环境的时候，背向基站取景，从 0° 开始，每隔 45° 拍一张照片，主要的服务区各拍一张照片，再拍一到两张基站的远景照片。

（7）基站的位置信息采集：经纬度、海拔、楼层高度。

（8）设计工程参数，比如：天线挂高、方向角、下倾角等。

填写勘察报告（如表 3-3 所示）：

表 3-3 ××××项目无线勘测现场报告

项 目			项目负责人		
参与人员					
勘测工程师		Tel.		E-mail	
客户工程师		Tel.		E-mail	
网规负责人		Tel.		E-mail	
勘测报告					
基站名称			地址		
基站编号					
经度			纬度		
建筑物高度			海拔高度		
楼顶铁塔高度			铁塔情况描述		
天线拟定挂高			抱杆情况		
基站站型					
覆盖区类型	□密集城区　　□一般城区　　□郊区　　□农村地区				
蜂窝类型	□宏基站　　□微蜂窝　　□射频拉远				
基站状态					
建站意图					
基站地理环境描述					
小区环境描述					
建站建议及其他					
扇区 1		扇区 2		扇区 3	
天线型号		天线型号		天线型号	
方向角		方向角		方向角	
下倾角		下倾角		下倾角	
重点区域描述		重点区域描述		重点区域描述	
重点建筑物高度		重点建筑物高度		重点建筑物高度	
距基站距离		距基站距离		距基站距离	

续表

楼顶平面图（须标明楼顶平台及塔楼尺寸、铁塔所在位置、建议的抱杆位置以及天线方位角）	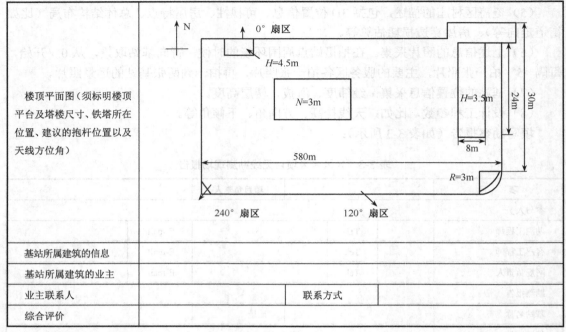
基站所属建筑的信息	
基站所属建筑的业主	
业主联系人	联系方式
综合评价	

拟制：　　　　　审核：　　　　　勘测日期：

填写说明：

基站名称：街道名+楼宇名（市区）；镇名+楼宇名（乡镇）。

基站编号：基站编号由两部分组成：第一部分是业务区缩写+序号（业务区拼音缩写+序号，用三位数字表示）；第二部分为候选站址的序号，0代表第一推选的站址，1代表第二推选的站址。

经纬度：利用GPS仪器获得基站的经纬度信息。记录天线安装的位置，对于宽大的楼面，一般选择中间作为记录点。使用"度"为标准记录经纬度信息，精确到小数点后面5位；注意必须使GPS仪器锁定卫星，即GPS仪器显示的卫星锁定柱状图由空心成为实心，出现3D字样后进行读数。

海拔高度：使用GPS记录基站站址的海拔高度，即绝对高度。对于楼面站，在安装天线的平台测量海拔高度；对于落地塔，记录落地塔基的海拔高度。

天线拟定挂高：是指从架设的天线到地面的相对高度，使用测距仪或高度计测得。

基站站型：勘察人员根据勘察结果确定站型（全向、定向、小区数等）。

蜂窝类型：勘察人员根据勘察结果确定蜂窝类型（宏蜂窝、微蜂窝等）。

基站地理环境描述：主要描述站点周围的地理环境状况和大致地形，对于插花站点，需要对周围已存在的站点进行描述（包括周围站点的大致位置、覆盖情况等），必要时以附图形式表达。

小区环境描述：为拟定的各个小区朝向上的描述，包括特别的描述：如地形阻挡，覆盖目标，必要时以附图形式表达。

重点区域：为重点地区的必要补充，如政府办公楼，运营商的营业员厅。

扇区编号：以正北为起点，顺时针旋转，角度最小的为第一扇区，以此类推。

方向角：以正北方向为 0°，顺时针旋转。

下倾角：下倾为正，上仰为负。

天线型号：根据勘察的实际环境情况来确定天线的类型。

在必要的时候提醒对方各种站点设备的最大配置。

另外，在整个勘察过程中要进行信息的整理工作，信息整理分为阶段整理和汇总整理两个部分。阶段整理便于发现问题并及时处理；汇总整理便于提供网络规划和工程实施的准确依据。

此外，还应了解以下信息：

（1）服务区内话务需求分布情况，话务热点区的位置（经度、纬度和海拔高度），小区及村庄的用户数预估。

（2）当地经济发展水平、人均收入和消费习惯。

（3）运营商通信业务发展计划，对规划期内的用户发展做出的合理预测或建议。

（4）其他信息收集（现场了解、收集部分无线规划数据是无线网络勘察工作的重要组成部分，为后期网络规划的准确性提供保障），例如：

① 运营商对各个基站的建站目的和要求（无线需求、服务质量和容量等要求）。

② 覆盖区域的人口数量、覆盖区域的大致面积。

③ 服务区内运营商或相关运营商现有网络设备性能及运营情况。

④ 覆盖区域内移动用户的年增长率、当前移动手机的渗透率。

⑤ 是否存在相同或相邻频段的网络。

单元 2　标杆测量

工程图的测量方法很多，可视现场条件和资料状况进行选择。这里主要介绍现场测绘方法。

现场测绘方法即组织专业测量小分队在现场测定光缆线路的位置、无人中继站地点及防雷、防白蚁、防机械损伤地段；丈量光缆路由地面的长度，然后绘制出包括上述内容和地形、地物、重要目标在内的施工图。目前，大多数工程测量都采用此法。

现场测量常用的方法是标杆法和仪器测量法。这里的仪器是指水平仪和经纬仪，前者用于测高程，后者用于测角度。下面先就标杆测量法做一简要介绍。

标杆法测量时需要以下工具。

（1）地链：丈量距离，分 50m、100m 两种。

（2）测尺：布卷尺，分 30m、50m 两种。

（3）标杆：长 3m 或 2m 的小圆木杆，杆身要直，每 30cm 轮流涂成红、白两色，下端有铁脚，以便插入地中，标明测点用。

（4）大标旗：宽 80cm、高 60cm，用红、白两色布对角拼接而成，系于 6～8m 长的大标杆上，杆身和标杆一样红、白相间，杆底有铁脚，杆腰装有三方拉绳，以便于固定。大标旗用来引导测量方向。

（5）标桩：用长方木条制成，顶部 3.5cm 见方，长 60cm，顶端涂以红油漆，并在露出土面部分顺序编号，露出土面长为15cm。

（6）小平板仪：绘制草图用。

其他还有望远镜、指南针、手旗等辅助物品，以供瞭望远处目标、测定线路行进方向和作为联系信号之用。

任务 1　直线的测量

1. 直线段测量法

直线段的测量方法和步骤如下。

（1）插立大标旗于起点的前方（也可用长标杆），用来引导方向；大标旗应插在初步勘察时所选定路由的转角处或终端处，中途不得再有转弯。长标杆用在直线距离较长的情况下，通常是在 1km 左右。如直线过长或有其他障碍物妨碍视线时可以在中间适当增插大标旗或长标杆，以指示直线的行进方向。在开始测量前，应沿线路路由插好 2～4 处这样的大标旗或长标杆，待一段测量完毕后，才可撤去该段的大标旗，继续往前插立，使测量工作一段一段地进行下去。

（2）起点处看前标人立第一标杆，两人执地链丈量第一段杆距，由看后标人在前链到达的地点立第二标杆。

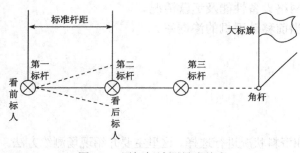

图3-3　用标杆法测量直线段

（3）看前标人从第一标杆后面对准前方大标旗，指挥看后标人将第二标杆左右移动，直到第一标杆、第二标杆及大标旗三者成一直线时将第二标杆插定，如图 3-3 所示。注意看标员应先矫正杆的根部，再矫正标杆的梢部使之竖立正直。在平地上标杆应垂直地面；在斜坡地点，标杆应垂直于通过铁角的假想水平线。

（4）量杆距人继续向前量第二杆距。

（5）看前标人仍在第一标杆后，对准大标杆指挥看后标人将第三标杆插在同一直线上，看后标人则自第三杆向第二、第一杆看齐，即后视检查三标杆是否成一直线，以相互校对。

（6）照上述步骤定好第四标杆杆位后，看前标人可以进至第三标杆后指挥继续往前插标，这样一直往前进行下去。

（7）打标桩插定第五、第六标杆后，即可拨出第一标杆，并钉入第一标桩。普通位置一标一桩，每逢测量长度达 500m 处及所有转弯和重要处都要打一重复标桩。

2. 斜坡上量水平距离

在没有仪器的情况下，最简便的方法是将测尺拉成水平，逐段丈量，由上往下测量，每量一段的终点，可用垂球投影于坡上，即得下一段的起点，逐段相加，就是全程的水平距离。如图 3-4 所示，要注意拉紧地链，防止产生垂曲差。

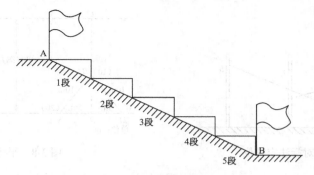

图 3-4　斜坡上用地链量水平距离示意图

3．直线线路遇障碍物时的测量

在直线段测量时，如遇障碍物，则无法看见后面各杆位的标杆，此时采用"插引标法"进行测量，如图 3-5 和图 3-6 所示。前者是 C 处只能看见 B 杆，看不见 A 杆，则此时看后标人无法确定 C、B、A 是否在同一直线上，于是在 B、C 间先插引标 E 杆，让 A、B、E 成一直线，后由看后标人将 B、E、C 校正成同一直线，于是 A、B、C 必然在同一直线上。对于图 3-6 的情形，C 处根本看不见 A、B 两杆，此时须插两根引标 E、F，先将 A、B、E、F 校正为一直线，后校正 E、F、C 在同一直线，于是 A、B、C 在同一直线。

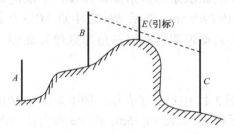

图 3-5　插引标法之一

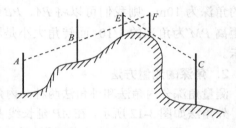

图 3-6　插引标法之二

4．插对标法的使用——相向测量时结合点上的测量

线路分两个不同方向测量，到最后交汇处会出现如图 3-7 所示的情况：A、B 两杆相距较远，但均已定位，D、E 为待插标，D、E 必须位于 A、B 所在直线上，显然 D 动 E 也动，E 动 D 也动，反复试探，最后达到 D 看标人往前看时，D、E、B 在一条直线，E 看标人往后看时，A、D、E 在一直线，则 D、E 两杆就已确定。

5．平行线测量法

如图 3-8 所示，原线路为 AA'，现欲求与之相距一定间距的平行线 CC'的位置。在 A 点，量取 AN=AM=5m，得 M、N 两点，将地链的（0）和（20）标记处分别放在 M、N 处（也可以是其他使 AM=AN 之值），（10）处拉成顶点 B，再由三点一线定标法定出点 C；同理定出点 C'，则 C-C'为所求的与 A-A'线路平行且有设定隔距（定 C 杆时量出）的路由。

6．直角的做法

直角是线路的标杆测量法中用得最多的内容，其实它的原理就是"勾股定理"。做法如下：将地链的 0m 和 12m 点放在一起，拉直 4m 和 9m 点，则 0～4 段和 9～12 段必然垂直，如图 3-9 所示。

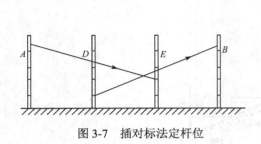

图 3-7　插对标法定杆位

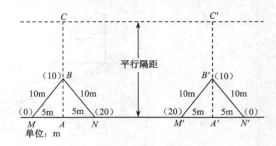

图 3-8　平行线测量法

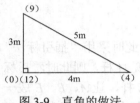

图 3-9　直角的做法

任务 2　角杆的测量

1. 角深的概念

线路转角点的电杆称为"角杆"。线路转角的角度一般不便测量（在标杆法中），均用角深来表示转角的大小。

角杆至两侧邻杆的距离均为 50m 时，角杆到两邻杆连线的垂线距离称为角深，如图 3-10 中 PM 即为角深。但我们实际测量时，取 50m 显得不方便，往往可以采用缩小 PA、PB 的做法来测量角深。如设计中规定 P 角杆的角深为 10m，则我们可以将 PA、PB 缩为 $PA'=PB'=5m$，然后 $B'A'$ 之中点 M' 与 P 之间的距离 PM' 为角深的 1/10，而转角大小是不变的（其原理即为相似三角形原理），如图 3-11 所示。

2. 角深的测量方法

测量角深分内角法和外角法两种，内角法在图 3-11 中已做了介绍，图中角深=10PM'。

外角法如图 3-12 所示，在 AP 延长线上立一标杆 E，且使 $PE=5m$；在 PB 线上找一点 F，使 $PF=5m$，则角深=5EF（请课后用相似三角形原理证明这一结论）。

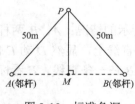

图 3-10　标准角深

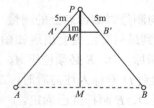

图 3-11　内角法测角深

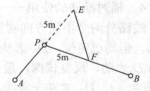

图 3-12　外角法测角深

3. 转角角度的测量

在某些特定场合，需要测量转角角度。一般来讲，应用分度器来测量。但用标杆与皮尺也可近似测量。如图 3-13 所示，采用外角法测量转角角度。具体做法是在 AP 延长线上立 E 杆，使 $PE=1.15m$，在 PB 内立 F 杆，使 $PF=1.15m$，量取 EF 的长度，则 θ 的角度在数值上可用 $EF/2$ 近似代替（当 θ 小于 30° 时可用此法）

注意：EF 长度单位用 cm，转角 $\alpha = 180° - \theta$，可用初等数学的知识证明上述结论。

4．双转角的测量

角深大小是有限制的，一般在轻、中负荷区，水泥杆杆路以 7m 为限，如超过上述标准，则在线路上要采用加强装置形成双转角。

线路连续的两角杆的转弯方向相同、角深大小相等的转角测量称为双转角测量。

如图 3-14 所示，双转角测量方法和步骤如下。

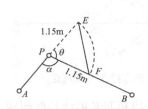

图 3-13　转角角度的测量

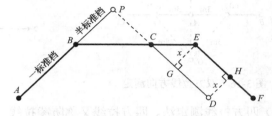

图 3-14　双转角的测量方法

（1）使 AB=标准杆距，在 AB 方向上，测 P 杆，使 $BP=0.5AB$。

（2）从 P 杆对准前方大标旗，确定 C 杆位置，使 $PC=BP$，沿 PC 往前看标，定 D 杆，使 $CD=AB$。

（3）在 BC 延长线上定杆 E，使 $BE=AB$；从 E 往 CD 画垂线交于 G，量得 $EG=x$(m)。

（4）由 D 点画直角，得 H 杆，使 $DH=x$(m)，沿 E、H 定标杆 F，使 $EF=AB$。

（5）拆除 P、C、D、H 等杆，则 A、B、E、F 为所求路由，B、E 为双转角杆。

任务 3　拉线测量

线路在转角处的电杆由于承受不平衡张力，角杆必须用拉线（或撑杆）加固以便使电杆受力平衡；此外，在直线杆路上，杆线还受到风的侧压或冰凌等负载影响，因而须每隔若干根电杆用双方、三方或四方拉线予以加固，以防电杆向两侧或顺线倾倒。拉线方位测量的内容为拉线方向、拉线出土位置及拉线洞位置三个方面。

1．拉线方向的测定

（1）单方拉线方向（角杆拉线）测定法。如图 3-15 所示，在角杆 A 处，用看标法在 AC、AB 直线上分别测量 E、F 点，并使 $AE=AF$=3m，E、F 点各插一标杆。把皮尺的 0 m、12 m 处分别固定于 E、F 点，另一人拉紧皮尺的 6m 处向转角外侧绷紧而得到 D 点，并在 D 点插标杆，则 A、D 为角杆拉线方向。

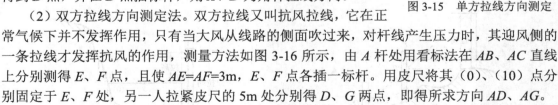

图 3-15　单方拉线方向测定

（2）双方拉线方向测定法。双方拉线又叫抗风拉线，它在正常气候下并不发挥作用，只有当大风从线路的侧面吹过来，对杆线产生压力时，其迎风侧的一条拉线才发挥抗风的作用，测量方法如图 3-16 所示，由 A 杆处用看标法在 AB、AC 直线上分别测得 E、F 点，且使 $AE=AF$=3m，E、F 点各插一标杆。用皮尺将其（0）、（10）点分别固定于 E、F 处，另一人拉紧皮尺的 5m 处分别得 D、G 两点，即得所求方向 AD、AG。

（3）三方拉线方向测定法。三方拉线适应于弯螺脚或装一条线担的次要线路的跨越杆上，其作用和四方拉线相同，即主要用于防凌。

测量方法如图 3-17 所示，在 AC 直线上，立 G 标杆，使 AG=3m，将皮尺的（0）、（6）

点分别固定于 A、G 两点，另一人拉紧皮尺的 3m 处向线路左右两侧绷紧，分别插上 E、F 标杆；再在 GA 直线上测量 D 杆，AE、AF、AD 为三方拉线的方向，显然，AE、AF 在跨越侧，AD 则在跨越的反侧（AE、AF 也有垂直于 AC 直线的）。

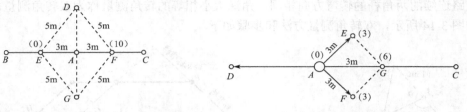

图 3-16　双方拉线方向测定　　　　　　图 3-17　三方拉线方向测定

（4）四方拉线测定法。四方拉线又称防凌拉线，由双方拉线和两条顺线拉线组成。双方拉线的测量方法同前，顺线拉线因在直线线路上，可用看标法测出来。

2．拉线出土位置的确定

拉线距高比为 1，架空电缆的第一个抱箍离杆顶距离为 50cm，拉高从此开始算起，即拉高为地面至离杆顶 50cm 处，如图 3-18 所示，图中标出了各种情况下拉高的计算方法。

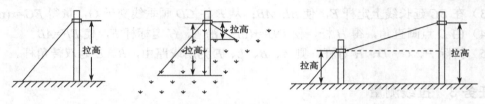

图 3-18　拉线拉高的计量示意图

（1）平坦地区，依距高比等于 1 的原则在地面直接量取（沿拉线方向）。

（2）起伏不平地区：分阶段测量，如图 3-19 所示。A 点是角杆，距高比为 1，从 A 点起用皮尺按水平方向量出拉距并与 C 标杆交于 B 点，此时 AB 等于拉高，但因 B 点离地面很高，则 C 点不能作为拉线地锚的出土点，必须再从 C 起，用皮尺按水平方向继续丈量一段距离，交 E 杆于 D 点，使 $DF=BF$，一直到 DE 的高度小于 10cm 时即可认为 E 点即为拉线出土点。

（3）上坡地段：如图 3-20 所示，先计算 PA，用皮尺量出 PA 的尺寸。设 $PA=7$ m，把皮尺 7 m 处按于电杆根部，沿 AP 标杆向上拉皮尺，并使之成 90° 角转折过来然后上下移动 ED 水平线（一定要保持 ED 的水平位置和总长 $AED=7$m），直至 $ED=PE$，且 $DE\perp AP$ 时的点 D 即为所求。

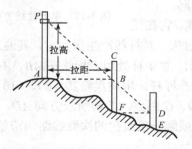
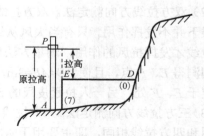

图 3-19　起伏不平地区求拉线出土点示意图　　　图 3-20　上坡地段拉线出土点的确定

拉高=$PA-EA$

拉距=ED（距高比仍然为1）

3．拉线洞位置的确定

（杆路）实习时，有一个很简单的做法，即将拉线洞位置定为从拉线出土点再向外移一个拉线洞深即可，下面我们来看看这种做法的道理。如图 3-21 所示，AP 是拉高，AD 为拉距，由于距高比等于 1，则∠$PDA=$∠$EDS=45°$。显然 $SE⊥DE$，所以△DES 为等腰直角三角形，即 $DE=ES$（拉线洞深）。

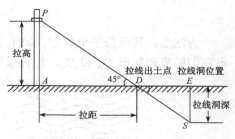

图 3-21　拉线洞位置的确定

任务 4　河谷宽度与高度的测量

在线路跨越河流或山谷，又不能直接用尺来度量时或必须跨越房屋、树木、电力杆线等较高的障碍物并要与其保持一定垂直距离而不能直接丈量时，也可用普通标杆法进行测量。

1．河谷宽度的测量

方法一（相似法）：如图 3-22 所示，在河谷两岸准备竖立飞线杆的 A、B 两点各立一标杆，从标杆 B 处，画 $BD⊥AB$（用勾三股四弦五的方法）。再自 D 点画 $DE⊥BD$，并在 BD 上择定一点 C，使 $BC=a×CD$（a 为整数，且 $a⩾1$），即使 BC 是 CD 的整数倍，再由三点一线的定标原则确定标杆 F 的位置，显然△FDC∽△ABC，即有

$$\frac{AB}{DF}=\frac{BC}{CD}=a$$

所以，$AB=a×DF$，只要在岸上量出 DF 的长度，AB 也就可知了。

方法二（相似法）：如图 3-23 所示，延长 BA 至 C，且使 AC 等于适当整数，画 $AE⊥AB$、$DC⊥AB$，并使 D、E、B 三点成一线，再画 $EF⊥DC$，则△EDF∽△EAB，所以

$$\frac{AB}{EF}=\frac{EA}{DF}⇒AB=\frac{EA}{DF}×EF$$

方法三（相似法）：如图 3-24 所示，延长 BA 至 E，画 $DA⊥BE$，在 D 点处画直角，使∠$BDC=90°$（画直角时应加一标杆 D'，使 D、D'、B 在一条直线上），DC 交 BE 于 C，则由几何中的射影定律有

$$AD^2=AC×AB$$

$$AB=\frac{AD^2}{AC}$$

2．高度的测量

方法一：目标和观测点之间的距离可以直接丈量时采用此法。如图 3-25 所示，在离 A 点适当距离的地面上竖立两标杆 B、C，并使 A、B、C 三者在同一直线上，自 B 杆上的 D 点观测 A、A'两顶点，交 C 标杆上两点间的距离为 L_C，则由相似三角形的原理有

$$h_A = \frac{AB}{BC} \times L_C$$

方法二：利用影子来测定。如图 3-26 所示，在测量对象 AA'' 旁边竖立一标杆 B，分别量得它们的投影长度 D_A 和 D_B，标杆长度 L_B 为已知，则由相似三角形原理得

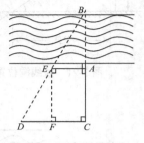

图 3-23 河宽测量法之二

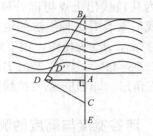

图 3-24 河宽测量法之三

$$h_A = \frac{D_A}{D_B} \times L_B$$

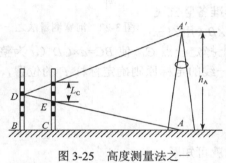

图 3-25 高度测量法之一

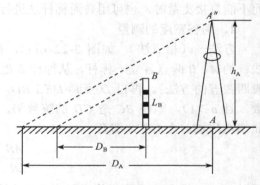

图 3-26 高度测量法之二

单元 3 仪器测量

在通信线路测量过程中使用的仪器主要是经纬仪和水平仪（这两种仪器在地质勘测、军事测量时也会用到，并且较多地用于通信管道的测量过程中）。在这里将以通信管道的现场测量为例来介绍这两种仪器的结构、功能及测量方法。

通信管道建设工程的施工图设计，除特殊情况外，一般都需要进行现场测量，以落实管道、人（手）孔的具体建设位置和在地下的埋设深度。通信管道的现场测量工作主要包括落实管道、人（手）孔位置的平面定位测量和据以进行管道纵断面设计的高程测量，现分述如下。

任务 1 管道的平面定位测量

管道平面定位测量的目的就是要通过平面定位测量工作，把在设计图纸上根据规划等资料确定的管道、人（手）孔位置，按给定的条件，通过平面定位测量的方法，在现场钉桩（桩

代表人孔中心,即代表人孔位置)确定、落实人孔位置。当人孔位置在现场钉桩确定后,一般直线管道按平面几何"两点定一直线"的原理,将两相邻人孔桩顶中心点连起,则两人孔桩顶中心相连之直线,即为两相邻人孔间的通信管道的中心线,此中心线即代表此段管道在现场的位置。主要标志为管道两端人孔在现场的中心桩的中心。管道现场的平面定位测量,一般有三种情况,也就是有三种平面定位的方法,现分别介绍如下。

1. 在规划道路上的管道平面定位测量

(1)平面定位测量的仪器工具:经纬仪(带三脚架)1部;30～50m钢卷尺1盘;30～50m皮尺1盘;2～3m红白标杆2～4根;测针(可以自制)3～5根;斧子1把;6磅锤1把;250g线坠2个;标志三脚架1副;红(白)磁漆1瓶;画笔2支;木桩(直径5cm左右,长20～30cm)若干;标钉(直径10～12cm,长5～10cm)若干;1″铁钉1盒;测量记录本及铅笔、橡皮、钢笔、小刀等文具;交通工具。

(2)事先准备的资料:

① 修改后的平面设计图。

② 有关规划道路的中心线(或轴线)在现场的测量标志桩点"点之记"及有关数据,应事先到测量现场落实。

③ 收集到的与通信管道建设有关的其他公用市政管线资料。

(3)参加测量的人员有以下几类:

测量指挥(应由主设计人承担):1人。

操纵经纬仪:1人。

立标杆(测针):1～2人。

钉桩(划位)、量尺:2～3人。

安全、机动:1人。

(4)经纬仪简介:经纬仪是现场定位测量的主要仪器,通过经纬仪可观测测量点位、确定现场的折角度。经纬仪的种类很多,这里举出一种比较具有代表性的普通经纬仪,如图3-27所示。从图中可看出,一般经纬仪分三脚架和仪器两部分。

三脚架为经纬仪下部的支撑固定部分,安装在可以上下转动的横轴上,每一条腿又由可以通过伸缩来调节高度的品字形结构的木架组成,中间带有制动螺丝,以控制架腿的伸缩;架腿下端嵌装一个下部带尖的铁脚,以保证与地面接触部分不易滑动。铁脚上部外侧有一铁蹬脚,以便安放时用脚踩蹬脚,加强其与下部地面的固定程度。

仪器是进行测量的主要部分。这里对部分部件进行简要介绍。

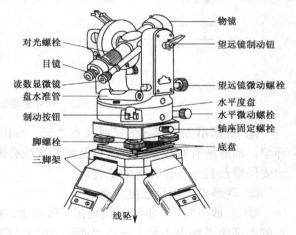

图3-27 经纬仪构造示意图

物镜
望远镜制动钮
望远镜微动螺栓
水平度盘
水平微动螺栓
轴座固定螺栓
底盘
对光螺栓
目镜
读数显微镜
盘水准管
制动按钮
脚螺栓
三脚架
线坠

① 底盘。底盘为三角形双层金属盘,中间有孔通过固定螺栓与三脚架结合。

② 脚螺栓。脚螺栓为底盘与轴座间的支撑螺栓;脚螺栓具有通过平面转动,调节上下

伸缩水平的作用。

③ 轴座。轴座为承托经纬仪上部转动的平台，通过轴座固定螺栓来控制转动和固定。

④ 水平度盘。水平度盘镶嵌在轴座上部的底盘中，分外盘（或下盘）和内盘（或上盘）两部分，为同心圆。分界部分刻有相同的角度（0°～360°），可以通过制动按钮控制，使上下盘固定或一起转动，也可以固定外盘（下盘），使内盘自由转动来观测水平的转角。当需要微调水平转角时，可先固定制动按钮，然后，通过水平微动螺栓进行微调。

⑤ 盘水准管。盘水准管（同心圆水准泡）位于水平度盘的上部边缘，用于显示水平度盘水平程度。

⑥ 镜筒。镜筒为经纬仪的核心部分，测量观测主要通过镜筒来实现。镜筒分目镜和物镜两端。可通过转动调节目镜焦距，使观测清晰。物镜上刻有十字标线，观测时，应以十字标线的竖线对准测点，以保证准确。

⑦ 望远镜制动钮。望远镜制动钮为控制望远镜镜筒转动或固定的部件。

⑧ 线坠。经纬仪的线坠（也叫垂球）是圆锥形的，上部通过小线连至经纬仪的垂直中心，下部端头应对准测点中心。

（5）现场定位测量。此处以图 3-28 为例来说明。

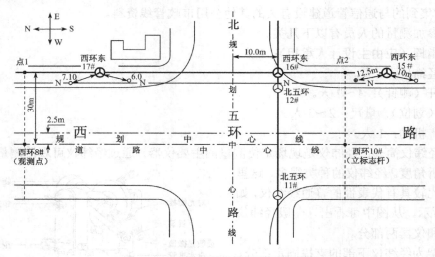

图 3-28　西环东通信管道平面设计图

① 根据事先了解到的资料（点之记）找出测量的各测量标志在现场的位置，根据周围环境，清除所有对设点、钉桩以及观测视线有影响的障碍物，并事先联系和取得值班交通、治安民警及有关工作人员的配合。

② 现场拟定测量进度方案。

③ 安放经纬仪。将经纬仪装在三脚架上、搬至已选定的测量标志基点上（例如，图 3-28 左侧西环路道路中心线上一点"西环 8#"），调整经纬仪的位置，使其线坠尖端恰好对准西环 8#桩点的中心（在三脚架大致对正后，即可松开底盘固定螺栓，微微调整仪器三脚架上的平面位置，至线坠尖端恰好对准西环 8#的中心），表明经纬仪的中心与西环 8#的中心在同一垂线（垂直于经纬仪下部路面）上。从经纬仪放至其安放位置时起，除操纵仪器的工作人员外，至少应有一人在旁守护并设置明显安全标志（红旗或三脚架），保护工作人员及经纬

仪的安全，直至观测完毕，撤离为止。

④ 将经纬仪下面的螺栓固定，松开上盘控制螺栓进行转动，使上盘与下盘的角对正（此项对正，可以是以相同的角度对在一起，也可以是上、下盘以 90° 的整数倍的角度对准在一起）。此时，拧紧上盘控制螺栓，上、下盘固定在一起。调节经纬仪的底盘（包括固定在一起的上、下盘），借助于盘上的盘水准管（同心圆水准泡），使盘水准管（同心圆水准泡）的水泡恰好位于中心，即经纬仪底盘处于水平状态，此时可以进行下一步观测工作。

⑤ 调节经纬仪镜筒，使之对准基线。在经纬仪调好后，即可将下盘控制螺栓松开，转动镜筒寻测目标，同时立标杆人可沿道路中心线向南走到约 200m 左右的另一标志（辅基点）西环 10# 上，在西环 10# 中心顶上，立起红白标杆（或测针）并使其垂直，面向经纬仪。此时经纬仪操作员转动镜筒，使经纬仪镜筒物镜中心的垂直线与标杆或测针中心重合，镜筒的视点尽量向下，如能看到标杆尖（或测针尖）与测量标志（西环 10#）之顶端相接处最好，以减小测量误差。此时，将底盘控制螺栓固定，则此经纬仪镜筒上的垂直线与西环路的道路中心线完全重合（两点定一直线）。

⑥ 将经纬仪转至垂直方向准备量距离。将经纬仪镜筒上的垂直线对准西环路道路中心线后，松开上盘的控制螺栓，将镜筒按逆时针方向转动 90°（通过上、下两盘转动产生的角差来衡量），则镜筒转向与西环路道的中心线相垂直的东面，通过镜筒观测指挥持量尺人向东量出约 28m 的距离（用皮尺即可），同时立标杆人员在此方向立标杆（或测针），定向后，再由持量尺人自西环 8# 向东用钢卷尺准确地量出 30m。在 30m 远处对准镜筒垂直线的地方打下木桩（土地面）或小钉（铺装路面），或用红漆笔画一符号"×"。同时，精确测量距离及标符号点在镜筒视面上准确位置，并将木桩下打至顶面与附近地面齐平，在顶面中心钉一小钉，注意位置准确。定名为"点 1"（测量之过渡点）。"点 1"即位于西环路道路中心线自西环 8# 向东引伸之垂直线上，距"西环 8#"30m。从图 3-28 可以看出，"点 1"也是西环东管道中心线上的一点。

⑦ 确定西环东管道中心线在现场的位置。将经纬仪移到"点 1"上，使其线坠的尖端对准"点 1"的中心。调经纬仪至水平，将上、下盘的角度对准（相同或成 90° 的整数倍角度）后固定，松开底盘控制螺栓，转动镜筒。同时，在西环 8# 点中心立标杆（或测针），使镜筒的垂直线对准西环 8# 点中心，固定底盘，松开上盘的控制螺栓，沿逆时针方向转动镜筒达 90°，经核对无误，固定上盘控制螺栓，则经纬仪镜筒垂直线所对准的地面上相应的南北方向的直线，即为西环东管道中心线在现场的位置。管道中心线在西环路的东侧与西环路道路中心线平行，相距 30m，根据设计图中所示的关系推算，西环东管道中心线在西环路规划中心线的东侧，相距 30-2.5=27.5（m），符合规划部门所定西环东管道规划位置的要求。

此种情况系在西环路的规划中心线上尚未钉桩，且以"与规划中心线相平行，且相距 2.5m 的现况道路中心线"为轴线的条件下进行的。

在确定管道中心线的平面定位测量工作上还有另外一种方法，即在现场钉出"点 1"后，用同样的方法，以西环 10# 为基点，以西环 8# 为"辅基点"，测量并钉出"点 2"。"点 2"同"点 1"具有相同的特性。在"点 1"或"点 2"安放经纬仪并调平，使镜筒转向对方找准固定后，则在镜筒中所观测到的对准对方点中心的直线，亦为西环东管道的中心线。两种测量方法所定下来的管道中心线，在测量操作完全准确的条件下，应重合为一条直线。前一种方法根据平面几何中"过直线外一规定距离点，可以画一条且只能画一条与已知直线平行，且相距规定距离的直线"原理；后者根据"两点定一直线"的原理，结果应当是相同的，这种管道定位方法在图纸上是很容易表达的，可是移到建设现场定位，却要借助经纬仪进行观测，在程序上还要大费周折，并要小心翼翼，否则就可能产生较大误差。

⑧ 确定管道中各人孔在现场的位置。在管道中心的现场位置确定后，即可根据设计图中所给定的条件，依次定出各人孔在现场的桩位。

从图 3-28 中可以看出"点 1"（或"点 2"）并非某一个人孔的桩位，与附近人孔的关系不明确，因而"点 1"（或"点 2"）只能确定管道中心线的现场位置，而不能确定某个人孔位置，要想测定各个人孔在现场的桩位，还需要一个固定的条件。

从图 3-28 中可以看出，在西环路与北五路交叉路口处，有一东西向（沿北五路）且与北五路平行的现有管道，在地面设有人孔口圈（一般代表人孔中心，沿管道方向又代表管道中心线的位置），此项现有管道在方位上与计划建设的西环东管道相交，根据设计图纸安排，在两管道交点处设"西环东 16#"人孔以互相连通，其方法是：首先，将经纬仪立在"点 1"上调平后，对准西环东管道的中心线方向，在现有北五环 11#～12#段管道线上根据现有人孔中心的现场情况，画出东西方向的管道中心线（在现场地面画线或拉线），在该直线与西环东管道交叉点附近立标杆（或测针），在经纬仪观察下，定出两管道交叉点的确切位置。同时，钉下标桩和中心钉，则西环东 16#人孔中心在现场已经钉出（达到交叉点准确的要求），以西环东 16#人孔的中心桩位为基点，在经纬仪观测的指导下，按照图中所定的管道段长向南延伸可依次钉出西环东 15#等各人孔的桩位；将经纬仪的镜筒调转 180°或水平度盘转 180°，经纬仪镜筒中垂直线所确定的西环东管道中心线的观测方向，即可自南向北延伸，按同样方法可钉出西环东 17#等各人孔的桩位。人孔桩位在非铺装地面为木桩顶钉有中心钉；在铺装地面（如沥青地面），可在中心钉一小钉，在小钉周围用红磁漆画上符号。为了保证各人（手）孔在现场的桩位位置的准确度，可按开始时的方式，每隔一定距离（如 300～500m），增加一个临时转点（如"点 1""点 2""点 3"等），以使现场的人孔桩位不致出现大的"偏差"。如果没有如图中所示的北五路管线管道，在设计中由于北五路管线的存在，必然要安排与西环东管道交叉的北五路管线分支管道的建设位置（或规划预留），不管在何种情况下西环东 16#人孔都是要出现的。

西环东 16#人孔的定位，可以根据图中给定的条件（北五路管道中心线与北五路管线的规划中心线平行，北距规划中心线 10m），按照前面所用的"管道中心线定位法"，确定北五路管道的中心线与西环东管道中心线相交的交叉点就是西环东 16#人孔的现场桩位。

⑨ 实测各段管道的段长。通过平面定位测量，依次量出各段管道的实测段长（相邻两人孔中心间的距离），作为修正平面设计图管道段长的依据。

⑩ 进行各人孔桩点拴桩工作。通过平面定位测量工作，将各人（手）孔在现场的桩位钉定后，随即对各人（手）孔在现场的桩进行拴桩，拴桩的做法是从桩点中心量出至桩点附近至少两个固定地物的特定部位之距离并标示在平面设计图中（即三点定标法）。如图 3-28 中的西环东 17#及 15#两人孔所示，桩点"点之记"的用途是当在施工时发现现场桩点因故丢失的，可以根据平面几何中"两圆相交共点"的原理，较容易地恢复桩点的原位，注意在固定物（例如，树干上某一点，或电杆上某一点，或检查井中心）上，应用红磁漆画一临时记号，以保证测距的准确性。

⑪ 对沿线障碍物的实测。通过平面定位测量，钉定各人（手）孔在现场的桩点后，同

时，根据平面几何中"两点定一直线"的原理，随时可以画出管道中心线在现场的位置。在现场可以量出管道建设位置沿线两侧各种地面构筑物与管道中心线及人（手）孔中心点的实测距离，以便在设计过程中了解将来与管道工程施工时的关系并研究提出对应的处理方案。通过各人（手）孔在现场的钉桩、调查或必要的坑探及实测，可以收集到与管道交叉跨越的其他公用市政管线的类别、规格、位置及各自的高程数据作为进行纵断面设计图的依据。

2．现场选位的平面定位测量

在不规则的现况道路、街巷、胡同等地区进行通信管道建设，由于没有确定规划（较小城市）或虽已确定规划但因多方原因，管道建设尚无法按规划进行。此时，由于城市各方面需要，常常是已铺设好较小规模的自来水管及下水道沟管，地面上除两侧建筑物外，可能还立有供电杆路。在此类地区进行通信管道建设，只能因地制宜，避大改小，见缝插针。管道的平面设计图需要通过现场的平面定位测量来确定、落实。

在进行平面定位测量时，一般仍要借助经纬仪来进行观测，以保证定位的准确。应注意使相邻的管道段尽量在同一直线或接近同一直线的位置，尽量避免拐来拐去，更不应该出现往复的现象。这样，一方面可使建设起来的通信管道尽量规范些，以减少和其他公用市政管线交叉跨越的干扰；另一方面，可以减少管道中心线在人孔处产生折角的可能，以便在设计中尽量选用定型人（手）孔，尽量避免单独设计特殊形状人孔。

现以位于"天井胡同"的管道为例（如图 3-29 所示），介绍此种平面定位测量的操作程序。

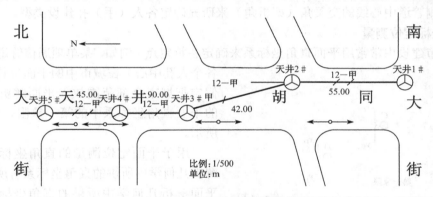

图 3-29　现场选位平面定位测量示意图

（1）初选起点人孔（天井 1#）的桩位。在初选桩位时，如位于铺装路面，可先用白粉笔在现场画记号"○"表示，基本确定后，改用红磁漆标记；位于非铺装的土地面时，初选桩位可先钉木桩，基本确定后，木桩顶部钉以小钉，端部用红漆涂红以示醒目。

初选起点人孔的桩位应选在其周围环境可以容纳人孔的全部体积、有较好的向前延伸的条件及干扰障碍最少的位置。

（2）初选相邻人孔（天井 2#）的桩位。采取（1）中的方法，初步选定天井 2#桩位，将经纬仪安装在天井 2#桩位上，对准天井 2#桩位的中心。调平经纬仪，将镜筒转向观测天井 1#桩位中心点，固定下盘。以天井 1#向天井 2#沿经纬仪观测线为依据，量测管道两侧反映地下管线位置的地上检查井与通信管道中心线间的距离，设计人员应根据资料考虑通信管道的允许条件及可能采取的处理方法，如有困难，可对 1#或 2#桩位进行少许调整，天井 1#～天井 2#的管道中心线位置即可初步确定。同时钉上天井 1#及天井 2#桩点的中心钉。

（3）初选天井 3#人孔的桩位。在天井 1#～天井 2#管道中心线位置初步确定后，经纬仪仍在天井 2#桩位上不动。以上述方法初选天井 3#人孔的桩位。桩位初定后，将经纬仪的下盘松开，将镜筒转向初定天井 3#桩位。同时，在 3#桩顶上立标杆（或测针），使经纬仪镜筒的垂直线对准 1#桩位中心。再以（2）中的操作程序，初步确定 2#～3#间的管道中心线位置。此时，将经纬仪的下盘控制螺栓拧紧，松开上盘控制螺栓，将镜筒转向 1#桩位，在 1#桩中心立标杆（或测针），微调镜筒位置，使其对准 3#桩中心，记下镜筒转动"角度"，再将镜筒反向转回对准 3#桩中心，对转角进行核实，无误后，在 3#桩钉下中心钉，此时 1#、2#桩位及 1#～2#管道中心线的位置就基本确定了。

（4）初选天井 4#人孔的桩位。在天井 2#、天井 3#管道中心线初步选定后，将经纬仪移至 3#桩位，对准 3#桩位的中心，继续向前初选天井 4#人孔的桩位，转动经纬仪镜筒对准 4#桩位，按（3）中的操作程序，初步确定 4#桩位，基本确定天井 2#～天井 3#管道中心线的位置，在 4#桩顶钉上中心钉，初步确定了 3#～4#管道中心线的位置。同时，转动经纬仪测出 2#～3#管道中心线与 3#～4#管道中心线在天井 3#人孔处的交叉角度（即管道中心线的折角），该角度是确定天井 3#人孔类型的依据。

按上述（1）～（4）的操作程序，即可依次画出此单项通信管道全部人（手）孔在现场的桩位，亦即基本确定各段管道在现场的具体位置。最后，分别量出各人（手）孔桩位的"点之记"。据此平面定位数据修改单项管道工程的平面设计草图。测出各人孔中心桩位后，通过人孔两侧管道中心线的交叉角（即折角）来研究确定各人（手）孔建设类型。

3．坐标定位测量

在城市建设中常常用平面直角坐标系来确定各特定点（例如，某单项通信管道工程中的各个人孔中心）在城市中的平面位置，也就是假定把城市全部范围放入平面解析几何学中的平面直角坐标系中的第一象限，如图 3-30 所示。

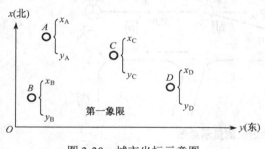

图 3-30　城市坐标示意图

用于平面定位测量的直角坐标系与平面解析几何学中所讲的直角坐标系有所差异，在平面解析几何学中所讲的直角坐标系的纵轴为"y"轴，横轴为"x"轴。而平面定位测量的的直角坐标系中，则把"x"轴定位为纵轴，表示南北方向，以"y"轴为横轴，表示东西方向，如图 3-30 所示。这是由于在坐标系中的角度在测量工作中通常是指从北按顺时针方向到某条边的夹角，而几何学中，三角函数的角则是从横轴开始，按逆时针方向进行量度的。虽然在平面定位的直角坐标系与平面解析几何学中的直角坐标系，把 x 轴与 y 轴互换了，但平面解析几何学中所用的平面三角函数的计算公式，都能在坐标定位测量计算中使用。

在平面坐标测量定位工作中，之所以引出直角坐标系，而且把城市的所辖范围全部放在直角坐标系的第一象限中，就是为了使城市所辖范围中的任何特定点，必须同时具备 x，y 两个方向的坐标值，且均为正值，通过每一特定点的坐标值的大小，可以比较容易地辨认出各个特定点之间的距离和方位关系。换句话说，也就是对于任何一个点，如果给定了其坐标数值，则可以在此坐标系中找到对应的位置，一组坐标值只能对应一个点，这就完全可以防止重复、遗漏和偏差。计算各点间的坐标差，简单地采用算术加减法计算即可，大大降低了计算难度，减少出现误差的机会，简化了计算手续。

根据城市坐标定位法，在单项通信管道工作平面设计图中各个人（手）孔在规划路上的位置，就是设计人根据规划部门在安排管道的位置时给定的条件，以及所在地区的"导线点"的已知坐标值，按平面解析几何学的方法，计算出的各个人（手）孔坐标值。

根据设计图纸中所给定的坐标值，利用坐标测量定位的方法，可以在现场钉定各个人（手）孔的桩位。

坐标测量定位的方法专业性强，一般根据人（手）孔坐标在现场钉定人（手）孔桩位的工作，基本上是委托专业测量单位来解决的。具体操作程序请参阅相关资料，在此不做详述。

任务 2　通信管道的高程测量

在通信管道工程的施工图设计中，通过对管道的现场平面测量，钉定了各人（手）孔在现场的桩位，桩位代表了各人（手）孔的中心位置。通过相邻两人（手）孔中心钉之间的连线标定出来两孔间的管道中心线，代表了这段管道中心线在现场的具体位置。同时，应随即进行逐点、逐段的高程测量。通过高程测量取得各相关点的高程数，这些相关点的高程数据，可作为进行管道的纵断面设计、研究，确定各个人（手）孔及各段管道在地下埋设的位置及绘制管道纵断设计图的依据。

1．关于高程测量的几个概念

高程测量也叫"水准测量"，测量的目的就是要确定各个特定点间相对于地球表面的高矮（或上、下）位置。为了便于工作，现将有关高程的几个基本概念简述如下。

（1）水平面。水平面是定义在地球表面的一个球面，水面占地球表面很大比例，因而，对于地球表面来说水平面即是海平面。

（2）水平基面。为了比较在地球表面上各种地物、地貌的高低位置，常常在地球表面上选择一个水平面，令其高度为"0"，作为衡量各种地物、地貌、地形的开始基面，通常以多年测定的平均海平面作为标准，称为水平基面。在同一水平基面上的各点的高度都相同，因而水平基面也叫大地水准面。例如，我国渤海湾大沽口外的平均海平面和山东青岛港外的黄海平均海平面都曾被定为大陆进行高程测量依据的水平基面。

（3）水平基点。水平基点是水平基面上的一个点，以水平基点为零点，作为测量并计算出其他点的高度的基础，水平基点也叫水平原点。

（4）绝对高程。通过高程测量，测出某点与其对应水平基面的垂直距离，称为该点的绝对高程，也叫该点的真高或海拔。

（5）标高（相对高程）。某测量点与某假定的基面的垂直距离，称为该点的相对高程或标高。

（6）水平标点。根据水平基点测出的已知高程的固定点，作为高程测量的根据，这样的固定点称为水平标点，原名"Bench Mark"，简写为"BM"，也叫水准点。

（7）转点。转点也叫临时水准点，原名"Turning Point"。在需测点距已知高程的水平标点过远或因在视线上有障碍物不能直视时，必须根据已知高程的水准点，通过高程测量导出一些用于临时过渡的水准点，测出各过渡水准点的高程数据，再根据这些水准点测出需测点之高程。这些用于过渡的水准点称为转点。

转点必须选择在牢固、稳定、不易移动的地方。一般选在房屋建筑的散水根、台阶边、地下管道检查井的边石、基石等不易变动的地方。选定后应画上标记，并将其高程数据记录入册。

2．高程测量需要取得的数据

通信管道的高程测量的任务，主要通过测量计算出如下数据。

（1）各人（手）孔中心桩顶的实测高程，以及桩顶到地面的距离。

（2）与各人（手）孔中心桩相对应的道路中心（或路牙顶）的实侧高程及道路路面的横坡数据。

（3）管道如靠近地上建筑物时，应测出地上建筑物室外地面的散水根、最下层台阶及出入口路面的实测高程。

（4）管道沿线地面尚未平整时，应测出地面凸出凹入的转换点的实测高程，并量出大致起伏范围，以与最近人（手）孔桩位间的距离为参考。

（5）管道沿线与管道交叉跨越的其他市政公用管线及地下建筑物顶部或底部的实测高程、名称、规格及交叉跨越点距最近人（手）孔的距离；必要时须通过坑探程序核实。

（6）当市政水准点网的水准点位置距离现场较远时，通过高程测量在现场推导出一部分临时水准点，标定在现场，并将其高程数据记录入册。

3．高程测量的准备工作

（1）参测人员的安排。主设计人应掌握水平仪，并负责指挥全部参测人员。找测点立塔尺：1～2人；画标记：1人；机动、排障、安全：2人。

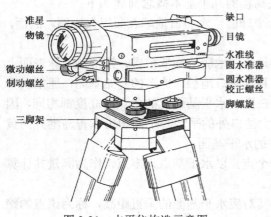

图3-31　水平仪构造示意图

（2）高程测量需用的工具仪器。在进行通信管道高程测量时，需用的工作仪器如下。

水平仪（带三脚架）1部；塔尺1～2个；红磁漆1盒；画笔1～2支；开检查井钥匙1把；斧子1把；小条帚1把；书写小工具；自来水笔、铅笔、粉笔；高程测量记录表1本；工具袋；资料袋；交通工具；平面设计草图等。

（3）主要仪器设备的介绍：

① 水平仪。水平仪也叫水准仪，是进行高程测量的主要仪器。它是由仪器及三脚架两部分组成的。图3-31是一台比较具有代表性的普通水平仪。

a．三脚架为水平仪下部的支撑固定部分。三脚架安装在可以上下转动的横轴上。每条腿又由可以通过伸缩以调节高度的品字形结构的木架组成，中间带有制动螺丝以控制架腿的伸缩。架腿下端嵌装一个下部带铁头的脚，以保证与地面接触部分不易滑动，铁脚上部外侧各装一铁蹬脚，用脚踩蹬脚，加强防滑作用。

b．仪器是进行测量观测的主要部分。仪器由一个带有三个伸缩螺丝的底盘和上部转盘组成。底盘通过三脚架托盘上固定螺丝与仪器下部的底盘相连，且可以在一定范围内做平面移动；当两盘相连的相对位置适当时，可旋紧固定螺丝将两盘固定在一起，使仪器与支撑三脚架形成一个整体。仪器安装时，下部三脚架的三个腿可以叉开成三角形，叉开角度的大小可以通过三脚架托盘下的横轴来调节，三脚架支腿的长短由其中部拧固螺丝控制，以调节仪器的高矮位置。

仪器上盘上部配有表示上盘是否水平的圆形水准泡（水准器）和圆筒形水准泡（水准管）。通过转动仪器底盘与上盘间的调节螺丝，调节仪器上盘各方的上下位置，至上盘上的圆形水准泡集中在圆心，圆筒形水准泡同时达到水平位置时，表示水准仪已达到水平状态。为了提高观测的精度，在水平仪的水平镜筒下也安装了一个圆筒形水准泡，如图 3-32 所示。

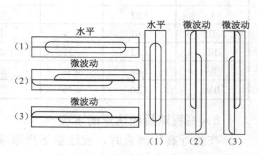

图 3-32　水平仪器微调水准泡示意图

转动微调控制螺丝，当观察到微调水准泡达到水平时，表示可以进行观测。

②塔尺。塔尺也叫水平尺，是高程测量的主要工具之一，其尺面刻度如图 3-33 所示。

4．高程的测量

下面以图 3-34 为例来说明高程测量的方法和步骤。

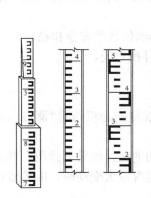

图 3-33　塔尺刻度示意图

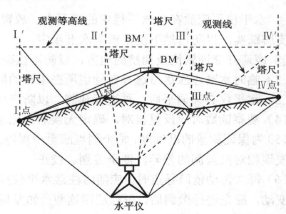

图 3-34　高程测量点关系示意图

（1）将水平仪镜筒依次转向"点Ⅰ""点Ⅱ""点Ⅲ""BM""点Ⅳ"，分别观测水平仪物镜中间的水平线，读取每个测点上所立塔尺上的水平位置Ⅰ′、Ⅱ′、Ⅲ′、BM′、Ⅳ′的读数，核对准确后，记录在高程测量记录表中，如图 3-34 所示。

（2）通过计算算出各点的相对高差。

（3）移动水平仪，进行第二次复测，又得出一组观察数据。算出各点的相对高差，将其与第一次观测所得的各点的相对高差核对，如发现差异，应利用水平仪进行第三次观测，对有差异的相对高差进行核实，落实各相对高差数据。

（4）以"BM"的高程数为依据，通过复测核实的各点的相对高差，即可得出各点的实测高程，见表 3-4。

表 3-4　实测高程

测点名称	一测读数（m）	高差（m）	二测读数（m）	高差（m）	落实高差（m）	高程（m）	备注
						30.73	
Ⅰ	1.87		1.97	0.24	0.24	30.97	
Ⅱ	1.63	0.24	1.73	0.31	0.31	31.28	
Ⅲ	1.92	0.31	2.20	0.32	0.32	31.60	
Ⅳ	1.60	0.32	1.70	0.40	0.40	32.00	已知
BM	1.20	0.40	1.30				

5．高程测量应注意的事项

在进行高程测量时，应注意下列事项。

（1）安放水平仪地点的选择。

① 仪器至各测点的距离应大致相同，以防视差过大。

② 在仪器放置点应能清楚地看到各测点上的塔尺上的刻度，防止水平仪器调好后，看不到测点上的塔尺时，再重新更换仪器位置，耗费时间。

③ 放置仪器应避开地面因行车产生较大震动的位置，以免影响水平仪的稳定及测量效果。

④ 水平仪不应放在松软不稳定的地面上，放置仪器后，调水平前应用脚将支架下端的三个支脚踩实，以防自然下沉，影响水准稳定。

⑤ 应避开交通繁忙及拥挤的地方，以防不慎碰动仪器，影响仪器的安全和稳定。

（2）临时水准点应尽量选择在管道所在道路的同侧及易于寻找之处。

（3）水平仪必须调平后，再进行观测，以防产生误差。

（4）观察读数时应反复核对，确定无误后再记录。

（5）为保证测量的准确度，每个测点应至少观测两次，两次观测应为相同的"测点点组"，以便发现相对高差间的差异，便于鉴别、校正。

（6）每次转动镜筒寻点时，应随时注意水平仪控制水准泡的变化，如只是微调水准泡有微小变动，应先进行微调后，再行观测读数；如发现微调水准泡有较大变动时，应重新进行调平，重新观测各点读数。

（7）搬动水平仪时，应将控制转动螺丝松开，一手紧握仪器，一手抱三脚架，将整个仪器抱在怀中，三脚架夹在腋下进行搬动，不得将三脚架扛在肩上，以防损伤仪器。

（8）立塔尺时，必须注意垂直立在测点上，正面面向水平仪，防止因塔尺倾斜，影响读数准确。

（9）各组测点必须依次衔接，相邻两组测点间至少由一个"共点"相连，以利测点高程数据的推算。

（10）施测完毕，应立即将水准仪从三脚架上卸下，放入盒中。

任务3　了解其他测量方法

1．图测法

图测法即在现成的地形图上标定光缆线路、无人中继站等的位置、具体长度，然后到现场核对位置并确定防雷、防白蚁、防机械损伤等地段，补充有关平面图、断面图及地下设施、地下管线的相关位置图，绘出符合实际、符合要求的施工图。

2. 航测法

航测法即在具备航测条件时，可以先摄取工程沿途现场照片，然后在照片上绘出光缆路由及相关设施位置，并到现场进行核对与补绘相关图纸，形成符合要求的施工图。图 3-35 是某小区航拍图。

图 3-35　勘察区航拍图

单元 4　通信工程图图形符号的应用

任务 1　熟悉通信工程制图的通用准则

通信工程线路和设备的平面布置，在图面上的表示方法通常有两种：一种是完全按实物的形状和位置，用正投影法绘制的图；另一种是不考虑实物的形状，只考虑实物的位置，按图形符号的布局对应于实物的实际位置的表示方法而绘制的简图。通信工程施工图指的是后一种简图。

通信工程施工图纸比较多，分为主要施工图纸及特殊图纸。这些图纸是设计施工的依据，要求清楚、准确、符合实际情况。

主要施工图纸有：电/光缆配线图、电/光缆施工图、电/光缆杆线图、管道电/光缆施工平面图、剖面图、断面图等。

特殊图纸又称详图或大样图，是主要针对一些特殊的地点及部位进行技术说明或列明特殊施工要求的图纸，如人孔上覆钢筋配置图、人孔剖面图、穿越铁路路基等处设计施工图等。

1. 通信工程制图的总体要求

（1）根据表述对象的性质、论述的目的与内容，选取适宜的图纸及表达手段，以便完整地表述主题内容。当几种手段均可达到目的时，应采用简单的方式。例如，描述系统时，框图和电路图均能表达，则应选择框图，当单线表示法和多线表示法同时能明确表达时，宜使用单线表示法；当多种画法均可达到表达的目的时，图纸宜简不宜繁。

（2）图面应布局合理，排列均匀，轮廓清晰，便于识别。

（3）应选取合适的图线宽度，避免图中的线条过粗或过细。标准通信工程制图图形符号的线条除有意加粗者外，一般都是粗细统一的。但是，不同大小的图纸（例如 A1 和 A4 图）可有不同，为了识图方便，大图的线条可以相对粗些。

（4）正确使用国标和行标规定的图形符号。派生新的符号时，应符合国标图形符号的派生规律，并应在适合的地方加以说明。

（5）在保证图面布局紧凑和使用方便的前提下，应选择适合的图纸幅面，使原图大小适中。

（6）应准确地按规定标注各种必要的技术数据和注释，并按规定进行书写和打印。

（7）工程设计图纸应按规定设置图衔，并按规定的责任范围签字。各种图纸应按规定顺序编号。

（8）总平面图、机房平面布置图、移动通信基站天线位置及馈线走向图应设置指北标志。

（9）对于线路工程，设计图纸应按照从左往右的顺序制图，并设指北标志；线路图纸分段按"起点至终点，分歧点至终点"原则划分。

2．通信工程制图的图衔与图纸编号

（1）工程勘察设计制图常用的图衔种类有：通信工程勘察设计各专业常用图衔、机械零件设计图衔和机械装配设计图衔。

（2）通信工程勘察设计各专业常用图衔的规格要求见表 3-5。

表 3-5　通信工程勘察设计图衔的规格要求（单位：mm）

30	处/室主管		审核		（设计名称）	
	设计负责人		制图		（图名）	
	单项负责人		单位　比例			
	设计		日期		图号	
	←20→	←30→	←20→	←20→	←90→	

（3）图纸编号的组成可分为四段，按以下顺序排列。

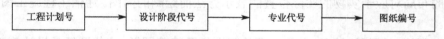

工程计划号：可使用上级下达或签约编排的计划号。

设计阶段代号：应符合表 3-6 的规定。

专业代号：应符合表 3-7 的规定。

表 3-6　设计阶段代号表

设 计 阶 段	代　号	设 计 阶 段	代　号
可行性研究	Y	技术设计	J
规划设计	G	设计投标书	T
勘察报告	K	引进工程询价书	YX
施工图设计—阶段设计	S	初设阶段的技术规范书	CJ
初步设计	C	修改设计	在原代号后加 X
方案设计	F		

表 3-7　常用专业代号表

名　称	代　号	名　称	代　号
长途明线线路	CXM	监控	JK
长途电缆线路	CXD	长途电缆无人站	CLW
长途光缆线路	CXG	终端机	ZD
水底电缆	SL	载波电话	ZH
水底光缆	SG	电缆载波	LZ
海底电缆	HL	明线载波	MZ
海底光缆	HGL	数字终端	SZ
市话电缆线路	SXD	脉码设备	MM
市话光缆线路	SXG	光缆数字设备	GS
微波载波	WZ	用户光纤网	YGQ
模拟微波	WBM	自动控制	ZK
数字微波	WBS	邮政机械	YJX
移动通信	YD	邮政电控	YDK
无线发射设备	WF	房屋结构	FJ
无线接收设备	WS	房屋给排水	FG
短波天线	TX	微波铁塔	WT
人工长话交换	CHR	遥控线	YX
自动长话交换	CHZ	卫星地球站	WD
程控长市合一	CCS	小卫星地球站	XWD
程控市话交换	CSJ	一点多址通信	DZ
程控长途交换	CCJ	电源	DY
长途台	CT	计算机软件	RJ
数据传输通信	SC	同步网	TBW
传真通信	CZ	信令网	XLW
自动转报	ZB	数字数据网	SSW
电报	DB	油机	YJ
报房	BF	弱电系统	RD
会议电话	HD	电气装置	FD
数字用户环路载波	SHZ	空调通风	FK
中继无人增音站	ZW	暖气	FN
智能大楼	ZNL	管道	GD
计算机网络	JWL	配电	PD

注：① 总说明附的图和工艺图纸一律用 YZ，总说明中引用的单项设计的图纸编号不变，土建图纸一律用 FZ。
② 单项工程土建要求在专业代号后加 F。例如，载波室土建为 ZHF，综合性土建为 YZF。

3．注释、标注及技术数据

当含义不便于用图示方法表达时，可以采用注释。当图中出现多个注释或大段说明性注释时，应当把注释按顺序放在边框附近。有些注释可以放在需要说明的对象附近；当注释不在需要说明的对象附近时，应使用指引线（细实线）指向说明对象。

标注和技术数据应该放在图形符号的旁边。当数据很少时，技术数据也可以放在矩形符号的方框内；数据较多时可以用分式表示，也可以用表格形式列出。

当用分式表示时，可采用以下模式：

$$N\frac{A-B}{C-D}F$$

其中：N 为设备编号，一般靠前或靠上放；A、B、C、D 为不同的标注内容，可增可减；F 为敷设方式，一般靠后放。

当设计中需表示本工程前后有变化时，可采用斜杠方式：（原有数）/（设计数）；

当设计中需表示本工程前后有增加时，可采用加号方式：（原有数）+（增加数）；

当设计中需表示本工程前后有减少时，可采用减号方式：（原有数）-（减少数）。

常用的标注方式见表 3-8。

表 3-8　常用标注方式

序号	标 注 方 式	说　明
1	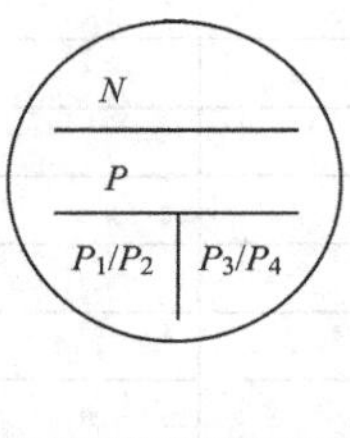	对直接配线区的标注方式。 注：图中的文字符号应以工程数据代替。 其中： N—主干电缆编号，如：0101 表示 01 电缆上第一个直接配线区；P—主干电缆容量（初设为对数，施设为线序）；P_1—现有局号用户数；P_2—现有专线用户数，当有不需要局号的专线用户时，再用+（对数）表示；P_3—设计局号用户数；P_4—设计专线用户数
2	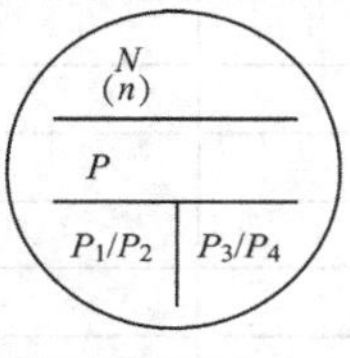	对交接配线区的标注方式。 注：图中的文字符号应以工程数据代替。 其中： N—交接配线区编号，如：J22001 表示 22 局第一个交接配线区；n—交接箱容量，如：2400（对）；P_1、P_2、P_3、P_4——含义同上
3	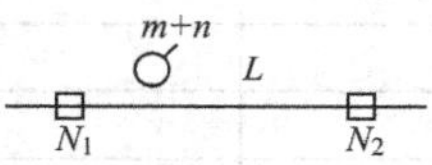	对管道扩容的标注。其中： m—原有管孔数，可附加管孔材料符号；n—新增管孔数，可附加管孔材料符号；L—管道长度；N_1、N_2—人孔编号
4	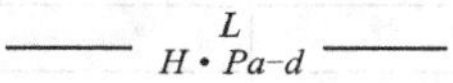	对市话电缆的标注。其中： L—电缆长度；H^*—电缆型号；Pa—电缆百对数；d—电缆芯线线径
5	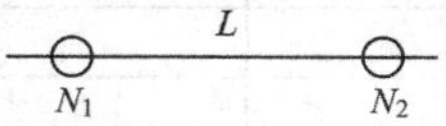	对架空杆路的标注。其中： L—杆路长度；N_1、N_2—起止电杆编号（可加注杆材类别的代号）
6	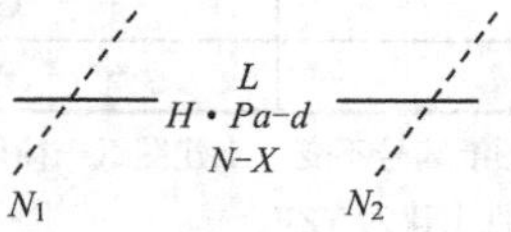	对管道电缆的简化标注。其中： L—电缆长度；H^*—电缆型号；X—线序；Pa—电缆百对数；d—电缆芯线线径；斜向虚线—人孔的简化画法；N_1、N_2—表示起止人孔号；N—主干电缆编号
7	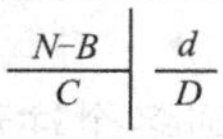 $\dfrac{N-B}{C}\bigg|\dfrac{d}{D}$	分线盒标注方式。其中： N—编号；B—容量；C—线序；d—现有用户数；D—设计用户数
8	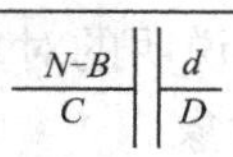 $\dfrac{N-B}{C}\bigg|\dfrac{d}{D}$	分线箱标注方式。 注：字母含义同 7
9	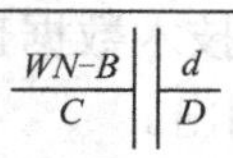 $\dfrac{WN-B}{C}\bigg|\dfrac{d}{D}$	壁龛式分线箱标注方式。 注：字母含义同 7

在对图纸标注时，其项目代号的使用应符合 GB 5094-1985《电气技术中的项目代号》的规定，文字符号的使用应符合 GB 7159-1987《电气技术中的文字符号制定通则》的规定。

在通信工程设计中，由于文件名称和图纸编号多已明确，在项目代号和文字标注方面可适当简化，推荐的处理方法如下。

（1）平面布置图中可主要使用位置代号或用顺序号加表格说明。

（2）系统方框图中可使用图形符号或用方框加文字符号来表示，必要时可二者兼用。

（3）接线图应符合 GB/T 6988.3-1997《电气技术用文件编制 第 3 部分：接线图和接线表》的规定。

对安装方式的标注应符合表 3-9 的规定。

对敷设部位的标注应符合表 3-10 的规定。

表 3-9　安装方式的标注

序　号	代　号	安 装 方 式	英 文 说 明
1	W	壁装式	Wall mounted type
2	C	吸顶式	Ceiling mounted type
3	R	嵌入式	Recessed type
4	DS	管吊式	Conduit suspension type

表 3-10　对敷设部位的标注

序　号	代　号	敷 设 方 式	英 文 说 明
1	M	钢索敷设	Supported by messenger wire
2	AB	沿梁或跨梁敷设	Along or across beam
3	AC	沿柱或跨柱敷设	Along or across column
4	WS	沿墙面敷设	On wall surface
5	CE	沿天棚面、顶板面敷设	Along ceiling or slab
6	SCE	吊顶内敷设	In hollow spaces of ceiling
7	BC	暗敷设在梁内	Concealed in beam
8	CLC	暗敷设在柱内	Concealed in column
9	BW	墙内埋设	Budal in wall
10	F	地板或地板下敷设	In floor
11	CC	暗敷设在屋面或顶板内	In ceiling or slab

任务 2　认知通用图形符号

1. 图形符号的使用规则

当标准中对同一项目有几种图形符号形式可选时，选用宜遵守以下规则。

（1）优先选用"优选形式"。

（2）在满足需要的前提下，宜选用最简单的形式（例如"一般符号"）。

（3）在同一册设计中同专业应使用同一种形式。

一般情况下，对同一项目宜采用同样大小的图形符号。特殊情况下，为了强调某些方面或为了便于补充信息，允许使用不同大小的符号和不同粗细的线条。

绝大多数图形符号的取向是任意的。为了避免导线的弯折或交叉，在不引起理解错误的前提下，可以将符号旋转获取镜像形态，但文字和指示方向不得倒置。

标准中图形符号的引线是作为示例画上去的，在不改变符号含义的前提下，引线可以取不同的方向，但在某些情况下，引线符号的位置会影响符号的含义。例如，电阻器和继电器线圈的引线位置不能从方框的另外两侧引出，应用中应加以识别。

为了保持图面符号的均匀布置，围框线可以不规则地画出，但是围框线不应与设备符号相交。

2．图形符号的派生

在国家通信工程制图标准中只是给出了图形符号有限的例子，如果某些特定的设备或项目无现成的符号，允许根据已规定的符号组图规律进行派生。

派生图形符号是利用原有符号加工成新的图形符号，应遵守以下的规律。

（1）（符号要素）＋（限定符号）→（设备的一般符号）。

（2）（一般符号）＋（限定符号）→（特定设备的符号）。

（3）利用2～3个简单的符号→（特定设备的符号）。

（4）一般符号缩小后可以作为限定符号使用。

对急需的个别符号，如因派生困难等原因，一时找不出合适的符号，允许暂时使用在框中加注文字符号的方法。

有关通用符号详见附表 A-1～A-3。

任务3　认知通信线路工程常用图形符号

因通信线路工程与综合布线系统工程建设受各种各样建设条件的影响，还需在通信图形符号和派生原则的基础上对通信建设工程应用图例进行具体的规范和约定，以便各地通信建设工程计划、规划、设计、施工部门做到有据可依。统一派生方法和应用图例，可以避免在同一省市甚至同一设计单位的设计图例多样化或表示的设施状态不一致。例如，新设电杆，一些设计单位用实心圆表示，而一些设计单位用粗线条圆表示，给设计、施工等工作带来不必要的麻烦。因此，统一派生方法和应用图例，有利于实现通信线路工程及综合布线系统工程制图图例语言化、标准化，为通信建设工程机线资源信息管理系统建设和计算机图档文件的重复利用及资源共享铺平道路。

目前，通信建设工程计划、规划、设计、施工部门均在使用制图软件进行工程制图，如 AutoCAD R14 和 AutoCAD 2004 以及在此基础上二次开发的专用通信工程设计软件（北京的成捷讯、瑞地，天津的网天等专用设计软件）。使用计算机制图软件进行制图，必须对通信图形符号统一派生和细化，以便于设计和施工部门采用规范化、标准化的图例来制作工程图纸，使工程图纸美观通用、格式统一、便于理解。为此，本书编者从通信行业标准、相关设计手册、设计文件、相关的专用设计软件中广泛收集图形符号，整理出通信线路工程和综合布线系统工程中常用的制图符号，作为通信线路工程设计、预算的配套资料。在通信线路工程和综合布线系统工程中常用的图形符号可分为4个部分：通信管道、电/光缆敷设、通信杆路和综合布线，见附表 B-1～B-4。

任务 4　通信设备工程常用图形符号认知

通信设备的图例包括有线通信局站、无线通信台站、机房设施、交换系统、数据通信、天线、无线电传输、有线传输、载波与数字通信、光通信、机房配线与电气照明、通信电源及其他器件等，见附表 C-1～C-13。

单元 5　绘制通信施工图的要求及注意事项

任务 1　绘制线路施工图须知

有线通信线路工程施工图图纸一般应涵盖如下内容。

（1）批准初步设计线路路由总图。

（2）长途通信线路敷设定位方案的说明；在比例为 1：2000 的测绘地形图上绘制的线路位置图（标明施工要求，如埋深、保护段落及措施，必须注意的施工安全地段及措施等）；地下无人站内设备安装及地面建筑的安装建筑施工图；光缆进城区的路由示意图和施工图以及进线室平面图、相关机房平面图。

（3）线路穿越各种障碍点的施工要求及具体措施。每个较复杂的障碍点应单独绘制施工图。

（4）水线敷设、岸滩工程、水线房等的施工图及施工方法说明。水线敷设位置及埋深应有河床断面测量资料为依据。

（5）通信管道、人孔、手孔、电/光缆引上管等的具体定位位置及建筑形式，孔内有关设备的安装施工图及施工要求；管道、人孔、手孔结构及建筑施工采用定型图纸，非定型设计应附结构及建筑施工图；对于有其他地下管线或障碍物的地段，应绘制剖面设计图，标明其交点位置、埋深及管线外径等。

（6）长途线路的维护区段划分、巡房设置地点及施工图（巡房建筑施工图另由建筑设计单位编发）。

（7）本地线路工程还应包括配线区划分、配线电/光缆线路路由及建筑方式、配线区设备配置地点位置设计图、杆路施工图、用户线路的割接设计和施工要求的说明。施工图应附中继、主干光缆和电缆、管道等的分布总图。

（8）枢纽工程或综合工程中有关设备安装工程进线室铁架安装图、电缆设备室平面布置图、进局电/光缆及成端电/光缆施工图。

以图 3-36 为例，绘制线路施工图的要求如下。

（1）线路图中必须有图框。

（2）线路图中必须有指北标志。

（3）如需要反映工程量，要在图纸中绘制工程量表。

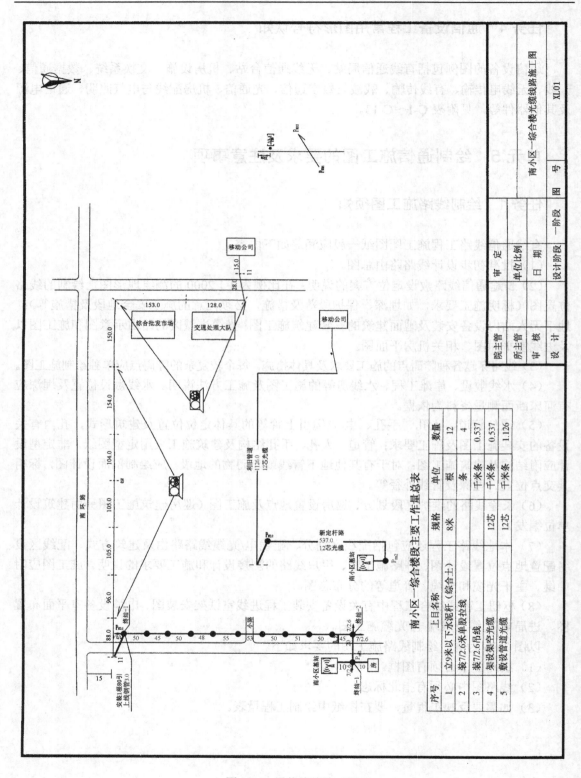

图 3-36　通信线路施工图

任务2 绘制机房平面图须知

如图 3-37 所示，绘制机房平面图的要求如下。

（1）机房平面图中内墙的厚度规定为 240mm。

（2）机房平面图中必须有出入口，例如：门。

（3）必须按图纸要求尺寸将设备画进图中。

（4）图纸中如有馈孔，勿忘将馈孔加进去。

（5）在图中主设备上加尺寸标注（图中必须有主设备尺寸以及主设备到墙的尺寸）。

（6）平面图中必须标有"××层机房"字样。

（7）平面图中必须有指北标志、图例、说明。

（8）机房平面图中必须加设备配置表。

（9）根据图纸、配置表将编号加进设备中。

（10）要在图纸外插入标准图衔，并根据要求在图衔中加注单位比例、设计阶段、日期、图名、图号等。

注：建筑平面图、平面布置图以及走线架图必须在单位比例中加入单位（mm）。

任务3 绘制设备安装施工图须知

通信设备安装工程图包括如下内容。

（1）数字程控交换工程设计。应附市话中继方式图、市话网中继系统图、相关机房平面图。

（2）微波工程设计。应附全线路由图、频率极化配置图、通路组织图、天线高度示意图、监控系统图、各种站的系统图、天线位置示意图及站间断面图。

（3）干线线路各种数字复用设备、光设备安装工程设计。应附传输系统配置图、远期及近期通路组织图、局站通信系统图。

（4）移动通信工程设计：

① 移动交换局设备安装工程设计。应附全网网路示意图、本业务区网路组织图、移动交换局中继方式图、网同步图。

② 基站设备安装工程设计。应附全网网路结构示意图、本业务区通信网路系统图、基站位置分布图、基站上下行传输损耗示意方框图、机房工艺要求图、基站机房设备平面布置图、天线安装及馈线走向示意图、基站机房走线架安装示意图、天线铁塔示意图、基站控制器等设备的配线端子图、无线网络预测图纸。

（5）寻呼通信设备安装工程设计。应附网络组织图、全网网络示意图、中继方式图、天线铁塔位置示意图。

（6）供热、空调、通风设计。应附供热、集中空调、通风系统图及平面图。

（7）电气设计及防雷接地系统设计。应附高、低压供电系统图、变配电室设备平面布置图。

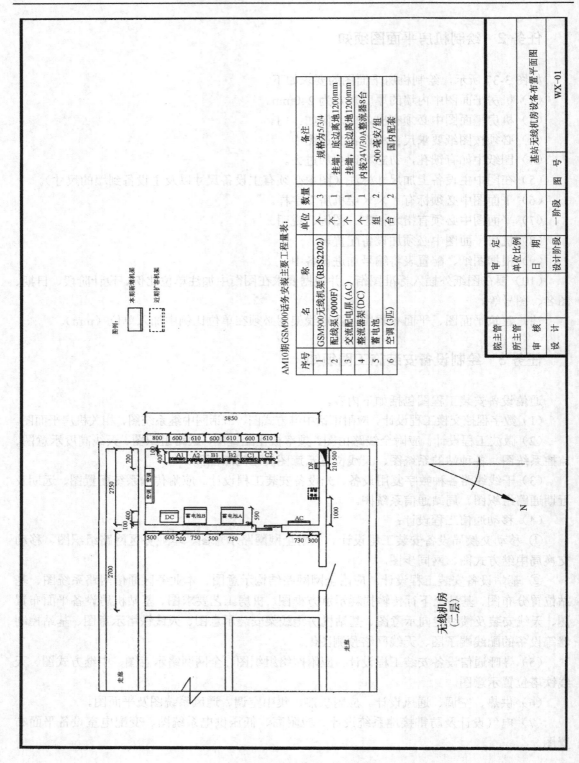

图 3-37　基站机房平面图

图 3-38 是一电缆分支箱的安装图。

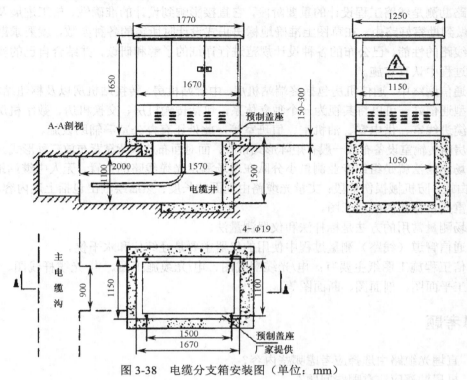

图 3-38　电缆分支箱安装图（单位：mm）

任务 4　了解图纸中可能出现的问题

通信建设工程设计中一般包括以下几大部分：设计说明、概预算说明及表格、附表、图纸。当完成一项工程设计时，在绘制工程图方面，根据以往的经验，常会出现以下问题。

（1）图纸说明中序号排列错误。

（2）图纸说明中缺标点符号。

（3）图纸中尺寸标注字体不一致或标注太小。

（4）图纸中缺少指北标志。

（5）平面图或设备走线图在图衔中缺少单位。

（6）图衔中图号与整个工程编号不一致。

（7）初设计时前后图纸编号顺序有问题。

（8）初设计时图衔中图名与目录不一致。

（9）初设计时图纸中内容颜色有深浅之分。

项目小结

勘察是工程设计工作的重要环节，勘察测量后所得到的资料是设计的基础。通过现场实地勘测，获取工程设计所需要的各种业务、技术和经济方面的有关资料，并在全面调查研究的基础上，结合初步拟定的工程设计方案，联合有关专业和单位，认真进行分析、研究、讨论，为确定具体设计方案提供准确和必要的依据。

线路勘测是线路工程设计的重要阶段，它直接影响到设计的准确性、施工进展及工程质量。要做到勘察好路由，在草图上准确地标出正式设计时所需的各种参数，就要求勘察人员对传输线路的性能、已公布的各种设计规范进行详细的了解和研读，并结合自己的实际经验在勘察过程中认真实施。

在通信网络中，通信机房包括终端站机房、中继站机房、转接站机房以及枢纽站机房等。对于大型通信站，可以将其视为一个独立体系，包括传输机房、交换机房、数字机房、监控室、光缆进线室、供电室、油机室、值班室等，此外还有办公室等辅助设施。

机房内传输室设备布放一般有矩阵形式布放、面对面布放和背靠背布放三种形式。

现场测绘法就是组织专业测量小分队在现场测定光缆线路的位置，无人中继站地点，防雷、防白蚁、防机械损伤地段；丈量光缆路由地面的长度；然后绘制出包括上述内容和地形、地物、重要目标在内的施工图。

现场测量常用的方法是标杆法和仪器测量法。

在通信管道（线路）测量过程中使用的仪器主要是经纬仪和水平仪。

通信工程施工图纸主要有：电/光缆配线图、电/光缆施工图、电/光缆杆线图、管道电/光缆施工平面图、剖面图、断面图等。

思考题

1. 直埋光缆路由选择应考虑哪些内容？
2. 机房勘察应注意哪些问题？
3. 怎样进行直线测量？
4. 河谷宽度是如何测量的？
5. 高程测量中有哪些概念？
6. 绘制机房平面图时应注意哪些要素？

项目实训

1. 测绘一份你所在学校及周边的地形分布图。
2. 拟定你所在学校的校园光网络路由选择方案。
3. 用 AutoCAD 软件绘制如题图 3-1 和题表 3-1 所示的室内设备平面图（单位：mm）。

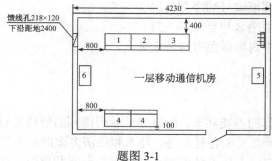

题图 3-1

题表 3-1   单位：mm

序号	设 备 名 称	规格（宽×厚×高）	序号	设 备 名 称	规格（宽×厚×高）
1	交流配电屏	600×430×2000	4	BTS 设备	600×400×1630
2	开关电源	600×600×2000	5	空调	540×70×1750
3	电池组（通用型）	1270×360×450	6	传输设备	600×600×2000

4. 绘制无线基站机房走线架安装平面图（见题图 3-2，单位：mm）。

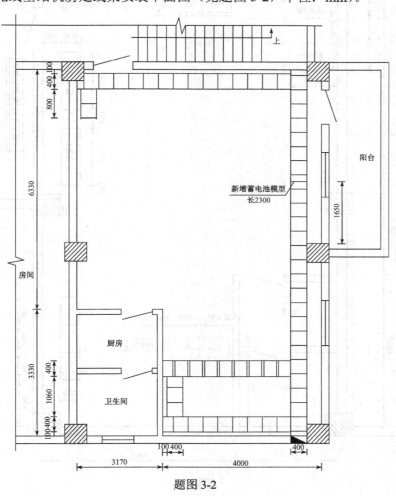

题图 3-2

5. 绘制无线基站机房设备布置平面图（见题图 3-3，单位：mm）。

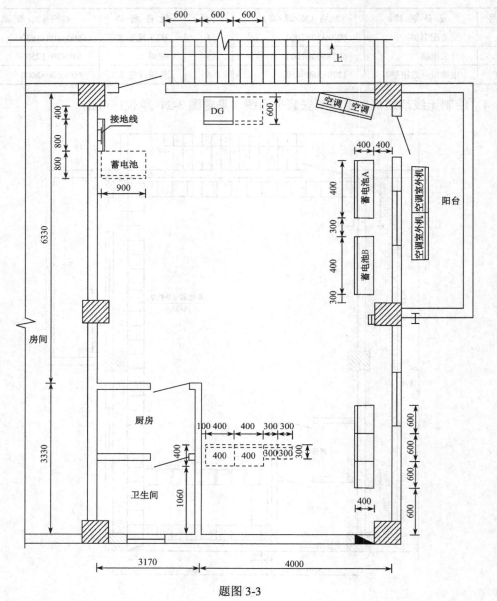

题图 3-3

6. 绘制无线基站天线馈线安装示意图（见题图 3-4，单位 mm）。

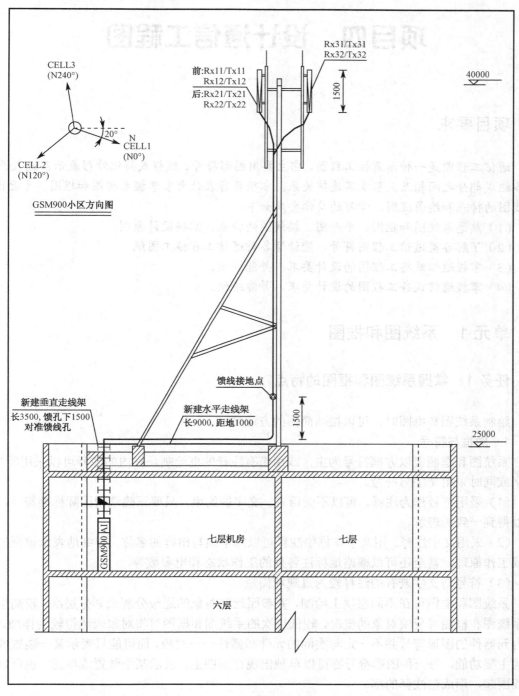

题图 3-4

项目四 设计通信工程图

项目要求

通信工程图是一种示意性工程图，它主要用图形符号、线框或简化外形表示系统或设备中各组成部分之间相互关系及其连接关系。本项目旨在让大家掌握系统图和框图、平面图、接线图的特点和绘图规则，学习的具体要求如下。

（1）熟悉系统图和框图、平面图、接线图的特点，掌握设计原则。

（2）了解各类通信工程图符号，能读懂各种通信工程施工图纸。

（3）掌握通信线路工程图的设计要求，并能绘制。

（4）掌握通信设备工程图的设计要求，并能绘制。

单元 1 系统图和框图

任务 1 掌握系统图和框图的特点

绘制系统图和框图时，可以按画简图的方法完成。

1. 图框与符号

系统图和框图应以方框符号为主，或用带有注释的框绘制。框内的注释可以采用符号、文字或同时采用文字与符号。

（1）采用符号作为注释。可以不受语言、文字的约束，只要正确选用国际标准符号，就可以得到一致的理解。

（2）采用文字注释。用文字在框中注释可以简单地写出框的名称，详细地表示该框的功能或工作原理，甚至还可以概略地标注各处的工作状态和电参数等。

（3）符号与文字兼有的注释较为直观和简短。

系统图和框图可在不同层次上绘制，并参照绘制对象的逐级分解来划分层次。较高层次的系统图和框图可反映对象的概况，较低层次的系统图和框图可将对象表达得较为详细。框图内元器件的图形符号并不一定与实际的元件和器件一一对应，而可能只表示某一装置或单元的主要功能。每一种图形符号都可以单独出现在框图上，表示某个装置或单元，也可以用框线围起，形成带注释的框。

2. 图形符号

图形符号应从 GB 4728 标准的"电气图用图形符号"中选用。如采用上述标准中未规定的图形符号，则必须加以说明，当图标中给出几种形式供选择时，在满足需要条件下，优先选用最简单形式。

3．布局

简图的绘制应做到布局合理、排列均匀，能清晰地表示传输线路中装置、设备和系统的构成及组成部分的相互关系。

（1）一般传输线路或设备应按功能布置，并按工作顺序从左至右、从上到下排列，输入在左，输出在右。否则，应在连接线上加开口箭头指明信号流向，开口箭头不应与其他任何符号（如限定符号）相邻。

（2）图面上表示导线、信号通路及连接线等的图线应是交叉和折弯最小的直线，可以水平布置，也可以垂直布置，如需对称布局时还可采用斜交叉线。

4．信息流向

系统图或框图的布局应清晰、明了，易于识别信号的流向。信息流向一般按自左至右、自上而下的顺序排列，对于流向相反的信号应在线条上绘制箭头表示清楚，以便识别。

5．连接线

系统图或框图中的连接线应遵循图线的绘制规定绘制。

6．标注

当用图形符号无法表达信息和技术要求时，在绘制中应加注项目代号、端子代号、注释和标记等来说明或表示。对于符号或元器件在图上的位置可采用图幅分区法确定。

（1）项目代号和端子代号。项目代号是用以识别图、表格和设备上的项目种类，并提供项目层次关系、实际位置等信息的一种特定代码。项目代号和端子代号在简图中标注时应遵守以下原则：

① 对用于现场连接、试验或故障查找的连接元器件的每一个连接点都应给一个代号，如端子、插座等。

② 端子代号应在其图形符号的轮廓线外面标注，如电阻器、继电器等。

③ 有关元器件的功能和注释（如关联符号等）应标注在符号轮廓线内的空隙中。

（2）注释和标志。当含义不便用图示方法表示时，可采用注释。图中的注释可视情况放在它所需要说明的对象附近或加注标记，并将加标记的注释放在图的其他部位。如图中注释多，应放在图纸的边框附近，一般习惯放在标题栏的上方。如为多张图纸，则综合性的注释可视具体情况标注在适当位置，而所有其他注释应注在与它们有关的张次上。

在控制面板上标有的特殊功能标志，也应在有关图纸的图形符号旁有所体现。

7．电源的表示法

电源的表示应遵循以下原则。

（1）可用图形符号表示。

（2）可用线条表示或用+、−、L1、L2、L3、N等符号表示。

（3）多相电源电路中按顺序从上到下，从左到右排列。

（4）中性线应绘在相线的下方或右方。

任务2　绘制系统图和框图

绘制系统图和框图的第一步是构图，我们必须全盘认识所要绘制的传输线路与设备之间的关系，设备摆放在哪里要心中有数。没有经验的设计者往往忽略这一步，这么做有时会给自己造成意想不到的困难！

1. 绘制如图 4-1 所示的分散供电系统图

第一步：确定图幅大小，设置绘图环境。

第二步：进行图样布局。按图 4-1 所示安排各设备单元。

第三步：添加连接线。

第四步：添加文字。

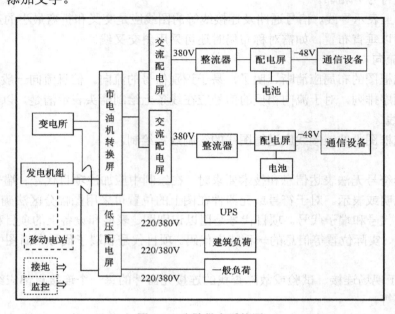

图 4-1 分散供电系统图

2. 根据图 4-2 绘制基站天馈线系统图

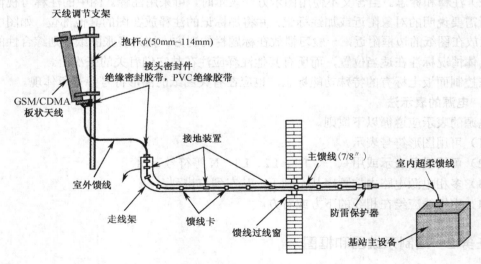

图 4-2 基站天馈线系统图

单元 2　平面图

任务 1　掌握平面图的特点和表示方法

通信工程的设施设备主要有局（站）机房、电力系统、传输线路、通信设备（包括天馈线以及防雷、接地装置）等。表示这些设施设备（装置）的平面布置、安装接线等需要有多种类型的图样，如系统图、框图、接线图、接线表、电路图等，还有一种重要的工程图，那就是安装平面图。用图形符号绘制来表示一个区域或一个建筑物中的电气装置、设备、线路等的安装位置、连接关系及其安装方法的简图，称为安装平面图，简称平面图。

通信设施设备和线路的平面布置在图上的表示方法通常有两种：一种是完全按实物的形状和位置，用正投影法绘制的图；另一种是不考虑实物的形状，只考虑实物的位置，按图形符号的布局对应于实物的实际位置的表示方法而绘制的简图。平面图就是这种简图。

通信工程平面图是一类应用最广泛的工程图。按功能来划分，通信工程安装平面图有以下几种。

（1）交换局（站）机房设备布局平面图。

（2）局（站）电源设备平面图。

（3）基站机房设备布局平面图（包括天馈线等）。

（4）传输线路布局平面图，如光缆、电缆线路（管道）和架空线路的平面图。

（5）局（站）机房建筑平面图。

（6）防雷与接地平面图。

安装平面图的主要用途如下。

（1）提供安装的依据，例如设备的安装位置、安装接线、安装方法，还提供设备的编号、容量及有关型号等。

（2）在运行、维护管理中，安装图是必不可少的技术文件。

安装平面图与接线图一样，都是表明某种安装方式的图，但接线图所表示的主要是设备端子间的接线，安装平面图则主要表示设备的位置，其间的连接线一般只表示设备间的连线，不具体指明端子间的连接。在表示连接关系时，接线图可以采用连续线、中断线、单线、多线等表达形式，但在安装平面图中，只采用连续线且一般用单线表示。

确切地讲，安装平面图属于位置图。位置图是一类专门图种。在新标准 GB 8988《电气制图》中尚未就位置图的有关方面做出规定，但在 GB 4728.11-1985《电气图用图形符号　电力、照明和电信布置》中规定了位置图用的图形符号，主要由以下几部分组成。

（1）发电站和变电所，包括一般符号、各种发电站和变电所的符号。

（2）电信局（站）和机房设施。

（3）网络，包括线路、配线、电杆及附属设备等。

（4）音响和电视图像的分配系统，包括前端、放大器、分配器和方向耦合器、分支器和系统出线端、均衡器和衰减器、线路电源器件。

（5）配电、控制和用电设备，包括配电箱（屏）、控制台、启动和控制设备、用电设备。

（6）插座、开关和照明，包括插座和开关、照明灯、照明引出线和附件。

（7）报警设备，包括报警器等。

这些图形符号主要用来表示电力、照明和电信设备、线路设施的平面布置图或规划图样。当这些设备或设施按其实际形状投影绘制时，不得采用这些图形符号。

在改建电信工程的平面图上，为了分清新设的和原有的设备及线路，可采用图形符号画线粗细、虚实不同的方式来表示：粗线条表示新设的，细线条表示原有的，虚线表示预留的。需要表示拆除的设备及线路用"×"表示。

在安装平面图上，设备和线路通常不标注项目代号，但一般需要标注设备的编号、型号、规格、安装和敷设方式等。电力设备和线路的标注方法及其新旧标准对照见附表 D-1。电信设备和线路的标注方式也可参照此表处理。

有些设备，为了区别其功能和特征，也可在符号旁增注字母。

由于安装平面图是在建筑区域或建筑物平面图的基础上绘制出来的。因此，图上位置、图线等都应与建筑平面图协调一致。

1. 图上位置的表示方法

电气设备和线路的图形符号在图上的位置可根据建筑图的位置确定方法分别采用以下表示方法。

（1）采用定位轴线表示。利用建筑平面图上所画的承重墙、柱等位置上所标的定位轴线确定符号在图上的位置。

（2）采用尺寸表示。在图上标注尺寸数字以确定符号在图上的位置。

（3）采用坐标表示。在较大区域的平面图上可采用坐标网格定位。坐标网分测量坐标网和施工坐标网两种。测量坐标网应画成交叉十字线，坐标代号用"x""y"表示；施工坐标网应画成网格通线，坐标代号用"A""B"表示。如图 4-3 所示，图中 X 为南北方向轴线，Y 为东西方向轴线；A 轴相当于 X 轴，B 轴相当于 Y 轴。图上位置用（X、Y）或（A、B）表示（注：上述字母应使用斜体的，为与实际图表保持一致，均使用正体表示）。

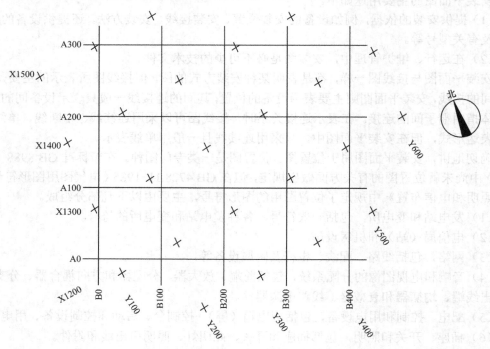

图 4-3　建筑平面图坐标网格

（4）采用标高表示。对于需要在同一图上表示不同层次（如楼层）平面上的符号位置，可采用标高定位。

2．图线

在建筑电气安装平面图上存在建筑平面图图线和电气平面图图线两种图线。为了不致混淆同时突出电气布置，通常，电气图线应比建筑图线的宽度大1～2个等级，如建筑图线用细实线，电气图线用较粗的实线。

3．建筑构件等的表示方法

为了更清晰地表示电气平面布置，在建筑电气安装平面图上往往需要画出某些建筑构件、构筑物、地形地貌等的图形和位置，如墙体及材料、门窗、楼梯、房间布置、必要的采暖通风和给排水管线、建筑物轴线及道路、河流、桥涵、水域、森林、山脉等。但这些图形的图线不得与电气图线相混淆。

任务2　了解电力和照明平面图

与通信设施配套的供电、用电工程称为通信电气工程，它包括外线工程、变配电工程、室内配线工程、电力工程、照明工程、防雷工程、接地工程、发电工程和弱电工程（消防报警、监控等）。

电气工程图是用来表示建筑物内电力、照明设备和线路平面布置并提供安装技术数据及使用维护依据的图纸。在电气工程图中，装置或设备中的各部件都不按比例绘制其外形尺寸，而是采用图形符号表示，并用文字符号、安装代号来说明电气装置、设备和线路的安装位置、相互关系和敷设方法等。因此，必须熟悉并掌握这些图形符号、文字符号、安装代号的使用方法。

电力和照明平面图主要表示电力和照明线路、设备，如电机、照明灯具、室内固定用电器具、插座、配电箱、控制开关的安装位置和接线等。

1．电力和照明线路的表示方法

电力和照明线路在平面图上采用图线和文字符号相结合的方法表示出线路的走向，导线的型号、规格、根数、长度，线路配线方式，线路用途等。线路的敷设方式分为明敷和暗敷两大类，具体的线路敷设方式和部位代号见表4-1。

表4-1　线路配线方式的标注符号

类　别	代号	说　明	类　别	代号	说　明
基本符号	M	明配		SM	沿钢索配线
	A	暗配		LM	沿梁或屋架下弦明配
具体符号	CP	瓷瓶或瓷珠配线	线路明配部位的符号	ZM	沿柱明配
	CJ	瓷夹配线		QM	沿墙明配
	VJ	塑料线夹配线		PM	沿天棚明配
	CB	槽板配线		PNM	在能进入的吊顶棚内明配
	XC	塑料线槽配线		DM	沿地板明配
	G	钢管配线	线路暗配部位的代号	LA	在梁内暗配或沿梁暗配
	DG	电线管（薄壁钢管）配线		ZA	在柱内暗配或沿柱暗配

续表

类　别	代号	说　明	类　别	代号	说　明
具体符号	VG	硬塑料管配线	线路暗配部位的代号	QA	在墙体内暗配
	RVG	软塑料管配线		PA	在顶棚或屋面内暗配
	SPG	蛇铁皮管配线		DA	在地面下或地板下暗配
	QD	卡钉（钢筋扎头）配线		PNA	在不能进入的吊顶棚内暗配
线路功能的符号	PG	配电干线		JM	架空
	LG	电力干线		QJ	桥架
	MG	照明干线		RG	软管
	PFG	配电分干线			
	LFG	电力分干线			
	MFG	照明分干线			
	KZ	控制线			

目前，这些文字符号基本上是按汉语拼音字母组合的，但将逐步改用英文首字母标注。

电气照明线路的编号，导线的型号、规格、根数、敷设方式、管径、敷设部位等可以在图线旁边直接标注安装代号。线路标注的一般格式如下：

$$a\text{--}d\text{--}(e{\times}f)\text{--}g\text{--}h$$

其中：a 为线路编号或功能的符号；d 为导线型号；e 为导线根数；f 为导线截面积（mm^2），不同截面积要分别标注；g 为导线敷设方式的符号；h 为导线敷设部位的符号。

图 4-4 是说明电力和照明线路在平面图上的表示方法的示例。线路各符号含义如下：

1MFG-BLV-3×6+1×2.5-CP-QM

含义：第 1 号照明分干线（1MFG）；导线型号是铝芯塑料绝缘线（BLV）；共有 4 根导线，其中 3 根截面积为 6mm^2，另一根中性线截面积为 2.5mm^2；配线方式为瓷瓶配线（CP）；

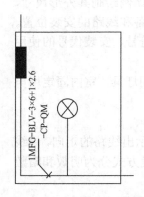
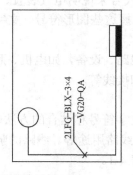

图 4-4　线路表示方法示例

敷设部位为沿墙明敷（QM）。

2LFG-BLX-3×4-VG20-QA

含义：2 号动力分干线（2LFG）；铝芯橡胶绝缘线（BLX）；3 根导线，其截面积均为 4mm^2，穿直径（外径）为 20mm 的硬塑料管（VG20）；沿墙暗敷（QA）。

2. 照明器具的表示方法

照明器具采用图形符号和文字标注相结合的方法表示。文字标注的内容通常包括电/光源种类、灯具类型、安装方式、灯具数量、额定功率等。

（1）表示电/光源种类的代号，见表 4-2。

表 4-2 电/光源种类的代号

类 型	英 文 代 号	拼 音 代 号	类 型	英 文 代 号	拼 音 代 号
白炽灯	IN	B	氖灯	Ne	
荧光灯	FL	Y	弧光灯	ARC	
碘钨灯	I	L	红外线灯	IR	
汞灯	Hg	G	紫外线灯	UV	
钠灯	Na	N	发光二极管	LED	
氙灯	Xe		电发光灯	EL	

（2）表示灯具类型的符号。常用灯具类型的符号见表 4-3。

表 4-3 常用灯具类型的符号

灯 具 名 称	符 号	灯 具 名 称	符 号
普通吊灯	P	工厂灯	G
壁灯	B	荧光灯	Y
花灯	H	防水防尘灯	F
吸顶灯	D	搪瓷伞罩灯	S
柱灯	Z	水晶底罩灯	J
卤钨探照灯	L	无磨砂玻璃罩灯	W
投光灯	T		

（3）表示灯具安装方式的符号。灯具安装方式的说明如图 4-5 所示，安装方式的符号见表 4-4。

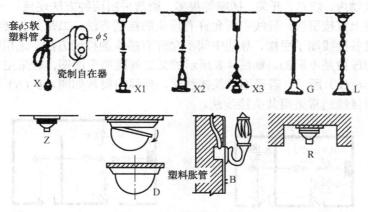

图 4-5 灯具安装方式说明

表 4-4 安装方式的符号

安 装 方 式	拼 音 代 号	英 文 代 号	安 装 方 式	拼 音 代 号	英 文 代 号
自在型线吊式	X	CP	弯式	W	
固定线吊式	X1		台上安装式	T	
防水线吊式	X2		吸顶嵌入式	DR	CR
人字线吊式	X3		墙壁嵌入式	BR	WR
链吊式	L	CH	支架安装式	J	

安 装 方 式	拼 音 代 号	英 文 代 号	安 装 方 式	拼 音 代 号	英 文 代 号
管吊式	G	P	柱上安装式	Z	
壁装式	B	W	座装式	ZH	
吸顶式	D	C			

（4）灯具标注的一般格式，灯具标注的一般格式如下。

$$a-b\frac{c\times d}{e}f$$

其中：a 为某场所同类型照明器的个数；b 为灯具类型代号；c 为照明器内安装灯泡或灯管的数量；d 为每个灯泡或灯管的功率（W）；e 为照明器底部至地面或楼面的安装高度（m）；f 为安装方式代号。

例如：

$$6-S\frac{1\times 100}{2.5}L$$

表示该场所安装 6 盏这种类型的灯，灯具的类型是搪瓷伞罩（铁盘罩）灯（S），每个灯具内装一个 100W 的白炽灯；安装高度为 2.5m；采用链吊式（L）方法安装。

又如：

$$4-YG\frac{2\times 40}{-}$$

表示 4 盏简式荧光灯（YG）；双管 2×40W；吸顶安装，安装高度不表示，即用符号"−"表示。

3. 电气照明平面图

1）照明接线的表示方法

在一个建筑物内，灯具、开关、插座等很多，通常采用两种方法连接：一是直接接线法，即各设备从线路上直接引接，导线中间允许有接头的接线方法，二是共头接线法，即导线的连接只能通过设备接线端子引接，导线中间不允许有接头的接线方法。采用不同的方法，在平面图上导线的根数是不同的。如图 4-6 所示的某房间照明平面图，若采用直接接线法，其导线根数如图 4-6（a）所示，若采用共头接线法，导线的根数如图 4-6（b）所示。从工作可靠性出发，照明接线通常采用共头接线法。

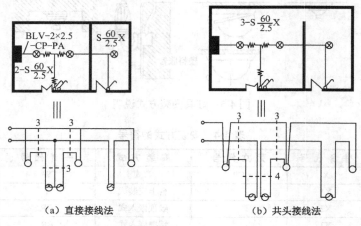

（a）直接接线法　　　　（b）共头接线法

图 4-6　照明接线表示方法示例

在电气照明中，常用到用两只双联开关控制一盏灯和用一只三联开关、两只双联开关在三处控制一盏灯的接线图。其表示方法如图 4-7 和图 4-8 所示。

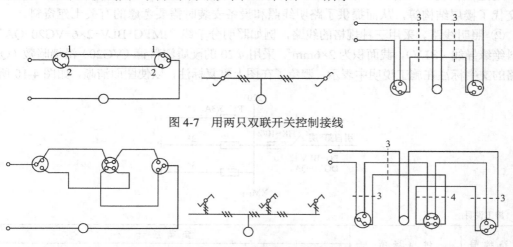

图 4-7　用两只双联开关控制接线

图 4-8　用一只三联开关和两只双联开关控制接线

2）照明示例图说明

图 4-9 是某建筑物中第 6 层的电气照明平面图。图 4-10 是其供电系统图及施工说明。

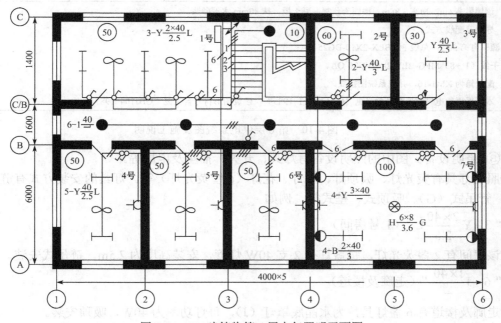

图 4-9　××建筑物第 6 层电气照明平面图

从系统图可知，该楼层电源引自第 5 层，单相 220V，经照明配电箱 XM_{1-16}，分成三路分干线，送至各场所。

照明平面图（图 4-9）的特点如下。

① 建筑平面概况。为了确切地表示线路和灯具的布置，图中用细实线简略地绘制出了

建筑物墙体、门窗、楼梯、承重梁柱的平面结构。

用定位轴线 1～6 和 A、B、B/C、C 以及尺寸线表示了各部分的尺寸关系。在施工说明中交代了楼层结构等，从而提供了路明线照和设备安装时需要考虑的有关土建资料。

② 照明线路。采用三种规格的线路，例如照明分干线"1MFG-BLV-2×6-VG20-QA"为塑料绝缘导线（BLV），截面积为 $2×6mm^2$，采用 $\phi20$ 的硬质塑料管（VG20）沿墙暗敷（QA）。线路的文字标注在施工说明中表示，避免了在图上重复标注，以使图面清晰，如图 4-10 所示。

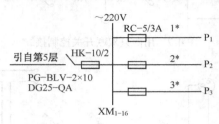

施工说明：

线 路 编 号	供 电 场 所	负 荷 统 计			
		灯具（个）	电扇（个）	插座（个）	计算负荷（kW）
1*	1 号房间，走廊，楼道	9	2		0.41
2*	4、5、6 号房间	6	0	3	0.42
3*	2，3，7 号房间	12	1	2	0.47

1. 该层层高 4m，净高 3.88m，楼面为预制混凝土板，抹 80mm 水泥砂浆。

2. 导线及配线方式：

电源引自第 5 层，总线 PG-BLX-2X10-DG25-QA；

分干线（1～8）MFG-BLV-2×6-VG20-QA。

3. 配电箱为 XM1-16，并按系统图接线。

4. 本图采用的电气图形符号含义见"GB4728.11-1985"，建筑图形符号含义见"GBJ104-1987"。

图 4-10 第 6 层供电系统图及施工说明

③ 照明设备。图中的照明设备有灯具、开关、插座及电扇等。

照明灯具有荧光灯、吸顶灯、壁灯、花灯（6 管荧光灯）等。灯具的安装方式有链吊式（L）、管吊式（G）、吸顶式、壁式等，例如

"$3-Y\dfrac{2×40}{2.5}L$"（1 号房间）

表示该房间有 2 盏荧光灯，每盏灯有 2 支 40W 灯管，安装高度为 2.5m，链吊式安装。

"$6-J\dfrac{1×40}{-}$"（走廊及楼道）

表示走廊及楼道有 6 盏灯具，为水晶底罩灯（J），每灯功率为 40W，吸顶安装。

"$4-B\dfrac{2×40}{3}$"（7 号房间）

表示这一房间有 4 盏壁灯，每灯装 40W 白炽灯 2 个，安装高度为 3m。

④ 照度。各照明场所的照度图上均已表示，例如，1 号房间照度为 50 lx，走廊及楼道照度为 10 lx。

⑤图上位置。由定位轴线和标注的有关尺寸数字可直接确定设备、线路管线安装位置，并可计算出线管长度。例如，配电箱的位置在定位轴线"C""3"交点附近。

4．电力平面图

用来表示电动机等类动力设备、配电箱的安装位置和供电线路敷设路径、方法的平面图称为电力平面图。电力平面图与照明平面图类似，但由于在一个区间内，电力设备台数比照明设备个数少，因此电力平面图比照明平面图简单。图 4-11 是某车间的电力平面图（尺寸单位：mm）。

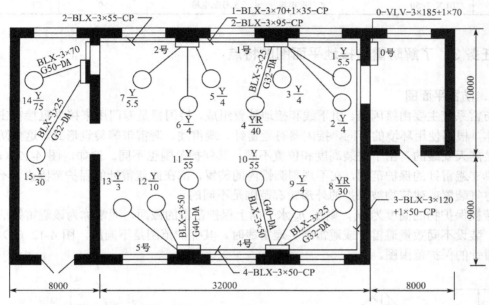

说明：1．进线电缆引自室外 380V 架空线路第 42 号杆；

2．各电动机配线除注明者外，其余均为 BLX-3×2.5-G15-DA。

图 4-11 ××车间电力平面图

这一电力平面图是在建筑平面图基础上绘制出来的。该建筑物（车间）主要由三个隔间组成，建筑物采用尺寸数值定位。这一电力平面图主要表示了以下内容。

（1）线缆配置情况：如线缆的布置、走向、型号、规格、长度、敷设方式等。例如，由总电力配电箱（0 号）至 4 号配电箱的线缆，图中标注为：BLX-3×120+1×50-CP，表示导线型号为 BLX，截面积为 3×120+1×50（mm²），沿墙瓷瓶敷设（CP），其长度约 40m。又如，由 5 号配电箱至 11 号电动机的线缆，图中标注为 BLX-3×50-G40-DA，表示导线型号为 BLX，截面积为 3×60（mm²），穿入 ϕ40 的钢管（G40），地中暗敷（DA）。

总电力配电箱至各车间电力配电箱的线缆配置见表 4-5。

（2）电力设备配置情况：图中表示了电机位置、型号、容量等。例如，3 号电机标注符号 $3\dfrac{Y}{4}$ 含义是：Y—型号，3—编号，4—容量（kW）。

表 4-5　××车间电力线缆配置表

线缆号	线缆型号及规格	连 接 点		长度（m）	附　注
		I	II		
0	VLV-3×185+1×70	42 号杆	0 号配电柜	150	电缆沟敷设
1	BLX-3×70+1×35	0 号配电柜	1、2 号配电箱	18	CP
2	BLX-3×95	0 号配电柜	3 号配电箱	35	CP
3	BLX-3×120+1×50	0 号配电柜	4 号配电箱	40	CP
4	BLX-3×50	4 号配电箱	5 号配电箱	50	CP

任务 3　了解防雷与接地平面图的特点

1．防雷平面图

防雷系统主要由接闪器、引下线和接地装置组成，接闪器是专门用来接受直接雷击的金属导体。根据使用环境的不同，接闪器有避雷针、避雷线、避雷带等装设形式。这些防雷设备都是露天安装的，由于安装高度和位置不同，其保护范围也不同。例如，图 4-12（a）表示一单支避雷针的保护范围，在不规则圆锥内的装置，都在此避雷针的保护范围内，不同高度的电气装置或建筑物被保护的外形轮廓范围是不同的。

若被保护物的高度为 h_x，则在 h_x 水平面上保护范围的截面，通常称为该避雷针的保护范围。装设不同数量避雷针或避雷带、避雷线时，其保护范围是不同的，图 4-12（b）是两支避雷针的保护范围图。

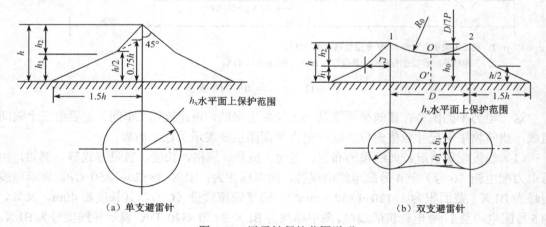

（a）单支避雷针　　　　　　　　　　（b）双支避雷针

图 4-12　避雷针保护范围说明

用图形符号绘制，表示防雷设备的安装平面位置及其保护范围的图，称为防雷平面图。图 4-13 是某变电所的防雷平面图。表 4-6 是各避雷针高度及有关数据表。

这个图的主要特点如下。

（1）在这一平面图上绘制了变电所主要构筑物和设备的平面布置及方位，画出了各避雷针的图形符号及其编号（N_1、N_2、N_3）或名称（终端杆针），并标注了各避雷针之间的相互距离尺寸，从而清楚地表示了避雷针的位置。

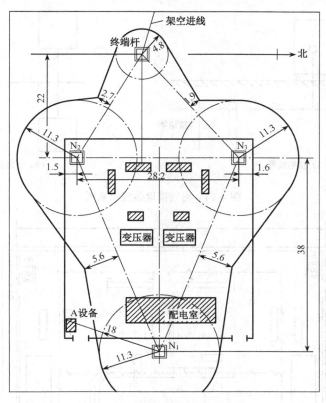

图 4-13　某变电所防雷平面图

表 4-6　避雷针编号、高度及有关数据（单位：m）

名　　称	杆　　长	导电体长度	安 装 高 度	最大防护半径
N1、N2、N3	17	10	7	11.3
终端杆针	12	5	7	4.8

（2）图中用较粗的实线画出了由各避雷针组成的避雷设备的保护范围。这也是防雷平面图所要表示的主要内容。由于这一保护范围是绘制在建筑平面图上的，故各建筑物是否在其保护范围内，使用者一看就明了。

但应附带指出的是图中的保护范围仅仅是在某高度上的平面保护范围，若被保护物的高度不同，则其受保护范围是不同的，例如图中的 A 设备，若其高度小于一定值，也可能被其防雷设备所保护，但实际情况仍应经具体计算确定。

2．电气接地平面图

电气接地装置主要由接地体和接地线组成，如图 4-14（a）所示。接地装置在平面上的表示方法如图 4-14（b）所示。

用图形符号绘制以表示电气接地装置在地面和地中的布置的简图，称为电气接地平面图。图 4-15 是某变电所各种装置电气接地平面图。这个电气接地平面图同样是在简化的建筑平面图上绘制出来的。它详细地表示了以下内容。

（1）该变电所接地系统（网）的构成。图中有 4 个接地系统，即设备接地系统，3 支避雷针的 3 个接地系统。

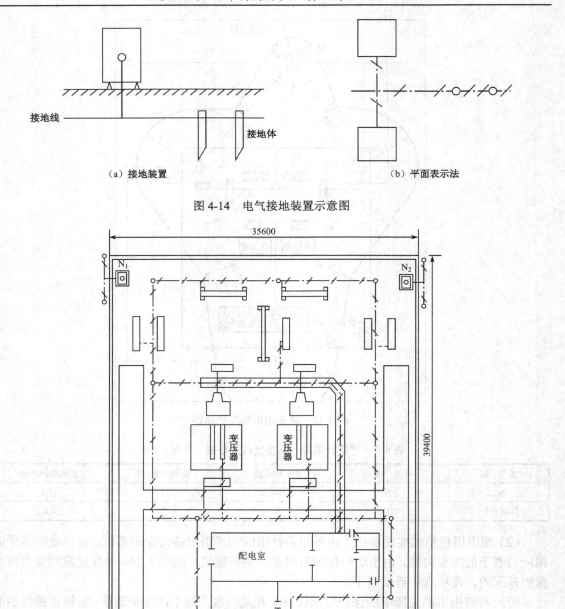

（a）接地装置　　　　　　　　　　　　　　　　（b）平面表示法

图 4-14　电气接地装置示意图

图 4-15　某变电所电气接地平面图（单位：mm）

（2）接地体和接地线在地中的布置及数量。由图可统计出接地体和接地线数量，见表 4-7。

（3）各设备的接地点，以及有哪些设备需要接地。

表 4-7 接地装置数量统计

序　号	名　称	规　格	数　量
1	接地体	镀锌钢管 ϕ50×3.5×2500	4 根
2	接地干线	镀锌扁钢-40×4	40m
3	接地支线	镀锌扁钢-25×4	220m

注：表中的规格是设定的。

任务 4　熟悉管道施工平面图的内容

管道光缆施工图原图图幅较大，主要由主体部分和辅助部分两大部分组成。为方便分析，我们对它进行了技术处理，下面是某接入网点管道光缆施工图，如图 4-16 所示。

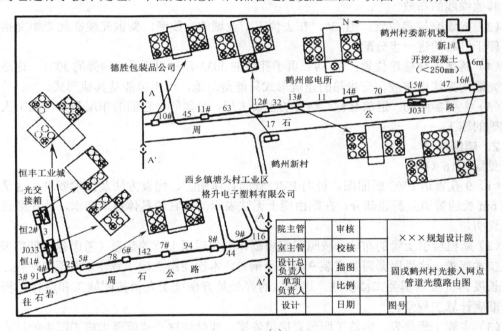

(a)

主要工程量表

施工测量	100米	N17
开挖水泥路面	100平方米	0.12
开挖土石方	100立方米	0.30
回填土方	100立方米	0.24
人孔壁开窗口	处	1
新建小号三通人孔	个	1
敷设弯管	根	9
新装引上钢管（墙壁）	根	4
人孔坑抽水（积水）	个	10
墙壁穿孔	个	1
楼层穿孔	个	1
敷设PVC管道（9孔管）	100米	0.06
敷设塑料子管（5孔管）	100米	0.14

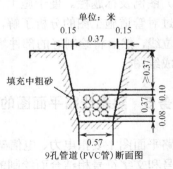

(b)

图 4-16　管道光缆施工图

1．主体部分

如图 4-16（a）所示为主体部分，这部分往往受地理环境影响，较为复杂，应依据原有管道条件、建设地段的地理环境，通过到现场的仔细查看来确定。

（1）人/手孔位置、类型、编号及间距。图中在周石公路与往恒丰工业城去的分支处、鹤州邮电所旁均设有三通型人孔，分别为 4#，12#；鹤州村委新机楼旁设有局前人孔新 1#，其余的均为普通的直通型人孔，编号为 6#，7#，8#，9#，10#，11#；为降低成本，在光缆交接箱、电缆交接箱 J033 等处设有两页手孔，分别是恒 2#，恒 1#，13#，14#及 17#等，并在交接箱 J031 处设有三页手孔 15#；人手孔间的数字表示它们之间的隔距（单位为 m）。

（2）新铺光缆在各人孔、手孔中的具体穿放位置及原有管孔占用情况。图中新铺光缆占用管孔用黑色实心圆圈表示，已占用管孔用圆圈中加"×"表示。粗线条表示新铺光缆路由及新建建筑；16#人孔至新 1#人孔间新铺 PVC 管（9 孔）及 5 孔子管，用于此次敷设光缆及今后其他缆线的布放。

（3）光缆交接箱位置：恒 2#，在去恒丰工业城的支线旁。新敷光缆在此光缆交接箱成端，便于纤芯的进一步分配。

（4）落地式交接箱位置：恒 1#二页手孔旁的 J033 及三页手孔 15#旁的 J031。这是因为此次光缆均为管道布放，交接箱的建筑形式只能是落地，而不可能是其他形式。

（5）主要参照物。道路名称、路旁的主要工厂、公司等，它们的作用是方便施工人员进行准确的施工。

2．辅助部分

见图 4-16（b）。

（1）9 孔管道 PVC 断面图。说明 PVC 管的具体施工、埋设方法及技术要求；这是因为这段 6m 长的管道是新建部分，在路由图上无法表示清楚它的具体技术要求，故在旁边另外画图说明。

（2）新机楼引上管的布放。按照国家规范详细说明引上管的数量（考虑建设期需要）及安装技术要求，这里根据需要安装 9 根引上钢管，本次使用 5 根，另外 4 根预留封存。引上管的长度为机楼墙基至二楼楼顶。这样做的好处是方便施工人员按图施工和进行工程概预算，准确计算工程量。

（3）主要工程量表。为施工图预算提供依据，要做到这一点就要求施工图中的技术说明（或标注）一定要详细全面，因为预算是付款的依据。主要工程量的计算方法请参考相关书籍。

（4）图例及标题栏。便于施工人员看图及了解工程项目名称。

通过对管道施工图的分析了解，可以总结出绘制思路：先将管道施工图中的几条公路线作为定位线，然后将绘制好的部件填入到图中，并调整它们的位置，最后添加注释文字及标注，完成绘图。

任务 5　熟悉线路平面图的基本内容

线路平面图主要指电力、电信架空线路和电缆线路在某一区域的平面布置图，也是采用图形符号和文字符号相结合而绘制的一种简图。线路平面图通常有两种形式：一种是单纯的平面图，另一种是与断面图相结合的平断面图。

1. 线路平面图

图 4-17 是某建筑工程外电总平面图，主要表示 10kV 电源进线经配电变电所降压后，采用架空线路分别送 1～6 号建筑物的情况，其主要内容如下。

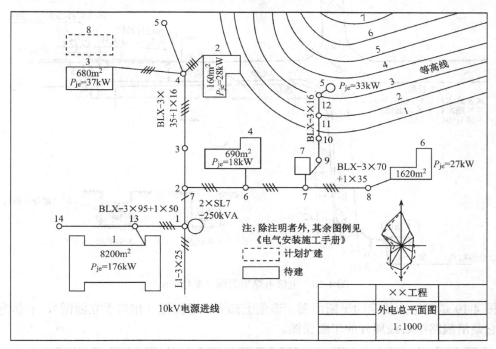

图 4-17　电力线路平面图示例

（1）配电变电所的类型，图中为柱上式，装有 2×SL7-250kVA 的变压器。

（2）架空线路电杆的编号和位置。

（3）导线的型号、截面积和每回路根数。

这个平面图具有以下特点。

（1）为了清楚地表示线路去向，图中绘制出各用电单位的建筑平面外形、建筑面积和用电负荷（计算负荷 P_{je}）大小。

（2）简要绘制了供电区域的地形，如用等高线表示了地面高程，为线路安装提供了环境条件。

（3）图中用风向频率标记（风玫瑰图）表示了该地区常年风向情况（常年以北风、南风为主），为线路安装和运行提供了参考依据。图中还标出了方位。

（4）线路的长度未标注尺寸，但这个图是按比例（1：1000）绘制的，可用比例尺直接从图中量出导线的长度。

图 4-18 是一电信电缆平面图，这个图与图 4-17 相比，表示得更具体一些，如标注了各种尺寸、电缆接头、电缆预留、蛇形敷设（松弛）的位置和有关尺寸，并用局部剖面图表示了电缆敷设的情况，但这个图仍然广泛地使用了图形符号，与一般俯视图不同，仍属于简图。

2. 线路的平断面图

在某些情况下，单纯的平面图往往不足以表示线路的全部情况，需要采用平面图和断面图相结合的形式来表示，这就是平断面图。

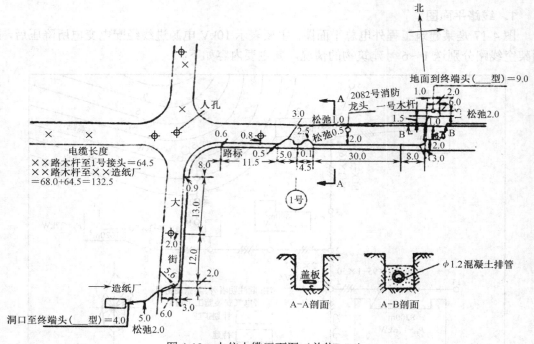

图 4-18　电信电缆平面图（单位：m）

图 4-19 是某电力线路的平断面图。该图上部为纵断面图（相当于立面图），下部为平面图。它是沿线路中心线展开的平断面图。

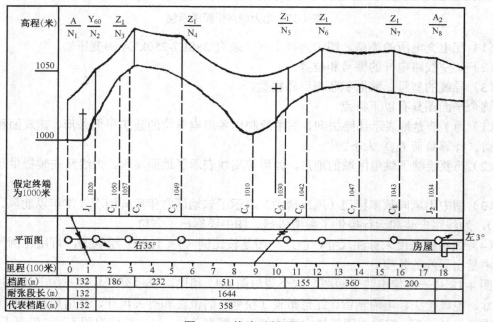

图 4-19　线路平断面图

在平面图部分同样画出了线路（导线、电杆）的布置，对于线路的走向用转角度数（如 C_2 杆标注右 35°）表示，也与一般平面图一样，标出了线路经过地区的地形、地物等。在图中下方标注了里程及有关数据。显然，这种平面、断面和数字标注三者结合的图所表示的信息量更大，更有使用价值。

与这种平断面图相配合，往往还附有线路明细表。这种表类似于接线表。表 4-8 是这种表的示例，它是图 4-19 的重要补充。

表 4-8　线路明细表

杆号	杆型	杆高（m）	档距（m）	交叉跨越	地质	底盘		拉线盘		接地电阻（Ω）	备注
						个数	埋深（m）	个数	埋深（m）		
N_1	A	15	131	10kV 线路	粘土	2	1.5	4	2	10	瓷瓶倒挂
N_2	Y60	15	189		碳岩	2	1.5	4	2	30	
N_3	Z1	15	232		碳岩	2	1.5	2	2	30	
N_4	Z1	15	511	二线电话线	碳岩	2	1.5	2	2	30	
N_5	Z1	15	155		碳岩	2	1.5	2	2	30	
N_6	Z1	15	390		粘土	2	1.5	2	2	15	
N_7	Z1	15	200		粘土	2	1.5	2	2	15	
N_8	A2	15			碳岩	2	1.5	2	2	30	

任务 6　掌握机房平面图的绘制方法

某机房强电布置平面图如图 4-20 所示，此图的绘制思路为：先绘制墙线的基本图，然后绘制门洞和窗洞，即可完成电气图需要的建筑图。在建筑图的基础上再绘制电路图，效果如图 4-20 所示。

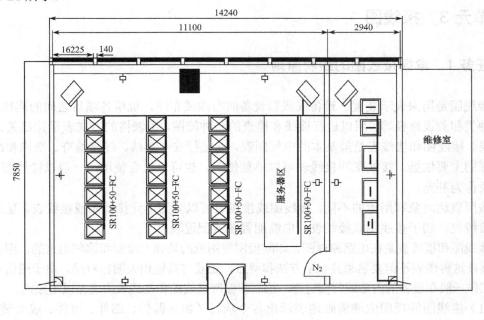

图 4-20　某机房强电布置平面图（单位：m）

1．绘制建筑图

建筑平面图是假想用一水平的剖切平面，沿着房屋的门窗洞口处将房屋剖切开，依剖切平面以下部分所绘的水平投影图简称平面图。平面图上与剖切平面相接触的墙、柱等的轮廓线用粗实线画出，断面画上材料图例（当图纸比例较小时，砖墙断面可不画出图例，钢筋混凝土柱和钢筋混凝土墙的断面涂黑表示）；门的开启扇、窗台边线用中实线画出，其余可见轮廓线和尺寸线等均用细实线画出。

建筑平面图主要反映建筑物的平面形状和大小，房间的分隔和联系（出入口、走廊、楼梯等的位置），墙和柱的位置、厚度和材料，门窗的类型和位置等情况。

在绘图之前，先设置好当前图形的绘图环境，包括设置图形界限、设置图形单位和精度、设置线型比例和字体大小等。

绘制顺序：定位轴线→绘制墙线（首先设置多线，接下来绘制墙线，然后绘制玻璃幕墙）→绘制维修室→绘制强电井和弱电井→绘制机房门 M1、M2。

2．绘制内部设备简图

绘制空调简图、机柜简图；绘制电池柜、市电配电柜和 UPS 简图。

3．绘制强电图

包括绘制市电二、三孔插座、UPS 三孔插座，绘制强电电线。

4．添加文字说明

本例阐述了建筑电气平面图的绘制方法，在绘制过程中注意寻找图线或图元的共性，利用"复制"命令或"图块"插入的方法进行快速绘制。建筑电气平面图由于图线复杂，所以在布置时要注意整齐性。

单元3　接线图

任务 1　掌握接线图的绘制原则

接线图是用来表示装置、设备或成套设备的布线或布缆，说明各项目之间的连接关系、线缆种类和敷设路径等，用以进行接线和检查的一种简图，用表格的方式表示接线关系的称接线表。接线图和接线表是最基本的电气图表，是进行安装接线、线路检查、维修和故障分析处理的主要依据。接线图和接线表可以单独使用，也可以组合使用，一般以接线图为主，接线表作为补充。

按照表达对象和用途的不同，接线图或接线表可以分为单元接线图或接线表、互连接线图或接线表、端子接线图或接线表、电缆配置图或配置表。

接线图和接线表是在电路原理图、印制板图等图纸的基础上绘制和编制出来的，因此，绘制和阅读这种图表不但要熟悉其表示方法和特点，还要与其他相关图相对照。电子通信设备的接线工作一般在设备的内部或背面进行，绘制和编制接线图和接线表应遵循以下原则。

（1）接线图的视图应能清晰地表示出各个项目（如元器件、部件、组件、成套装置等）的端子和布线情况。一般项目采用简化外形符号（正方形、长方形、圆形等）表示，简化外形符号通常用细实线绘制，如图 4-21（a）所示。在某些情况下，也可用点画线围框，

但有引接线的围框边应用细实线绘制，如图 4-21（b）
所示。

在接线图项目符号旁一般应标注项目代号，但一
般只标注种类代号段和位置代号段，图中的-K、-Q、
-X 是种类代号。

导线和电缆线用单线绘制。

（2）图上各元器件的端子必须进行编号，编号方
法是从设备背面按顺时针方向顺序进行。端子一般用
图形符号和端子代号表示。如图 4-21（a）所示，在端子符号（圆圈）旁标注的数字就是端
子代号，若详细书写这些端子代号，则为-K：1，-K：2，…。当用简化外形表示端子所在
的项目（如端子排）时，可不画端子符号，仅用端子代号表示。如图 4-21（b）所示，端子
排-X 用简化外形表示，没有画出端子符号，其端子代号为-Q-X：1，-Q-X：2，…

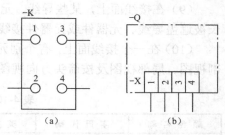

图 4-21　项目及端子的表示方法

如果需要区分允许拆卸和不允许拆卸的端子的连接，可在图中用可拆卸端子图形符号表
示或在表中附注栏内注明。

（3）接线图上的元器件、部件、组件，应按照它们在设备中的真实位置，用简化的外形
符号来表示。某些引接线比较简单的元器件，如电阻、电容、信号灯、熔断器等，也可以用
一般图形符号表示。

（4）对于复杂产品的接线图，导线的走线位置和连接关系不一定在图中全部画出，可以
采用接线表列出导线的来处去向、导线牌号、截面积（或直径）、颜色和预定长度等，见
表 4-9。

表 4-9　接线表

线号	自何处来（A 端）	接到何处（B 端）	导线规格	导线长度/cm	接端修剥长度/cm	接端修剥长度/cm
1	XT1-1	T1-S	AV0.2 棕	50	A 端：3	B 端：2
2	XT2-2	XT2-1	AV0.2 红	70	4	3
…						

（5）与接线无关的元器件一律省略，不予画出。

（6）为了便于焊接和检修，接线图
中的导线一般应加以标记，对图中每一
条导线进行编号。编号方法常用顺序法，
即按接线的先后次序进行编号，每一根
导线两端共用一个编号，分别注写在两
端接头管上，如图 4-22 所示。表示导线
的颜色用色标标记，表示颜色的标准字
母代码见表 4-10。

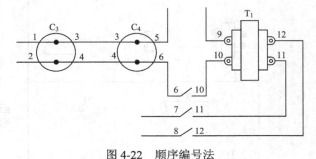

图 4-22　顺序编号法

（7）当图中采用多芯电缆时，应标出
电缆型号、芯线数量、截面积、实用芯线数和电缆编号以及每根芯线的编号、名称、来处和
去向等。

（8）在接线面背后的元器件或导线，绘制时应以虚线表示。

（9）在接线面上，某些导线、元器件或元器件的接线处被彼此遮盖时，可移动或适当延长被遮盖导线、元器件或元器件接线处，使其在图中能明显表示出来。

（10）在一个接线面上，有个别元器件的接线关系不能清楚表达时，可采用辅助视图（如剖视图、局部视图及按箭头方向视图）来说明，并在视图旁加以说明。

表 4-10　表示颜色的标准字母代码

颜 色 名 称	字 母 代 码	英 文 名 称	颜 色 名 称	字 母 代 码	英 文 名 称
黑色	BK	Black	灰色	GY	Grey
棕色	BN	Brown	白色	WH	White
红色	RD	Red	粉红色	PK	Pink
橙色	OG	Orange	金黄色	GD	Golden
黄色	YE	Yellow	青绿色	TQ	
绿色	GN	Green	银白色	SR	Silver
蓝色、浅蓝色	BU	Blue	绿-黄	GNYE	Green-Yellow
紫色	VT	Violet			

任务 2　掌握接线图的绘制方法

接线图绘制的方法有多种，应根据产品的应用场合、线路的复杂程度不同，合理选择接线图的绘制方式。接线图常用的绘制方式有直接式、基线式、干线式和表格式等。

1. 直接式接线图的绘制

直接式接线图一般用于不太复杂的电路中。人们可以直接在图上看到每一条线的来龙去脉。直接式接线图用线短、易于检查线路，所以在设计工作中经常采用。

绘制直接式接线图的步骤：

（1）按照各元器件在设备中的位置画出元器件的外形图和端点接头，如图 4-23（a）所示。

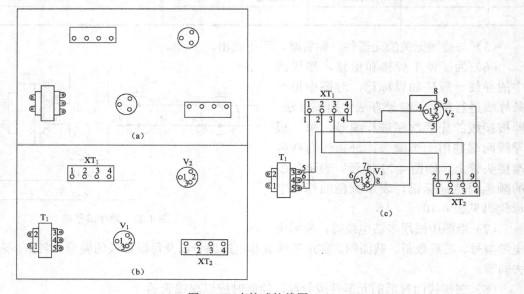

图 4-23　直接式接线图

（2）将各元器件文字符号及数字标注在外形图及接头上，如图 4-23（b）所示。

（3）根据电路原理图中各元器件间的关系进行连线。

（4）编写线号。

（5）编制接线表（参照表 4-9 格式），完成全图，如图 4-23（c）所示。

2．基线式接线图的绘制

将图上各端点引出的导线全部扎在一条称为"基线"的直线上，用这种接线方式表示的图称为基线图。基线一般用来表示多线条的画法，基线一般画在各元器件的中间。

用基线式画法绘制的图，其内部排列整齐，固定方便、牢固而且防震。但从图上不能直接看出各端点的连线关系，用线多少。

基线式接线图和直接式接线图不同的是，基线式接线图先在图中央适当位置画一条水平"基准"线，将元器件分别画在基线两侧，各端点导线垂直画在基线上，并将基线加粗，如图 4-24 所示。

3．干线式接线图的绘制

分别将元器件走向相同的导线扎成一束（如导线组、电缆、线束等）的接线图称为干线图。干线图的优点与基线图相同，能近似反映出设备内部电路的连线情况，比基线图直观易读。

干线图的绘制方法与前两种图不同之处是，干线图将走向相同的导线成束画出，与端点连接处画圆弧或弯成 45° 表示导线的走向，加粗走向线，完成全图，如图 4-25 所示。

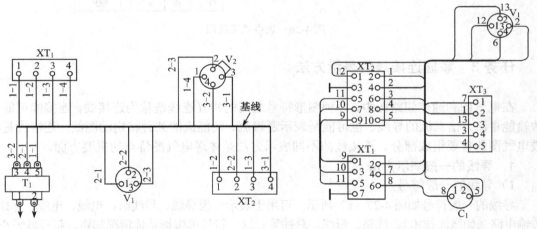

图 4-24　基线式接线图　　　　　　　图 4-25　干线式接线图

4．表格式接线图的绘制

用表格的形式表示导线的连接通路称为表格式接线图，简称接线表图。在图上只画出元器件的外形和端点，不画出导线。表格式接线图的最大优点是省去全部连线，对于比较复杂的图显得特别有用，如图 4-26 所示。

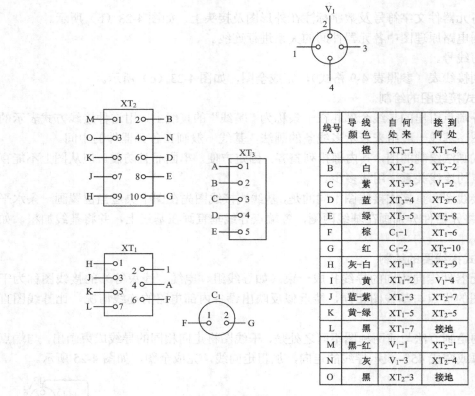

图 4-26 表格式接线图

任务 3 掌握连接线的表示方法

在电气图和通信线路图中，各种图形符号之间的相互连线统称为连接线。连接线可能是传输能量流、信息流的导线，也可能是表示逻辑流、功能流的某种特定的图线。连接线是构成电气图的重要组成部分。连接线的不同表示方法是体现电气图特点的重要方面。

1. 导线的一般表示方法

1）导线的一般符号

导线的一般符号如图 4-27（a）所示，可用于表示一根导线、导线组、电线、电缆、电路、传输电路（如微波技术）、线路、母线、总线等。这一符号可根据具体情况加粗、延长或缩小。

2）导线根数的表示方法

当用单线表示一组导线时，若要表示出导线根数，可加小短斜线表示。根数较少时（如 4 根以下），其短斜线数量代表导线根数，根数较多时，可加数字表示，如图 4-27（b）、（c）所示，图中 n 为正整数。

3）导线特征的标注方法

导线的特征通常采用符号标注，标注方法如下。

在横线上面标出：电流种类、配电系统、频率和电压等。

在横线下方注出：电路的导线数乘以每根导线的截面积（mm^2），若导线的截面积不同时，可用 "+" 将其分开。

导线材料可用化学元素符号表示。

如图 4-27（d）所示，该电路有 3 根相线，一根中性线（N），导通 50Hz/380V 的交流电，导线截面积分别为 6mm² （3 根）及 4mm² （1 根），导线材料为铝（A1）。

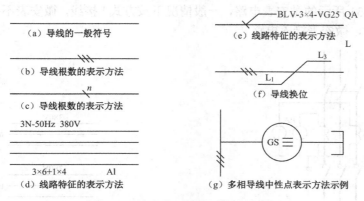

（a）导线的一般符号

（b）导线根数的表示方法

（c）导线根数的表示方法

3N-50Hz 380V

3×6+1×4　　　 A1

（d）线路特征的表示方法

BLV-3×4-VG25 QA

（e）线路特征的表示方法

（f）导线换位

（g）多相导线中性点表示方法示例

图 4-27　导线的一般表示方法及示例

在某些图（如安装平面图）上，若要表示导线的型号、截面、安装方法等，可采用如图 4-27（e）所示的标注方法。示例的含义是：

导线型号：BLV（铝芯塑料绝缘线）；

截面积：3×4（mm²）；

安装方法：穿入塑料管（VG）；

塑料管管径：ϕ25mm；

沿墙暗敷（QA）。

4）导线换位及其他的表示方法

在某些情况下需要表示电路相序的变更、极性的反向或导线的交换等，则可采用图 4-27（f）的方式表示。示例的含义是 L_1 相与 L_3 相换位。

若需要表示多相系统电路的中性点，可采用图 4-27（g）的方法表示。示例的含义是：三相同步发电机（GS），一端引出连接成 Y 接法，构成中性点，另一端输出至三相母线。

2．图线的粗细

为了突出或区分某些电路及电路的功能等，导线、连接线等可采用不同粗细的图线来表示。一般来说，电源主电路、一次电路、主信号通路等采用粗线，与之相关的其余部分用细线。例如图 4-28 中，由隔离开关 QS、电流互感器 TA 的一次绕组、负荷开关 QB 等组成的电动机（M）的电源电路用粗线表示，而由 TA 的二次绕组、电流表 PA 组成的电流测量电路用细线表示。

3．连接线的分组和标记

母线、总线、配电线束、多芯电线电缆等都可视为平行连接线。为了便于看图，对多条平行连接线，应按功能分组。不能按功能分组的可以任意分组，每组不多于 3 条。组间距离应大于线间距离。如图 4-29 所示的 8 条平行连接线具有两种功能，其中交流 380V 导线 6 条，分为两组（a、b）；直流 110V 导线两条，为一组（c）。

为了表示连接线的功能或去向，可以在连接线上加注信号名或其他标记，标记一般置于连接线的上方，也可以置于连接线的中断处，必要时还可以在连接线上标出信号特性的信息，如波形、传输速度等，使图的内容更便于理解。图 4-30 给出了几种标注方法，如表示功能 "TV"，电流 "I"，传输波形为矩形波等。

4．可供选择的几种连接方式的表示法

当连接线有可供选择的几种接线方式时，应分别用序号表示，并将序号标注在连接线的中断处。如图4-31所示的微安表电路，一般情况下按方式1接线，微安表不接入电路；测量时按方式2接线，微安表接入电路。

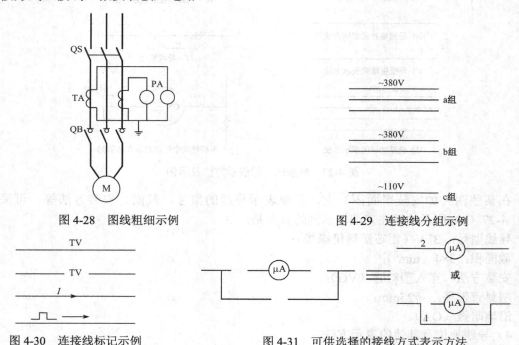

图4-28　图线粗细示例　　　　　　　　　　图4-29　连接线分组示例

图4-30　连接线标记示例　　　　　　图4-31　可供选择的接线方式表示方法

5．导线连接点的表示方法

导线的连接点有"T"形连接点和多线的"＋"形连接点。

对"T"形连接点可加实心圆点（·），也可不加实心圆点，如图4-32（a）所示。

对"＋"形连接点，必须加实心圆点，如图4-32（b）所示。

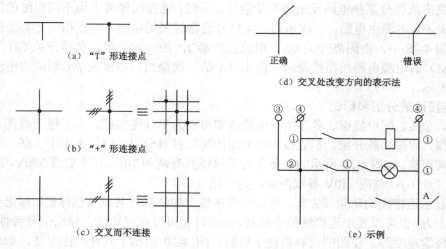

（a）"T"形连接点

（b）"＋"形连接点

（c）交叉而不连接

（d）交叉处改变方向的表示法

（e）示例

图4-32　导线连接点的表示方法

对交叉而不连接的两条连接线，在交叉处不能加实心圆点，如图 4-32（c）所示；并应避免在交叉处改变方向，也应避免穿过其他连接线的连接点，如图 4-32（d）所示。

图 4-32（e）是表示导线连接点的示例。图中，连接点①属 T 形连接点，没有标实心圆点；连接点②属"+"形连接点，必须加实心圆点；连接点③是导线与设备端子的固定连接点（可拆卸连接点）；连接点④是导线与设备端子的活动连接点。

图中 A 处，表示的是两导线交叉而不连接，显然，这一交叉如果放在①～④各连接点上必将引起误解，这是不允许的。

6．连接线的连续表示法和中断表示法

表示连接线的去向和接线关系有连续表示法和中断表示法。连续表示法是将连接线头尾用导线连通的方法。中断表示法是将连接线在中间中断，再用符号表示导线的去向。

1）用单线表示的连接线的连续表示法

连续线可以用多线也可以用单线表示。为了避免线条太多以保持图面的清晰，对于多条去向相同的连接线常采用单线表示法。

当多条线的连接顺序不必明确表示时，可采用图 4-33（a）的单线表示法，但单线两端仍用多线表示。

在一组线中，当连接线两端处于不同的位置时，通常应标注对应的标记，如图 4-33（b）所示的 A—A、B—B、C—C、D—D、E—E 连接线。

如果有一组线，各自按顺序连接，则可按如图 4-33（c）所示的方法，按顺序编号，用单线表示。

当导线汇入用单线表示的一组平行连接线时，应采用如图 4-34（a）所示的方法表示。这种方法通常需要在每根连接线的末端注上相同的标记符号。汇接处用斜线表示，其方向应使看图者易于识别连接线进入或离开汇总线的方向。如图中 1-1、2-2、3-3 连接线，其进入或离开汇总线的方向就十分明确。

当需要表示出导线根数时，可按如图 4-34（b）所示的方法表示。

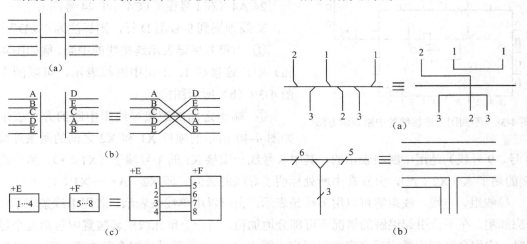

图 4-33　连接线的单线表示法　　　　图 4-34　汇总线（线束）的单线表示法

如图 4-35 所示的模块 11 和 12 之间的两条连接线（57 号、58 号）是用连续线表示的。其中 57 号线一端接模块 11 的 5 号端子，另一端接模块 12 的 1 号端子。

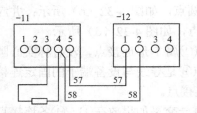

图 4-35　连续线表示法（按独立标记）

2）连接线的中断表示方法

采用中断线是简化连接线作图的一个重要手段。中断线使用的条件和表示方法有以下几种。

① 当穿越图面的连接线较长或穿越稠密区域时，允许将连接线中断，在中断处加相应的标记。如图 4-36 所示，a—a 连接线穿越几根线，较长，采用中断线表示，图面要清晰得多。

② 去向相同的线组，也可用中断线表示，并在图上中断处的两端分别加注适当的标记，如图 4-37 所示，在中断处标注 A、B、C、D 符号，以示去向。

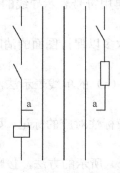

图 4-36　穿越图面的中断线

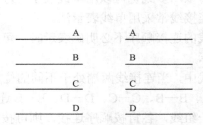

图 4-37　导线组中断示例

③ 在某些情况下，一条图线需要连接到另外的图上去，则必须采用中断线表示。例如图 4-38 中，1 号图上的 L 线在 C4 区中断，K 线在 B5 区中断，其中的 L 线需要连接到 24 号图上去，L 线在 24 号图上的 A4 区中断，则中断线的标注方式为：

24/A4（在 1 号图）1/C4（在 24 号图）；

K 线须连到 9 号图 D 行，则标注为"9/D"。

④ 用符号标记表示连接线的中断。例如图 4-39（a）中，连接线 1、2 用中断线表示，可以画为如图 4-39（b）所示图样。

⑤ 端子之间的连接导线用中断的方式表示。

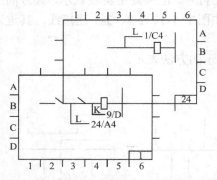

图 4-38　不同图上连接线的中断表示方法

如图 4-40 所示的项目 X1 和 X2 之间的两条连接线（8 号、9 号线）是用中断线表示的。其中 8 号线一端接 X1 的 1 号端子（X1：1），另一端接 X2 的端子 A（X2：A），分别在中断处标明了导线的去向，即 X2：A←→X1：1。

导线组、电缆、线束等可以用多线条表示，也可以用单线条表示。若用单线条表示，线条应加粗，在不致引起误解的情况下可部分地加粗。当一个单元或成套装置中包括几个导线组时，它们之间应用数字或文字加以区别。图 4-41（a）的两导线组全部加粗，用 A 和 B 区分，其中，A 代表 7 根线，B 代表 4 根线。图 4-41（b）中的两导线组是部分加粗的，用数字 101、102 区分。

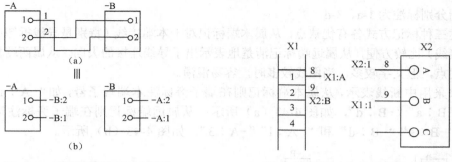

图 4-39　用符号标记表示中断线　　　　图 4-40　端子之间连接线的中断表示法

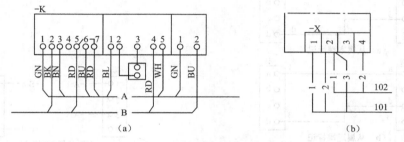

图 4-41　导线组用加粗线条表示

任务 4　掌握导线的识别标记及其标注方法

在设备接线图上，必须作出标记，供用图者识别和接线、查线用，这种标记称为导线的识别标记。一般情况下识别标记应标在导线或线束两端，必要时也可标在其全长的可见部位（或标在图线上），以识别导线或线束。识别标记一般由主标记和补充标记两部分组成。

1. 主标记

只标记导线或线束的特征，而不考虑其电气功能的标记系统称为主标记。主标记分为从属标记、独立标记和组合标记三种。

1）从属标记

以导线所连接的端子的标记或线束所连接的设备的标记为依据的导线或线束的标记系统称为从属标记。从属标记又分为从属本端标记、从属远端标记、从属两端标记三种。

① 从属本端标记。导线或线束终端的标记与其所连接的端子或设备部件的标记系统，称为从属本端标记。例如图 4-42 中，元件"-A""-B"之间有两根连接导线，"-A"的端子 1、3 与"-B"的端子 a、d 相连。当采用本端标记时，导线两端各标注本端端子号"1""3"和"a""d"，如图 4-42（a）所示。

② 从属远端标记。导线或线束终端的标记与远端所连接的端子或设备的部件相同的标记系统称为从属远端标记。例如图 4-42（b）中，导线两端分别标记了远端的端子号，设备"-A"一端的连接导线标注了"设备-B"一端的端子号"a""d"，而与"-B"连接的一端则标注了"-A"一端的端子号"1""3"。

③ 从属两端标记。导线或线束每一端都标出与本端连接的端子标记和与远端连接的端子的标记或两端设备部件的标记系统，这种标记方式称为从属两端标记。例如图 4-42（c），

导线两端分别标注为 1-a、3-d。

上述三种标记方式各有优缺点，从属本端标记对于本端接线（特别是导线拆卸以后再往端子上接线）比较方便，从属远端标记清楚地表示出了导线连接的去向，从属两端标记综合二者的优点，但文字较多，当图线较多时，容易混淆。

如果采用中断线表示，从属本端标记则在端子旁标注本端端子号，如"-A：1""-A：3"和"-B：a""-B：d"，如图 4-43（a）所示；从属远端标记则在端子旁标注远端端子号，如"-B：a""-B：d"和"-A：1""-A：3"，如图 4-43（b）所示。

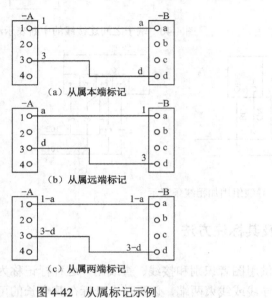

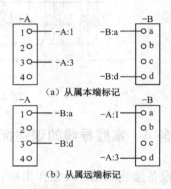

图 4-42　从属标记示例　　　　　　　　图 4-43　中断线从属标记示例

2）独立标记

与导线所连接的端子的标记或线束所连接的设备的标记无关的导线或线束的标记系统，称为独立标记。图 4-44（a）中，两导线分别标记"1"和"2"，与两端的端子标记无关。这种标记方式一般只用于用连续线方式表示的电气接线图中。

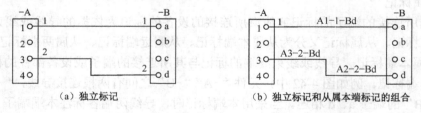

图 4-44　独立标记和组合标记示例

独立标记的符号通常采用阿拉伯数字，但如何使用，新的国家标准没有具体规定。原有的标准 GB 316-1964《电力系统图上的回路标号》提出了回路标号的原则和方法，可供标注独立标记时参考。"GB 316-1964"关于回路标号的一般原则是：将导线按用途分组，每组给出一定的数字范围；导线的标号一般由三位或三位以下的数字组成，当需要标明导线的相别或其他特征时，可在数字前面或后面增注文字符号；导线标号按等电位原则进行，即在电路中连于一点的全部导线都用一个数码表示，当导线经过开关或触点断开后，在其断开时已不是等电位，所以应给予不同的数码，标号应从交流电源一相或直流电源正极开始，以奇数顺序号 1，3，5，…或 101，103，105，…开始，直至电路中一个主要降压元件（线圈等）为止，之后则按偶数顺序号…，6，4，2 或…，106，104，102 至交流电源的中性线（或另一相线）或直流电源的负极；某些特殊用途的回路导线常给予固定数字标号，例如断路器跳闸回路用 33、133 等。

3）组合标记

从属标记和独立标记一起使用的标记系统称为组合标记。图 4-44（b）是从属本端标记和独立标记一起使用的组合标记，两根导线分别标记为"A1-1-Ba""A3-2-Bd"。

2．补充标记

补充标记一般作为主标记的补充，并且以每一导线或线束的电气功能为依据。补充标记通常用字母或特定符号表示，如表示导线的功能（开关的闭合或断开、安装位置、电流和电压的测量以及用于加热、照明、信号或测量电路等）、交流系统的相位、直流电路的极性以及导线的接地等。

表示功能的补充标记符号应与现行的国家标准一致，或在图纸的某一位置列出他们的含义。为了避免混淆，补充标记和主标记最好用符号（如斜杠"/"）将其分开。图 4-45 示出了项目-A 的端子 1 与项目-D 的端子 3 之间连接线的几种识别标记的标注方法。

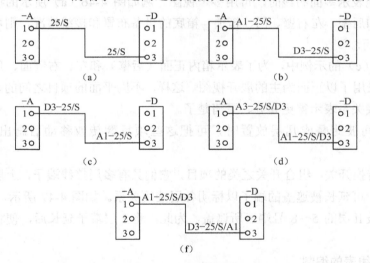

图 4-45　主标记和补充标记标注方法示例

图中：（a）为独立标记+补充标记。其中 25 表示独立标记，S 为补充标记。

（b）为从属本端标记+独立标记+补充标记。其中 A1 表示从属本端标记（项目 A 的端子1），25 为独立标记，S 为补充标记。

（c）为从属远端标记+独立标记+补充标记。其中 D3 表示从属远端标记（项目 D 的端子3），25 为独立标记，S 为补充标记。

（d）为从属两端标记+独立标记+补充标记。其中 A1 表示从属项目 A 的标记，25 为独立标记，S 为补充标记，D3 表示从属项目 D 的标记。

（e）的标记方法与（d）相同，但在连接线两端的标记不同。

3. 色标标记

色标标记就是用导线颜色的英文名称的缩写字母代码作为导线的标记。表示颜色的标准字母代码见表 4-10。

色标标记示例如图 4-41（a）所示。图中，线组 B 含有黑色线（BK）1 根，红色线（RD）2 根，蓝色线（BU）1 根。

任务 5　弄清单元接线图和单元接线表

单元接线图和单元接线表是表示单元内部各项目连接情况的图和表，通常不包括单元之间的外部连接，但可给出与之有关的互连接线图的图号。

1. 单元接线图的绘制方法

（1）在单元接线图上，代表项目的简化外形和图形符号是按照一定规则布置的，这个规则就是大体按各个项目的相对位置进行布置，项目之间的距离不以实际距离为准，而是以连接线的复杂程度而定。

（2）单元接线图的视图选择应最能清晰地表示出各个项目的端子和布线的情况。当一个视图不能清楚地表示多面布线时，可用多个视图。例如图 4-46（a）所示的控制箱，若要表示箱内各面，如后壁、左右壁、门、箱顶、箱底的设备布置和接线情况，则可将其展开，如图 4-46（b）所示。

在图 4-46（c）的示例中，为了表示箱内正面（后壁）和左、右侧面、顶面的项目之间的接线情况，采用了以正面为主的展开视图。这样，不同平面的项目之间的连接导线被"拉直"了，其连接关系表示得更充分、更清楚了。

（3）项目间彼此叠成几层放置时，可把这些项目翻转或移动后画出视图，并加注说明。

（4）对于转换开关、组合开关之类的项目，它们具有多层接线端子，上层端子遮盖了下层端子，这时，可延长被遮盖的端子以标明各层接线关系。如图 4-47 所示，I 层的 1～4 号端子本来分别被 II 层的 5～8 号端子所遮盖，为此，将 I 层端子延长后，便将其接线关系表示得更加清楚。

2. 单元接线表的编制

单元接线表一般包括线缆号、线号、导线的型号、规格、长度、连接点号、所属项目的代号和其他说明等内容。

单元接线表可以代替接线图，但一般只是作为接线图的补充和表格化的归纳。

3. 单元接线图和接线表示例

图 4-48 是一单元接线图，分别用到了连续线的多线表示法、连续线的单线表示法和中断线表示法。表 4-11 是这一单元的接线表。

从这些接线图和接线表可以看出，该单元包括 4 个项目，其中项目 11、12 采用简化外形符号，项目 13（电阻）、项目 X（端子排）采用一般图形符号，各项目的端子代号分别标注在各端子符号旁。接线图和接线表就是具体表示单元内部 4 个项目中各端子连接关系的图和表。

该单元内部共有 10 根互相连接线，其中 8 根按顺序编号依次编为 31～38。这种标记法称为独立标记。项目 11 和项目 13 之间两根互相连接线相距很近，没有编号。

在采用中断线表示的图 4-48（c）中，导线标记采用独立标记和从属远端标记，以表示各导线的连接去向。

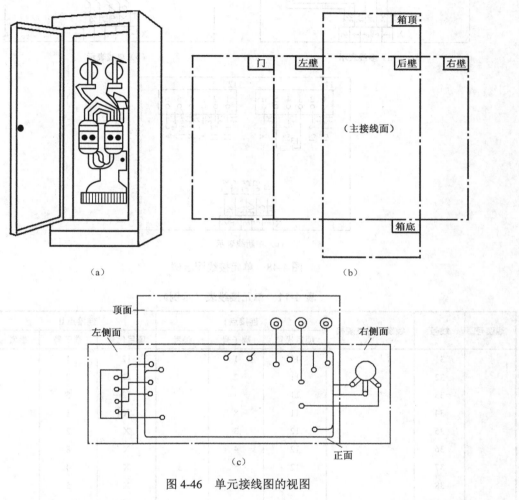

（a）　　　　　　　　　　　　　　　　（b）

（c）

图 4-46　单元接线图的视图

导线的连接关系举例说明如下。

1）31 号线

在图 4-48（a）中可直观地看出，此线一端接项目 11 的端子 1，另一端接项目 12 的端子 1；在图 4-48（b）中，从导线的编号及表示去向的弯折符号也能判断该线的连接关系；在图 4-48（c）中，项目 11 的端子 1 标注了远端标号"12∶1"，即表示了其去向是项目 12 的端子 1，在项目 12 的端子 1 上则标注"11∶1"。

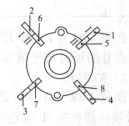

图 4-47　延长被遮盖端子示例

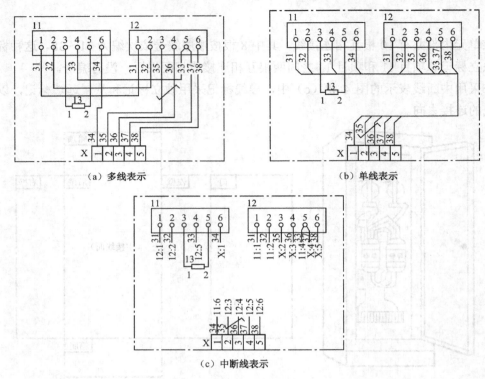

（a）多线表示　　　　　　　　　　　　（b）单线表示

（c）中断线表示

图 4-48　单元接线图示例

表 4-11　单元接线表（示例）

线缆号	线号	线缆型号及规格	连接点 I			连接点 II			附注
			项目代号	端子号	参考	项目代号	端子号	参考	
	31		11	1		12	1		
	32		11	2		12	2		
	33		11	4		12	5		
	34		11	8		X	1		
	35		12	3		X	2		TI
	36		12	4		X	8		TI
	37		12	5	33	X	4		
	38		12	8		X	5		
	-		11	3		13	1		
	-		11	5		13	2		

在表 4-11 中，第一横栏，线号"31"，连接点 I 的项目代号填为"11"，端子号填为"1"；连接点 II 的项目代号填为"12"，端子号填为"1"。

2）37 号线

在图 4-48（a）中，此线一端接项目 12 的端子 5，另一端接项目 X（端子排）的端子 4，33 号线也接在项目 12 的端子 5 上，显然 37、33 号线属等电位线；在图 4-48（b）中，由线号及去向符号可看出上述连接关系；在图 4-48（c）中，项目 12 的端子 5 上标有 33、37，在 37 号线上，标有"X：4"，在项目 X 的端 4 上，标有"12：5"。

在表 4-11 中，线号"37"，连接点 I 的项目代号为"12"，端子代号为"5"，在参考栏内填写"33"，表示 37 与 33 是等电位线。连接点 II 的项目代号为"X"，端子号为"4"。

3）35 号、36 号线

在图 4-48 中，这两根线均有一特殊标记"N"，这是表示两根线为同一绞合线，在表 4-11 "附注"一栏中，写有"TI"的字样，也是说明这两根线为同一绞合线。

显然，图 4-48 和表 4-11，是对同一问题的两种解决方法。表达方式各有特点，一般而言，连续线表示的单元接线图直观，但线条较多，图面复杂，适宜于元件较少、连接线较少的单元接线图，对某些常用产品（如家电产品），为了使一般使用者能看懂，在其产品使用说明书中的插图也多采用这种形式。中断线表示的单元接线图虽不直观，但图面简单、清晰，是广为采用的一种形式。用单线表示的接线图虽不及多线表示法直观，但图面简单，便于阅读和使用，单线如同线束，这与安装配线时将多根线绑扎成一线束相似，更增加了这种形式的实用性。单元接线表实际上是该单元各种连接线的明细表或称为"清单"，有一定的综合性，但如果只有这张表，按表去接线、查线，还是困难的。因此，接线表往往只作为接线图的补充。

任务 6　理顺互连接线图和互连接线表

互连接线图和互连接线表是表示两个或两个以上单元之间线缆连接情况的图和表。它通常不包括单元内部的连接。各单元一般用点画线围框表示，必要时也可给出与之有关的电路图或单元接线图、表的代号。

互连接线图中各单元的视图应画在同一个平面上，以便表示各单元之间的连接关系。互连接线表的格式及内容与单元接线表类似。

如图 4-49 所示的互连接线图主要表示 A、B 两个单元（简称+A、+B 单元）互连接线情况，以及+A、+B 与+E、+F 的互连接线的情况。这 4 个单元共有以下 3 条线缆。

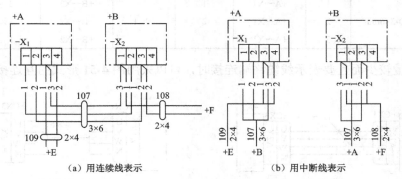

图 4-49　互连接线图示例

107 号线缆，3 芯，连接于+A、+B 之间；

108 号线缆，2 芯，连接于+B、+F 之间；

109 号线缆，2 芯，连接于+A、+E 之间。

其中+E、+F 两单元的连接情况，未详细表示，其电缆终端去向采用远端标记表示。+A、+B 两单元内部的连接也未表示，只画出了代表这两个单元的点画线围框，但对需要互连接线的端子排-X1、-X2 及其端子采用了较具体的一般符号。

图 4-49（b）是采用部分加粗的形式来区分各条线缆的，图 4-49（a）是用一规定符号来区分各条线缆的。这种符号一般有两种形式，如图 4-50（a）所示。其中图 4-50（b）箭头所指的两根线，虽然属于一条线缆，但在图上代表它们的线条彼此不接近。

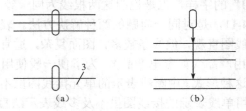

图 4-50 线缆的表示方法

表 4-12 是图 4-49 中 107 号线缆的互连接线表。107 号线缆是一条 3 芯电缆，电缆的型号是 XQ（橡皮绝缘、铅包、铜芯），其截面积为 $3×6mm^2$，线号分别标为 1、2、3。线缆的一端与连接点 I 相连，连接点 I 的项目代号是+A，-X1（即+A 中的端子排 X1），端子号为 1、2、3。线缆的另一端与连接点 II 相连，连接点 II 的项目代号是+B，-X2，端子号也为 1、2、3。其具体连接关系是：1 号线，+A-X1：1←→+B-X2：2；2 号线，+A-X1：2←→+B-X2：3；3 号线，+A—X1：3←→+B-X2：1。另外，连接点 I 的 3 号端子有一等电位线 109 号线缆的 1 号线（即 109.1），连接点 II 的 3 号、1 号端子分别有等电位线 108.2 和 108.1，这些分别标注在表中"参考"一栏内。

表 4-12 互连接线表（示例，107 号线缆）

线缆号	线缆型号及规格	线号	连接点 I			连接点 II		
			项目代号	端子号	参 考	项目代号	端子号	参 考
107	XQ-3×6mm²	1	+A—X1	1		+B—X2	2	
		2	+A—X1	2	109.1	+B—X2	3	108.2
		3	+A—X1	3		+B—X2	1	108.1

单元数量较少而且要表示线缆终端连接时，可以采用图 4-51 形式的互连接线图。

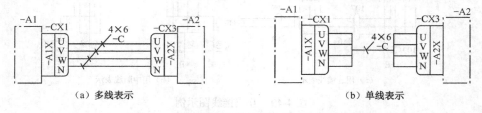

（a）多线表示　　　　　　　　　　　　（b）单线表示

图 4-51 带有线缆终端连接器的互连接线图

图中电缆-C，其一端连接器-CX1 与单元-A1 的连接板-X（即-A1X）相连，另一端连接器-CX2 与单元-A2 的连接板-X（即-A2X）相连。线缆的截面积为 $4×6mm^2$，各线接头的标记为 U，V，W，N，其字母含义为三相线带中性线（N）。

任务7　熟悉端子接线图和端子接线表

1. 端子接线图和接线表

端子接线图和端子接线表表示单元和设备的端子及其与外部导线的连接关系，通常不包括设备或单元的内部连接，但可提供与之有关的图号。

端子接线图的视图应与接线面的视图一致，各端子应基本按其相对位置表示。端子接线表一般包括线缆号、线号、端子代号等内容。在端子接线表内，线缆应按单元（如柜、屏、台）集中填写。

端子接线标记可采用本端标记（即标注本端子排的端子号），也可采用远端标记。

图 4-52 是带有本端标记的端子接线图。电缆末端标有电缆号及每根缆芯号。无论已连接或未连线的备用端子都注有"备用"字样。不与端子连接的缆芯则用缆芯号，如接地线未与端子相连，标缆芯号"PE"。图中 137 号线缆的其中四芯连接到 A 柜 X1 的 12～15 号端子，本端标记为 X1：12～X1：15。这四芯又连到 B 屏 X2 的 26～29 号端子，本端标记为 X2：26～X2：29。5、6 号线是备用线，其中 5 号线一端已连到 A 柜的 16 号端子，标记为 X1：16。

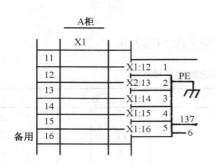
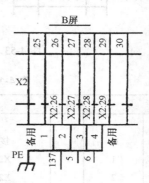

图 4-52　带有本端标记的端子接线图

表 4-13 是与图 4-52 对应的端子接线表。

表 4-13　带有本端标记的端子接线表

A柜			B屏		
137		A	137		B
	PE	接地线		PE	接地线
	1	X1：12		1	X2：26
	2	X1：13		2	X2：27
	3	X1：14		3	X2：28
	4	X1：15		4	X2：29
备用	5	X1：16	备用	5	—
备用	6	—	备用	6	—

若将上述端子接线图、表改为带有远端标记的端子接线图、表，则如图 4-53 和表 4-14 所示。

图中，137 号线缆共有 7 根芯线，其中一根为接地线"PE"，1~5 号线芯的一端与 A 柜上的端子板 X1 相接，分别接在 12~16 号端子上，1~4 号线连接 B 屏上的端子板 X2 上，与 X2 的 26~29 号端子相接。所以，在 X1 上的导线按远端标记，分别为 X2：26~X2：29，在 X2 上的导线按远端标记，分别为 X1：12~X1：15。5 号线为备用线，一端在 X1 的 16 号端子上连接，另一端未连接到 X2 上，所以，5 号线只在 B 屏上有远端标记 X1：16。6 号备用线既没有与 X1 相接，也没有与 X2 相接，故两端都没有标记。

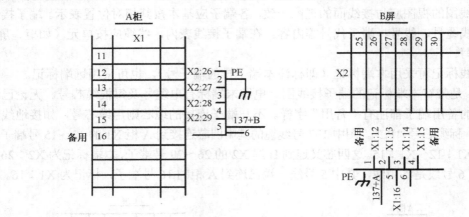

图 4-53   带有从属远端标记的端子接线图

表 4-14   带有远端标记的端子接线表

A柜				B屏			
137			B	137			A
	PE		接地线		PE		接地线
	1		X2：26		1		X1：12
	2		X2：27		2		X1：13
	3		X2：28		3		X1：14
	4		X2：29		4		X1：15
备用	5		—	备用	5		X1：16
备用	6			备用	6		—

表 4-14 与图 4-53 是等效的，A 柜的导线标记 B 屏的接线号，B 屏上的导线标记 A 柜的接线号，备用线不管是已接还是未接到端子上，均注明"备用"，若对端未接到端子上则注为"—"。

2. 端子接线网格表

在有些情况下，为了更综合地表示端子接线，可采用端子接线网格表的形式表示，端子接线网格表一般包括项目代号、线缆号、线号、缆芯号、端子号及其说明等内容。表 4-15 是图 4-53 中 X1 的端子接线网格表。表中，端子板 X1 引出的 137 号线缆共有 7 根线芯，连接到项目+B，采用远端标记。在 X1 的 12~15 号端子上，依次标记为 X2：26~X2：29。16 号端子接备用线 6 号，在+B 上未与端子相接，没有标记。接地线 PE 不经端子，另外标记在端子编号的末尾。在网格表中，端子的连接关系是按端子顺序写出的，而电缆号则不一定按数字顺序排列。

表 4-15　端子接线网格表（示例）

+B 项目代号	远端标记	缆号	芯数	端子板X1	远端标记	项目代号	缆号	芯数
137								
7								
				10				
				11				
1	X2：26			12				
2	X2：27			13				
3	X2：28			14				
4	X2：29			15				
5				16	备用			
				17				
				18				
				19				
				20				
接地线 PE								
附　　　　注								

任务 8　熟悉电缆配置图和电缆配置表

电缆配置图和电缆配置表表示单元之间外部电缆的配置、电缆的型号规格、起止单元以及电缆的敷设方式、路径等。

电缆配置图应清晰地表示出各单元（如机柜、屏、台）间的电缆。在配置图上，各单元的图形符号用实线围框表示，各单元的项目代号一般用位置代号表示。

电缆配置表一般包括线缆号、线缆类型、连接点的项目（位置）代号及其他说明等。

图 4-54 是项目+A、+B、+C 三个单元以及未画出符号的项目+D 之间的电缆配置图。

这些单元之间配置了三条电缆，编号依次为 117、118、119。表 4-16 是与图 4-54 对应的电缆配置表。从这些图和表中可以看出，117 号电缆为塑料绝缘电缆，其型号规格为 VV-3×10mm²，从单元+A 连接到单元+B。118 号电缆的型号规格为 VV-2×4mm²，从单元+B 连接到单元+C。119 号电缆是纸绝缘铝芯铅包电缆，其型号规格为 ZLQ-3×50mm²，从单元+A 连接到单元+D，由于+D 未画出，表中附注栏内注明"见图 081"，这说明在图 081 中有更详细的表示和说明。

对于电缆组也可以采用单线法绘制，如图 4-55 所示。电缆分别标为 1～8，其电缆配置表见表 4-17。

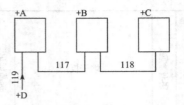

图 4-54　电缆配置图示例

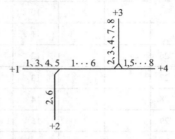

图 4-55　单线表示的电缆组配置图

表 4-16　电缆配置表一（部分）

电　缆　号	电缆型号及规格	连　接　点		附　　注
117	VV-3×10（mm^2）	+A	+B	
118	VV-2×4（mm^2）	+B	+C	
119	ZLQ-3×50（mm^2）	+A	+D	

图中+1、+2、+3、+4 之间共有 8 条电缆。

表 4-17　电缆配置表二（部分）

电　缆　号	电缆型号及规格	连　接　点		长度（m）
1	KXQ4×1.0	+1	+4	1750
2	KXQ4×0.75	+2	+3	455
3	KVV-13×0.50	+1	+3	936
4	KVV2×0.75	+1	+3	936

任务 9　掌握线扎图的绘制方法

在大型机柜（架）内部，分机或模块之间的导线很多。其布线有两种方式：一种是按电路图要求用导线分别连接，称为"分散布线"，研制及单件生产时往往采用这种方式。另一种是先将导线捆扎成线束后布线，称为"集中布线"，在批量正规生产中都采用这种方式。

这种将导线捆扎在一起的导线束，又称为线扎（线把、线束）。

线扎有软线扎和硬线扎两种，由产品结构和性能决定。

1．软线扎

软线扎通常用于产品中功能部件之间的连接，由多股导线、屏蔽线、套管及接线端子组成，一般无须捆扎，按导线功能分组。图 4-56 是某设备的线扎。软线扎一般无须画出实样图，用接线图和线表就可以确切描述线扎的所有参数。

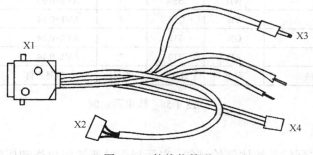

图 4-56　软线扎外形

图 4-57 和表 4-18 就是如图 4-56 所示线扎的接线图和线表。

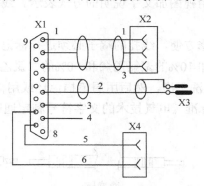

图 4-57　软线扎接线图

表 4-18　线扎接线表示例

编号	线　材	长度（mm）	颜　色	起	止	备　注
1	RVVP₁-7/0.12-2	75	黑	X₁-1，2，3	X₂	二芯屏蔽线
2	RVVP₁-7/0.12-1	80	黑	X₁-4，5	X₃	单芯屏蔽线
3	AWM007-11/0.16	60	红	X₁		剥头镀锡
4	AWM007-11/0.16	60	黑	X₁		剥头镀锡
5	AVDR-7/0.12	70	灰	X₁	X₄	扁平电缆
6	AVDR-7/0.12	70	灰	X₁	X₄	

这种线扎一般用套管将同功能线穿在一起。当线数较多且有相同插接端子时须作标记。标记方法同硬线扎标记。

2. 硬线扎

硬线扎指按产品需要将多根导线捆扎成固定形状的线把，多用于固定产品零部件之间的连接，特别在机柜设备中使用较多。这种线把必须有实样图。图 4-58 是某设备的线扎图（也称线把图、线束图）。

1	AV1×0.4	YE	545	12	AV1×0.9	GN	280
2	AVR19×1.83	BK	530	11	AV1×0.9	OG	275
3	AVR19×1.83	WH	530	10	AV1×0.9	RD	270
4	AV1×0.4	YE	710	9	AV1×0.14	GY	750
5	AV1×0.4	GN	710	8	AV1×0.14	GY	745
6	AV1×0.4	RD	710	7	AV1×0.14	GN	545
编号	型号规格	颜色	长度	编号	型号规格	颜色	长度

图 4-58　线束图示例

3．线扎图

线扎图是根据实际线扎按比例绘制的，实际制作时要按图放样制作胎模具并按线表尺寸下线、捆扎、标记。线扎图中若无特殊要求，则导线两端所留长度相等。

线扎图中立体方位可采用视图加文字说明的方式表示。线扎图通常附有导线数据表。

4．线扎标记

为了使安装、调试及维修方便，线扎的端子必须进行标记。标记一般打在导线端头上。打印标记时先用盐基性染料加 10%的聚氯乙烯和 90%的二氯乙烷调配好印制颜料（也可用各种油墨），再用酒精将端头擦洗干净，然后用眉笔描色环或用橡皮章打印标记。标记的字符应与图纸相符，且符合国家标准《电气技术的文字符号制定通则》中有关规定。常用标记方法有三种，如图 4-59 所示。

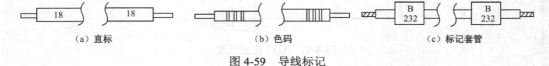

（a）直标　　　　　　　　　　（b）色码　　　　　　　（c）标记套管

图 4-59　导线标记

（1）印字标记，批量生产中可用印字机在导线端头 8～15mm 处印上字符标记，也可用手工打印。

（2）色环标记，色环标记类似色环电阻的标记，根据导线数量可用三色、四色排成色环。

（3）用标记套管，有成品标记套管，印有各种字符并有不同内径，外形通常为方形。使用时按要求剪断套在导线端子上即可。

单元 4　通信工程图例图

本单元通过若干例图作为示范，让读者对通信工程施工图纸有一个较为全面的了解。

范例 1　通信设备安装工程图

（1）无线基站机房设备布置平面图（见图 4-60）。

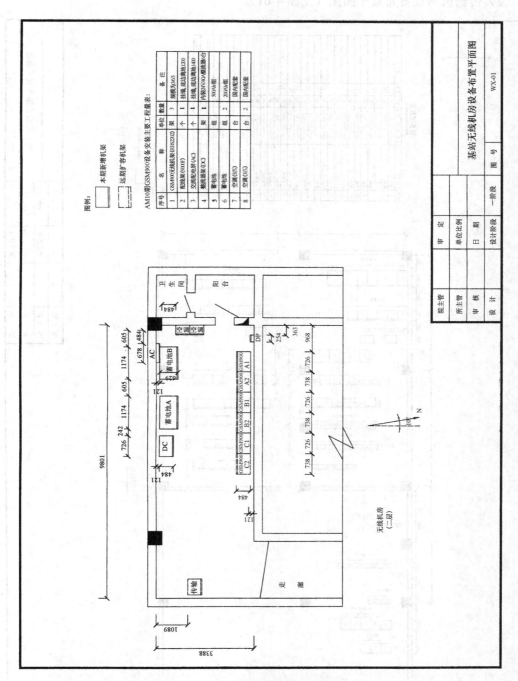

图 4-60　无线基站机房设备布置平面图

（2）传输机房设备布置平面图（见图 4-61）。

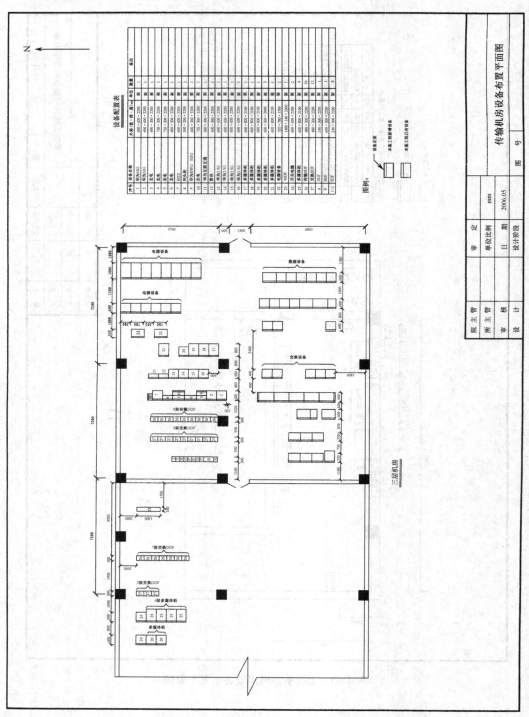

图 4-61　传输机房设备布置平面图

（3）传输机房走线架安装示意图（见图4-62）。

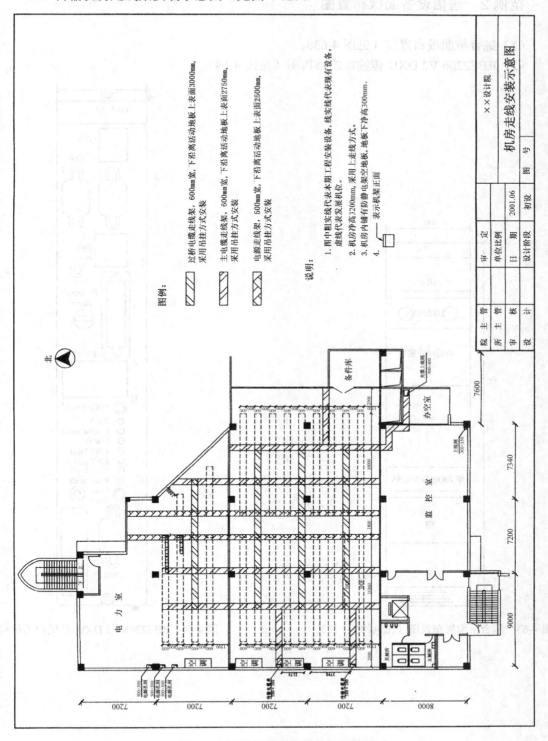

图 4-62 传输机房走线架安装示意图

范例 2　通信设备面板布置图

（1）综合柜面板布置图（见图 4-63）。

（2）RBS2206 V2 DXU 传输口的结构图（见图 4-64）。

图 4-63　综合柜面板布置图（比例约 1∶20）

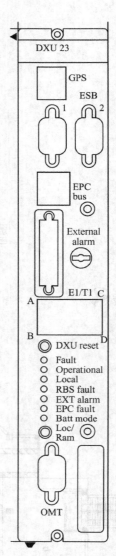

图 4-64　RBS2206 V2 DXU 传输口的结构

（3）传输设备面板布置图（见图4-65）。

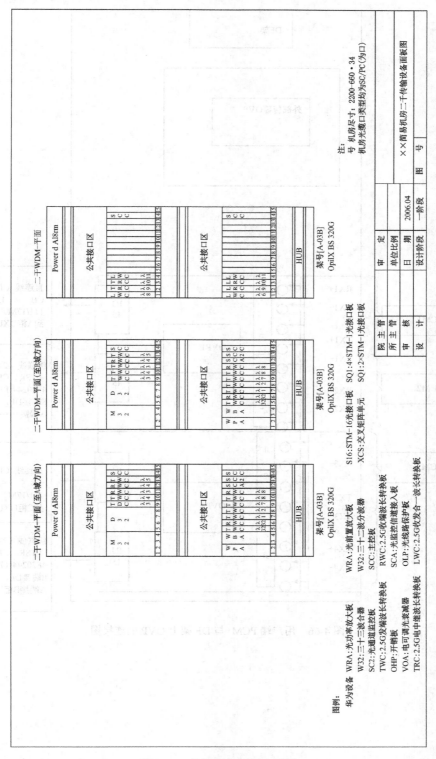

图 4-65　传输设备面板布置图

（4）用户端 PCM 与 DF 架上 OVP 的连接图（见图 4-66）。

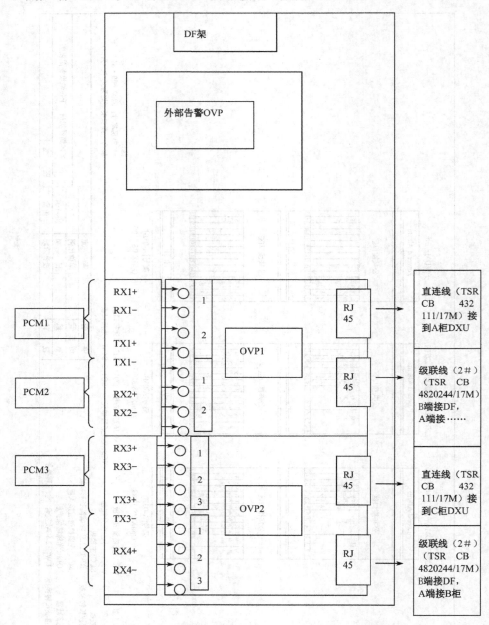

图 4-66 用户端 PCM 与 DF 架上 OVP 的连接图

范例3　通信线路工程图

（1）架空光缆线路施工图（见图4-67）。

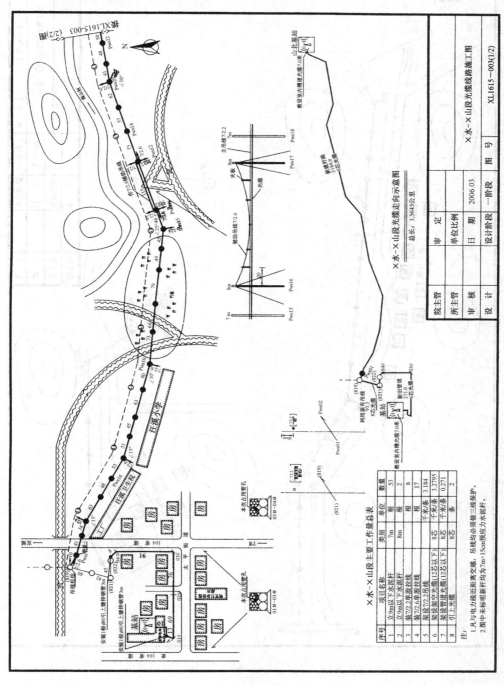

（a）

图4-67　架空光缆线路施工图

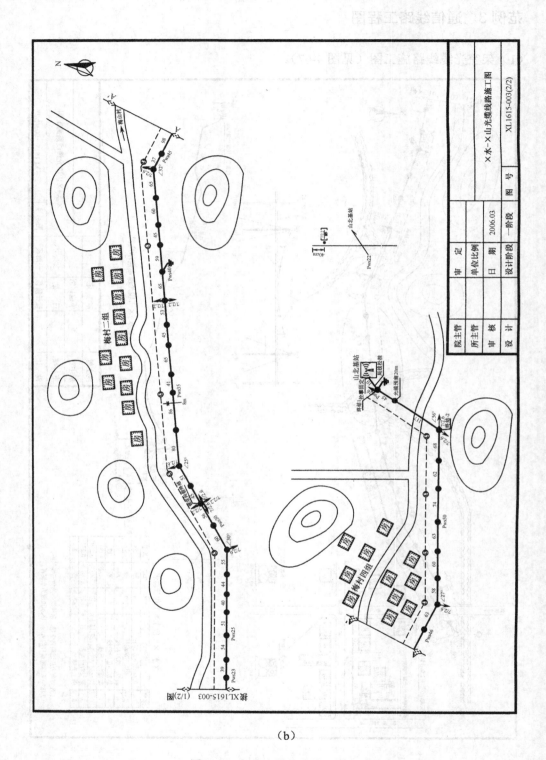

(b)

图 4-67 架空光缆线路施工图（续）

（2）管道线路工程图。

① 新建管道光缆线路图（见图 4-68）。

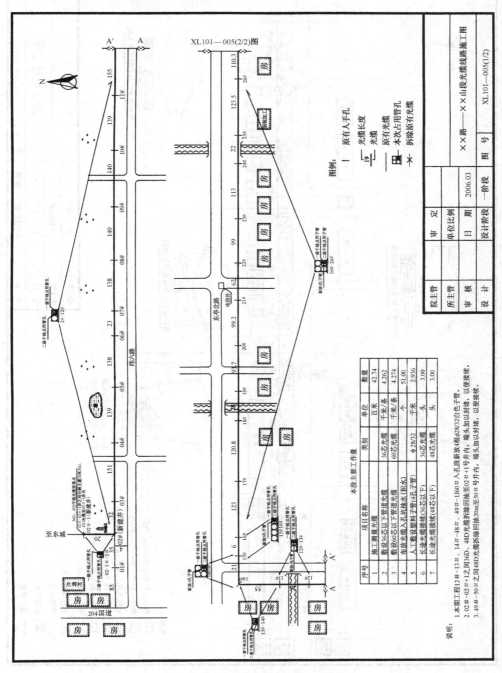

图 4-68 新建管道光缆线路图

② 新建管道施工图（见图 4-69）。

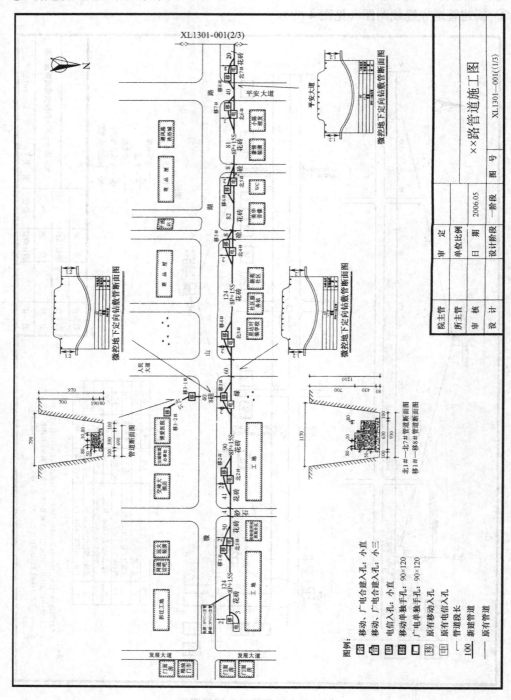

图 4-69　新建管道施工图

③ 改迁管道光缆线路施工图（含各人孔内管孔占用示意图）见图4-70。

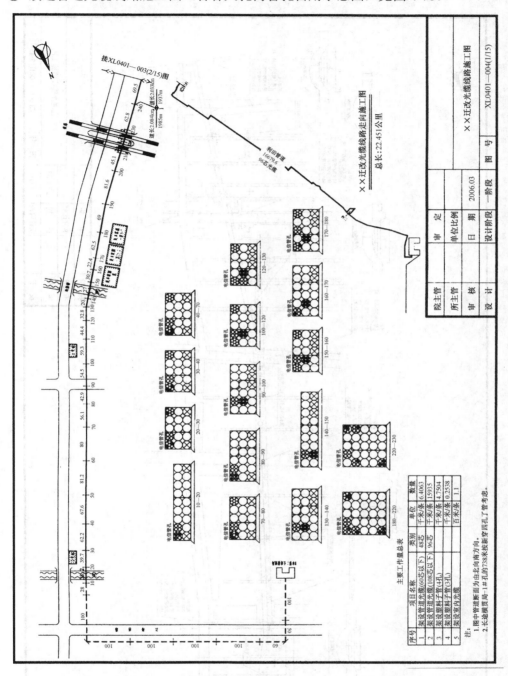

图 4-70　改迁管道光缆线路施工图（含各人孔内管孔占用示意图）

④ 小号直通人孔定型图，见图4-71。

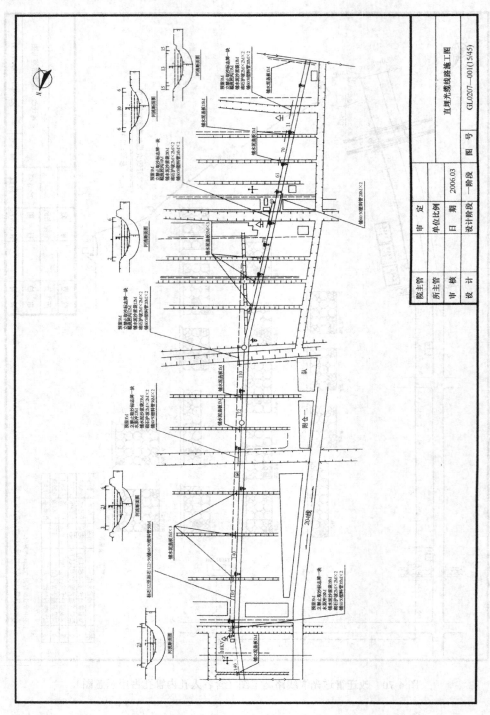

图 4-71　小号直通人孔定型图

⑤ 小号三通人孔定型图，见图4-72。

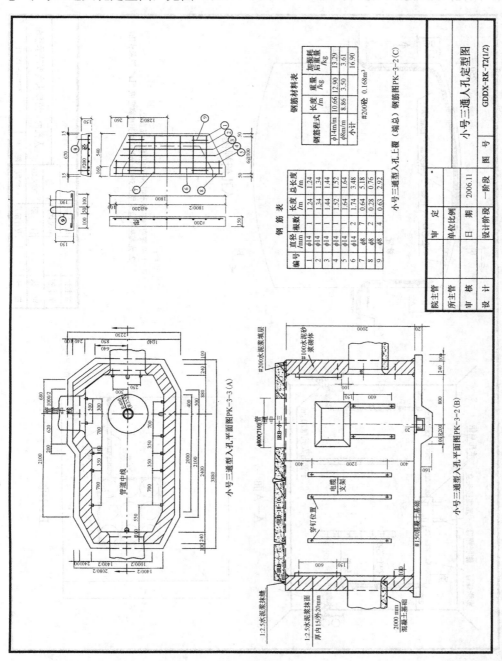

图 4-72　小号三通人孔定型图

⑥ 人孔内光缆接头盒安装示意图，见图 4-73。

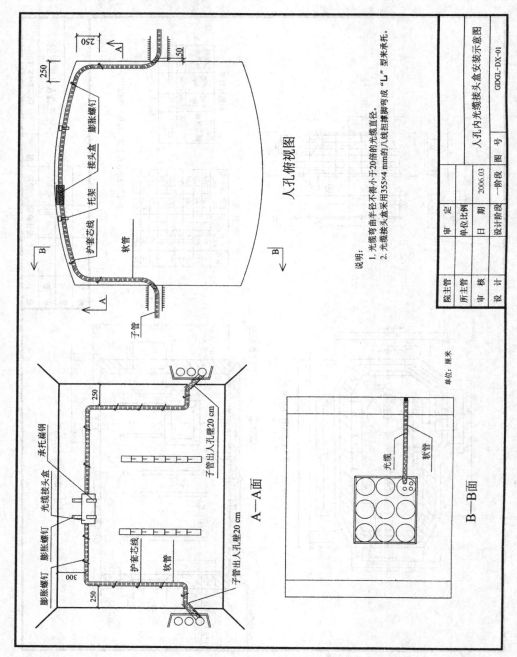

图 4-73　人孔内光缆接头盒安装示意图

⑦ 手孔结构定型图，见图 4-74。

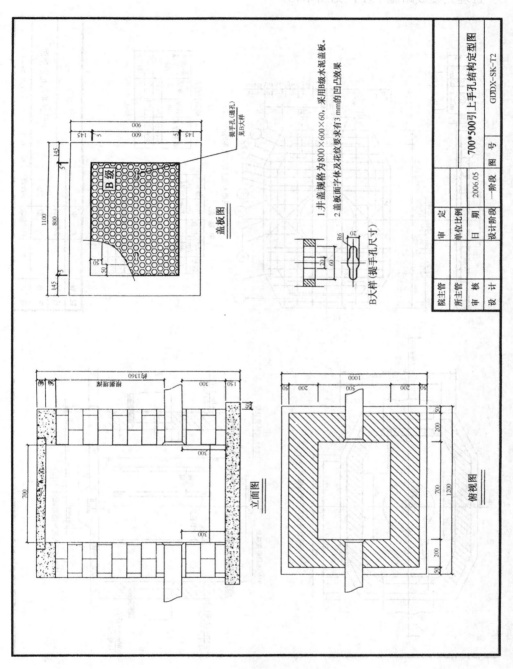

图 4-74　手孔结构定型图

（3）直埋线路工程图。

① 直埋光缆线路施工图，见图 4-75。

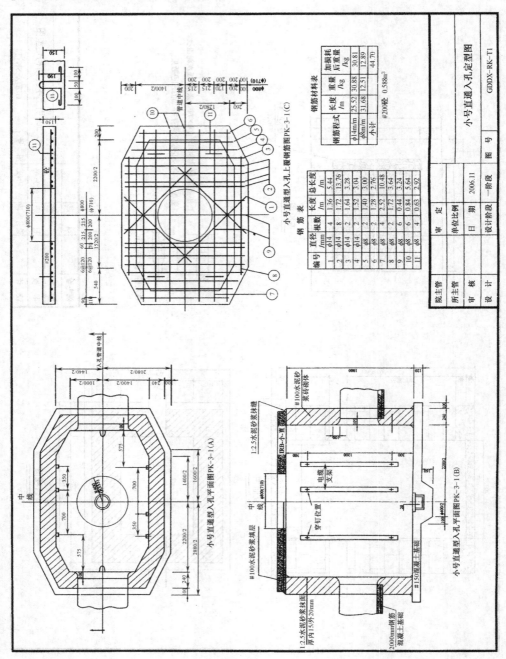

图 4-75 直埋光缆线路施工图

② 光缆沟挖沟深度及沟底处理图，见图 4-76。

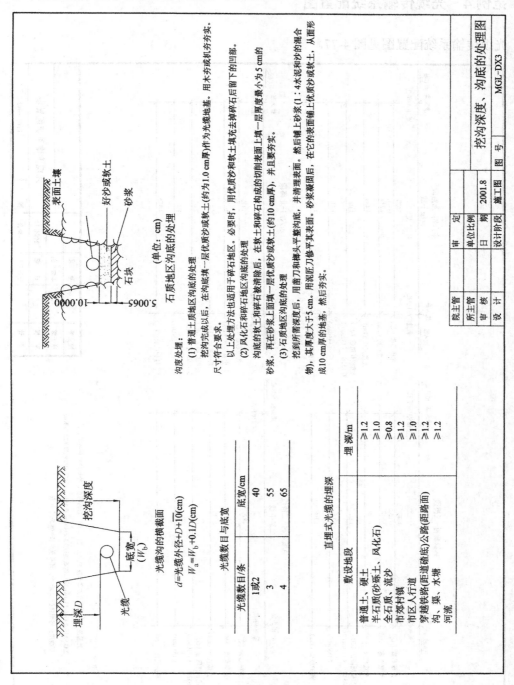

图 4-76　光缆沟挖沟深度及沟底处理图

范例 4　光缆传输系统配置图

光缆传输系统配置图见图 4-77。

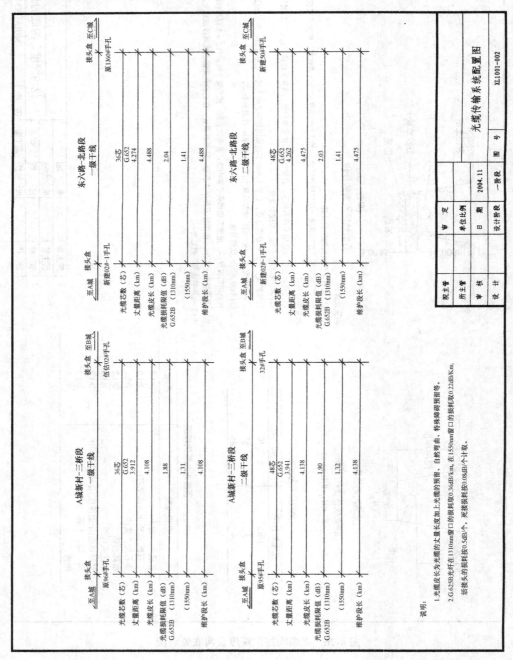

图 4-77　光缆传输系统配置图

范例 5　通信网络结构图

（1）话路网组织示意图（见图 4-78）。

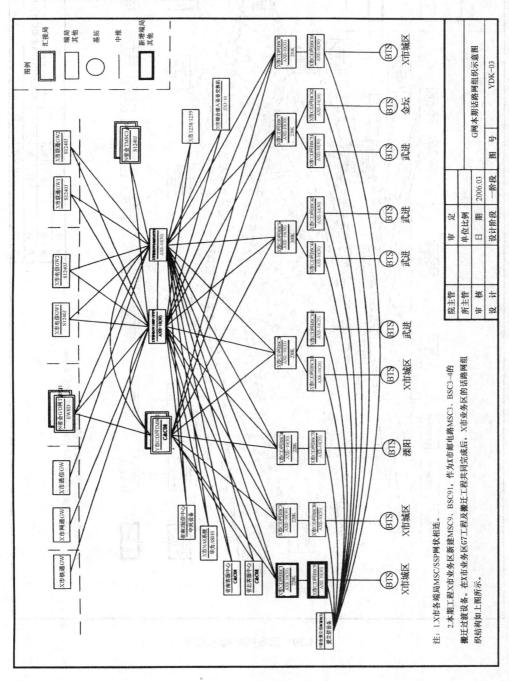

图 4-78　话路网组织示意图

（2）信令网结构示意图（见图 4-79）。

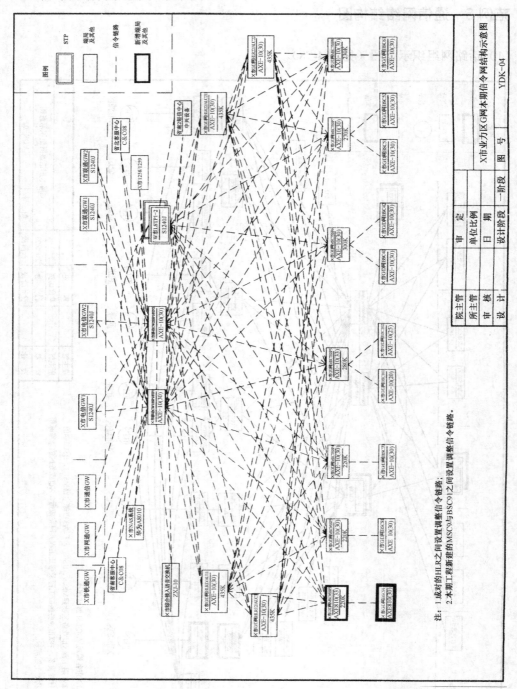

图 4-79　信令网结构示意图

项目小结

通信工程图是一种示意性工程图，它主要用图形符号、线框或简化外形表示系统或设备中各组成部分之间相互关系及其连接关系。

通信工程的设施设备主要有局（站）机房、电力系统、传输线路、通信设备，包括天馈线以及防雷、接地装置等。表示这些设施设备（装置）的图样有系统图、框图、接线图、接线表、电路图等，还有一种重要的工程图，那就是安装平面图。

通信设施设备和线路的平面布置在图上的表示方法通常有两种：一种是完全按实物的形状和位置，用正投影法绘制的图，另一种是不考虑实物的形状，只考虑实物的位置，按图形符号的布局对应于实物的实际位置的表示方法而绘制的简图。平面图就是这种简图。

安装平面图是用图形符号绘制，用来表示一个区域或一个建筑物中的电气装置、设备、线路等的安装位置、连接关系及其安装方法的简图。

简图的绘制应做到布局合理、排列均匀，能清晰地表示传输线路中装置、设备和系统的构成及组成部分的相互关系。

接线图也是一种简图，它主要用来表示装置、设备或成套设备的布线或布缆，提供各项目之间的连接关系、线缆种类和敷设路径等，用以进行接线和检查。用表格的方式表示接线关系的称接线表。接线图和接线表是最基本的电气图，是进行安装接线、线路检查、维修和故障分析处理的主要依据。

思考题

1. 绘制系统图分哪几步完成？
2. 通信电气工程包括哪些内容？
3. 管道光缆施工图的主体部分和辅助部分包含哪些内容？
4. 线路平面图可以用几种形式绘制？
5. 按照表达对象和用途的不同，接线图或接线表可以分为哪几种？
6. 电缆配置图和电缆配置表的作用是什么？有何要求？
7. 线扎的标记方法有哪几种？

项目实训

1. 绘制某通信站点的组成结构图（题图 4-1）。

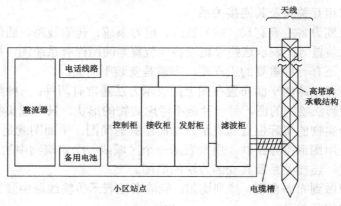

题图 4-1

2. 绘制机房空调回风系统图（题图 4-2）。

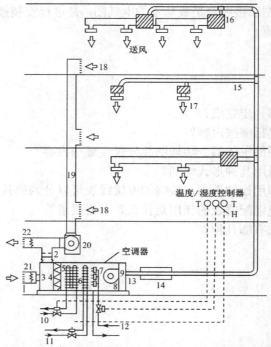

1—新风进口；2—回风进口；3—混合室；4—过滤器；5—空气冷却器；6—空气加热器；7—加湿器；8—风机；
9—空气分配室；10—冷却介质进出；11—加热介质进出；12—加湿介质进；13—主送风管；14—消声器；
15—送风支管；16—消声器；17—空气分配器；18—回风；19—回风管；20—循环风机；21—调风门；22—排风

题图 4-2

3．绘制爱立信 RBS2000 的告警部分 DF 架安装图（题图 4-3）。

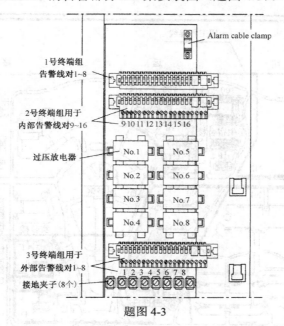

题图 4-3

4．绘制直埋光缆线路施工图（题图 4-4）。

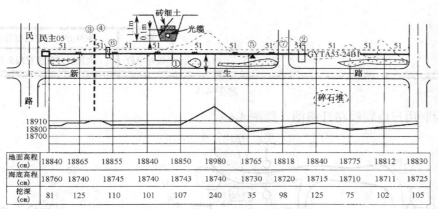

地面高程 (cm)	18840	18865	18855	18840	18850	18980	18765	18818	18840	18775	18812	18830
海底高程 (cm)	18760	18740	18745	18740	18743	18740	18730	18720	18715	18710	18711	18725
挖深 (cm)	81	125	110	101	107	240	35	98	125	75	102	105

图例：　　　　　　　计划道路边线　　　　　　现有道路中心线　　单位：米

注：①光缆于屋后通过施工应加装保护装置；
　　②光缆需要穿越该临时性的小屋，且已征得屋主同意，竣工后应速修复；
　　③跨越铁路施工问题，已征得××铁路管理局第×××号函同意；
　　④该铁路交通量大，故在跨越处采用顶管法，具体施工方法步骤见×××号图纸；
　　⑤直埋光缆个别地点距现有地面不足70cm处，回土时应填高到70cm；
　　⑥直线路由上标志位置可视实际需要情况，施工时调整放设；
　　⑦过马路用钢管或硬塑管保护。

题图 4-4

5．绘制室外管、井分布图（题图 4-5）。

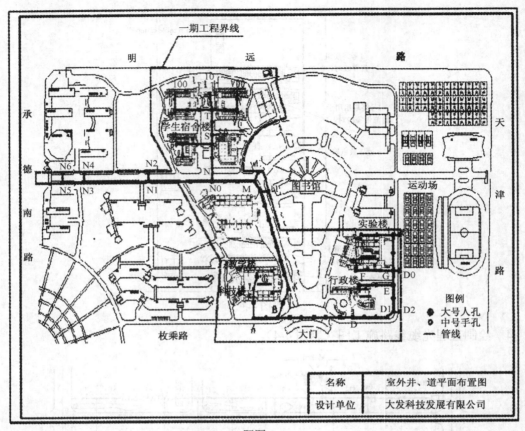

名称	室外井、道平面布置图
设计单位	大发科技发展有限公司

题图 4-5

6．绘制用户电缆线路杆路图（题图 4-6）。

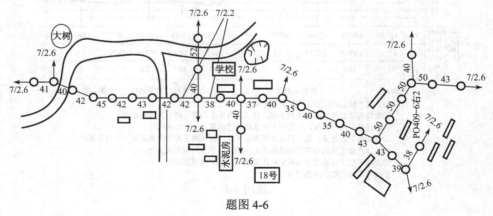

题图 4-6

7. 绘制室外弱电人井施工图（题图 4-7）。

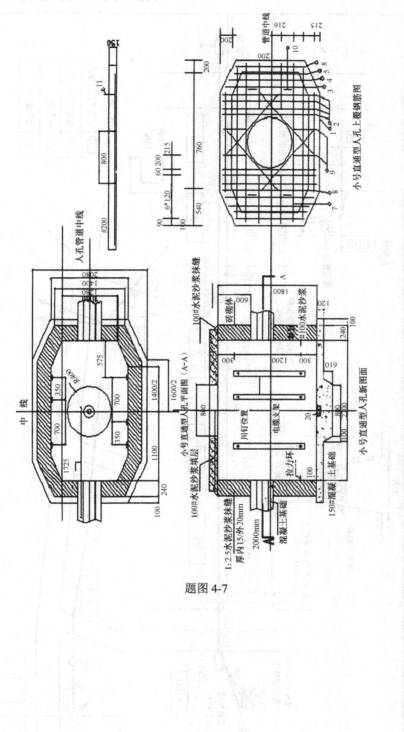

题图 4-7

8. 绘制管道及架空电缆施工图（题图 4-8）。

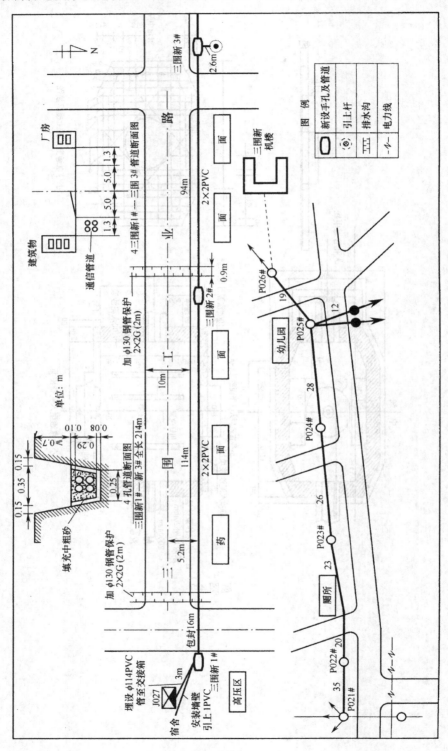

题图 4-8

项目五　通信工程概预算

项目要求

通信工程概预算是指初步设计概算和依据施工图确定通信工程的造价及工料消耗的文件。通过本项目的学习，应掌握如下主要内容。

（1）了解通信工程概预算的分类和作用。

（2）了解通信工程定额的分类及特点。

（3）熟悉概预算文件的组成和编制程序。

（4）熟悉工业和信息化部有关通信工程概预算的相关文件。

工程案例

1．背景

（1）某工程为管道建设工程，施工地段为丘陵地区。施工企业距施工所在地 100km，材料运输距离为 300km，机械设备总吨位 13 吨。采用一阶段设计。

（2）本工程技工总工日为 2500 工日，普工总工日为 6750 工日；施工机械使用费为 12500元，仪器仪表费为 0 元。

（3）本工程建设用地及综合赔补费为 500.00 元；勘察设计费为 4500.00 元；施工用水电费为 900.00 元。

（4）本工程不计取劳动安全卫生评价费、研究试验费、工程质量监督费、环境影响评价费、运土费、工程保险费、工程招标代理费。

（5）本工程委托监理费率为 3.2%，不成立筹建机构。

2．问题

请根据已知条件，按照工信部[2008]75 号文件规定编制"预算总表（表一）""建筑安装工程费用预算表（表二）"及"工程建设其他费用预算表（表五）甲"。计算结果要求精确到小数点后两位。

单元 1　了解概预算

通信建设工程项目的设计概预算是指初步设计概算和施工图设计预算的统称。设计的概预算是以初步设计和施工图设计为基础编制的，不仅是考核设计方案的经济性和合理性的重要指标，而且也是确定建设项目的建设计划、签署合同、办理贷款、进行竣工决算和考核工程造价的主要依据。

通信建设工程概预算是根据各个不同设计阶段的深度和建设内容，按照相关主管部门颁发的相关定额、设备、材料价格、编制方法、费用定额等有关文件，对通信建设项目、单项工程预先计算和确定其全部费用的文件，是工程项目设计文件的重要组成部分。

一般来说，概算要套用概算定额，预算要套用预算定额，若定额不全或不完整，则按相关规定办理。目前我国因为没有通信工程概算定额，在编制通信工程概算时，规定用通信工程预算定额代替概算定额。

及时、准确地编制出工程概预算，对加强建设项目管理，提高建设项目投资的社会效益、经济效益有着重要意义，也是加强建设项目管理的重要内容。

1. 通信工程概预算的分类

通信工程概预算可以根据不同的建设阶段、工程对象（或范围）、承包结算方式进行分类。按照工程建设阶段分类见图 5-1。

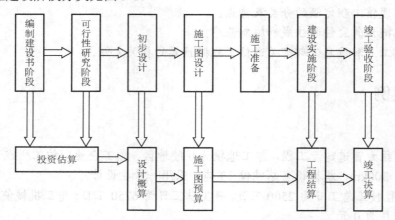

图 5-1　基本建设程序与工程造价形式关系图

1）投资估算

投资估算是在项目建议书和可行性研究阶段，依据现有的市场、技术、环境、经济等资料和一定的方法，对建设项目的投资数额进行估计，即投资估算造价。

2）设计概算

设计概算是指设计单位在初步设计或扩大初步设计阶段，根据设计图纸及说明书、设备清单、概算定额或概算指标、各项费用收费标准等资料、类似工程预（决）算的文件等资料，用科学的方法计算和确定建筑安装工程全部建设费用的经济文件。设计概算可分为三级概算，即单位工程概算、单项工程综合概算和建设项目总概算。

3）修正设计概算

当采用三阶段设计时，在技术设计阶段，随着对初步设计内容的深化，对建设规模、结构性质、设备类型等方面可能进行必要的修改和变动，此时，对初步设计总概算也应进行相应的调整和变动，即形成修正设计概算。一般情况下，修正设计概算不能超过原已批准的概算投资额。修正设计概算的作用与设计概算的作用基本相同。

4）施工图预算

施工图预算是确定建筑安装工程预算造价的文件。它是在施工图设计完成以后，以施工图为依据，根据预算定额、费用标准以及地区人工、材料、机械台班的预算价格编制的经济文件。

根据施工图设计和预算定额编制工程详细预算。在我国，施工图预算是建筑企业和建设单位签署承包合同和办理工程结算的依据，也是建筑企业编制计划、实行经济核算和考核经营成果的依据。在实行招标承包制的情况下，是建设单位确定标底和建筑企业投标报价的依据。施工图预算是关系到建设单位和建筑企业经济利益的技术经济文件，如在执行过程中发生经济纠纷，应经仲裁机关仲裁，或按法律程序解决。

5）工程结算

工程结算指施工单位与建设单位之间根据双方签署合同（含补充协议）、变更单、现场签证和图纸、各种验收资料及施工记录等资料进行的工程合同价款结算。工程结算可分为：工程定期结算、工程阶段结算、工程年终结算、工程竣工结算。

6）竣工决算

建设项目竣工决算是指所有建设项目竣工后，建设单位按照国家有关规定在新建、改建和扩建工程建设项目竣工验收阶段编制的竣工决算报告，它是反映建设项目实际造价和投资效果的文件，是竣工验收报告的重要组成部分。应在办理所有竣工验收手续之前，对所有建设项目的财产和物资进行认真清理，及时正确地编制竣工决算，总结分析建设过程的经验教训，提高工程造价管理水平和收集技术经济资料，为有关部门制定类似工程的建设计划与修订概预算定额指标提供资料和经验。

2．概算和预算的作用

1）概算的作用

概算是用货币形式综合反映和确定建设项目从筹建至竣工验收的全部过程建设费用，其主要作用有以下几点。

（1）设计概算是确定和控制固定资产投资、编制和安排投资计划、控制施工图设计预算的主要依据。

一个建设项目对人、财、物的需要量，是通过项目的设计概算来确定的，所以设计概算是确定建设项目所需投资总额及其构成的依据，同时也是确定年度建设计划和年度建设投资额的基础。因此，设计概算编制质量的好坏将直接影响年度建设计划的编制质量，因为只有根据正确的设计概算，才能使年度建设计划安排的投资额既能保证项目建设的需要，又能节约建设资金。

经批准的设计概算是确定建设项目或单项工程所需投资的计划额度。设计单位必须严格按照批准的初步设计中的总概算进行施工图设计预算的编制，施工图预算不应突破设计概算。

（2）概算是签署建设项目总承包合同、实行投资包干以及核定贷款额度的主要依据。

建设单位根据批准的设计概算办理建设贷款，安排投资计划，控制贷款。如果建设项目投资额突破设计概算时，应查明原因后由建设单位报请上级主管部门调整或追加设计概算总投资额。

（3）概算是考核工程设计技术经济合理性和工程造价的的主要依据之一。

设计概算是项目设计方案经济合理性的反映，可以用来比较不同的设计方案的技术性和经济性，从而为选择最佳的设计方案提供依据。

显然，一个能够达到预定生产能力的建设项目，由于设计方案不同而需要的建设费用定会不同，这就如同在实际的预算编制过程中针对同一项目由不同的人来编制预算却有不同的结果一样，更何况这里是针对不同的设计方案。设计方案是编制概算的基础，设计方案的经济合理性是以货币指标来反映的。当不同的设计方案出来之后，就可利用设计概算中用货币表示的技术经济指标，进行技术经济分析比较，以便选择最经济合理的设计方案。

（4）概算是筹备设备、材料和签署订货合同的主要依据。

设计概算经批准后，建设单位就可以开始按照设计提供的设备、材料清单，对生产厂家的设备性能及价格进行调查、询价，按设计要求进行比较，选择性价比最优的产品，签署订货合同，进行建设筹备工作。

（5）概算在工程招标承包制中是确定标底的主要依据。

工程项目施工招标发包时，须以设计概算为基础编制标底，以此作为评标、决标的依据。施工企业为了在投标竞争中得到承包任务，必须编制标书，标书中的报价也应以概算为基础进行估价，过高、过低均有可能失标。

2）预算的作用

将概算进一步具体化就成了施工图预算。它是根据施工图算出的工程量、套用现行预算定额和费用定额规定的费率标准及计算方法、签署的设备材料合同价或设备材料预算价格等进行计算和编制的工程费用文件。它具有以下几点重要作用。

（1）预算是考核工程成本、确定工程造价的主要依据。

根据单项工程的施工图纸计算出其实际工程量，然后按现行预算定额、费用标准等，算出工程的施工生产费用，再加上规定应计列的其他费用，就得出建筑安装工程的价格，即工程预算造价。由此可见，只有正确地编制施工图预算，才能合理地确定工程的预算造价。

（2）预算是签署工程承、发包合同的依据。

建设单位与施工企业的费用往来，是以施工图预算及双方签署的合同为依据的，所以施工图预算又是建设单位监督工程拨款和控制工程造价的一项主要依据。对于实行招投标的工程，施工图预算又是建设单位确定标底和施工企业进行估价的依据，同时也是签署年度总包和分包合同的依据。

（3）预算是工程价款结算的主要依据。

施工图预算要根据设计文件的编制程序编制，它对确定单项工程造价具有特别重要的作用。施工图预算列出的各单位工程对人工、材料和机械的需要量等，是施工企业编制施工计划、进行施工准备和统计、核算等不可或缺的依据。

（4）预算是考核施工图设计技术经济合理性的主要依据之一。

如经常在一些施工图预算文件的编制说明中出现的××元/芯千米、××元/对千米等就是施工图设计的技术经济指标，这也是审批部门最为关注的指标之一，因为它直接决定了工程项目的整体造价。

3. 不同设计阶段概预算的划分

针对不同的工程建设项目，根据其规模的不同划分成不同的阶段设计，如图 5-2 所示。不同的阶段设计要求编制不同的概预算文件，具体分为以下几种。

（1）三阶段设计：初步设计阶段要求编制设计概算；技术设计阶段要求编制修正概算；施工图设计阶段要求编制施工图预算。

（2）二阶段设计：初步设计阶段要求编制设计概算；施工图设计阶段要求编制施工图预算。

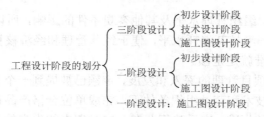

图 5-2　工程设计阶段的划分

（3）一阶段设计：编制施工图预算，按单项工程处理，反映工程费、工程建设其他费和预备费，即反映全部概算费用。

4．概预算的构成

1）初步设计概算的构成

建设项目在初步设计阶段必须编制概算。设计概算的组成由建设规模的大小确定，一般由建设项目总概算、若干单项工程概算组成。单项工程概算由工程费、工程建设其他费、预备费、建设期利息四部分组成；建设项目总概算等于各单项工程概算之和，它是一个建设项目从筹建到竣工验收的全部投资之和，其构成如图 5-3 所示。

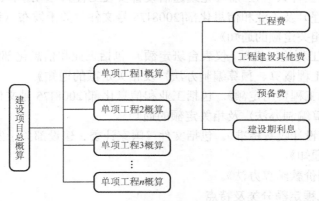

图 5-3　建设项目总概算构成

2）施工图设计预算的构成

在建设项目施工图设计阶段编制预算。预算一般应包括工程费和工程建设其他费。若为一阶段设计时，除工程费和工程建设其他费之外，另外列预备费（费用标准按概算编制办法计算）；对于二阶段设计时的施工图预算，由于初步设计概算中已列有预备费，所以二阶段设计预算中不再列出预备费。

单元 2　定额

任务 1　掌握工程定额的概念

1．定额的定义

在生产过程中，为了完成某一单位合格产品，就要消耗一定的人工、材料、机具设备和资金。由于受技术水平、组织管理水平及其他客观条件的影响，所以不同工程消耗水平是不相同的。因此，为了统一考核其消耗水平，便于经营管理和经济核算，就需要有一个统一的平均消耗标准，这个标准就是定额。

随着通信建设工程项目管理的深入和发展，定额已被提到一个非常重要的位置。所谓定额，就是在一定的生产技术和劳动组织条件下，完成单位合格产品在人力、物力、财力的利用和消耗方面应当遵守的标准。它反映行业在一定时期内的生产技术和管理水平，是企业搞好经营管理的前提，也是企业组织生产、引入竞争机制的手段，是进行经济核算和贯彻"按劳取酬"原则的依据。在项目建设的各个阶段，根据科学的计价依据采用先进的计价管理手段，是合理确定和有效控制工程造价的重要保证。定额属于技术经济范畴，是实行科学管理的基础工作之一。

2．现行通信建设工程定额文件

目前，通信建设工程有预算定额和费用定额。由于现在还没有概算定额，在编制概算时，暂时用预算定额代替。各种定额执行的文件如下。

（1）《通信建设工程预算定额》。主要包括：第一册（通信电源设备安装工程）、第二册（有线通信设备安装工程）、第三册（无线通信设备安装工程）、第四册（通信线路工程）、第五册（通信管道工程）及工业和信息化部[2008]75 号文件《关于发布〈通信建设工程概算、预算编制办法〉及相关定额的通知》。

（2）《通信建设工程施工机械、仪表台班定额》。包括工业和信息化部[2008]75 号文件《关于发布〈通信建设工程概算、预算编制办法〉及相关定额的通知》。

（3）《通信建设工程费用定额》。包括工业和信息化部[2008]75 号文件《关于发布〈通信建设工程概算、预算编制办法〉及相关定额的通知》。

（4）《工程勘察设计收费标准》。包括文件《国家计委、建设部关于发布〈工程勘察设计收费管理规定〉的通知》。

（5）《通信工程价款结算办法》。

3．通信建设工程定额分类及特点

1）定额分类

通信建设工程定额是一个综合概念，是通信工程建设中各类定额的总称。为了对通信建设工程定额能有一个全面的了解，我们可以按照不同的原则和方法对它进行科学分类。

（1）按通信建设工程定额反映的物质消耗内容分类：

① 劳动消耗定额（简称劳动定额）。在施工定额、预算定额、概算定额等多种定额中，劳动消耗定额都是其中重要的组成部分。"劳动消耗"在这里仅指活劳动的消耗，而不是活劳动和物化劳动的全部消耗。劳动消耗定额是完成一定的合格产品（工程实体或劳务）规定活劳动消耗的数量标准。由于劳动消耗定额大多采用工作时间消耗量来计算劳动消耗量，所以劳动消耗定额主要表现形式是时间定额，但同时也表现为产量定额。

② 材料消耗定额（简称材料定额）。它是指完成一定合格产品所需要消耗材料的数量标准。材料是指工程建设中使用的原材料、成品、半成品、构配件等。材料作为劳动对象是构成工程的实体物资，需要数量大，种类繁多，所以材料消耗量多少，消耗是否合理，不仅关系到资源的有效利用，影响市场供求状况，而且对建设工程的项目投资、建筑产品的成本控制都起着决定性作用。

③ 机械消耗定额（简称机械定额）。它是指为完成一定合格产品（工程实体或劳务）所规定的施工机械消耗的数量标准。机械消耗定额的主要表现形式是机械时间定额，但同时也表现为产量定额。在我国机械消耗定额主要以一台机械工作一个工作班（八小时）为计量单位，所以又称为机械台班定额。和劳动消耗定额一样，机械消耗定额是施工定额、预算定额、概算定额等多种定额的组成部分。

（2）按定额的编制程序和用途分类：

① 施工定额。施工定额是施工单位直接用于施工管理的一种定额，是编制施工作业计划和施工预算、计算工料及向班组下达任务书的依据。施工定额主要包括：劳动消耗定额、机械消耗定额和材料消耗定额三个部分。

施工定额是按照平均先进的原则编制的，它以同一性质的施工过程为对象，规定劳动消耗量、机械工作时间（生产单位合格产品所需的机械工作时间，单位用台班表示）和材料消耗量。

② 预算定额。预算定额是编制预算时使用的定额，是确定一定计量单位的分部、分项工程或结构构件的人工（工日）、机械（台班）和材料的消耗数量的标准。

每一项分部、分项工程的定额都规定有工作内容，以便确定该项定额的适用对象，而定额本身则规定有人工工日数（分等级表示或以平均等级表示）、各种材料的消耗量（次要材料综合地以价值表示）和机械台班数量这三方面的实物指标。统一预算定额里的预算价值是以某地区的人工、材料、机械台班预算单价为标准计算的，称为预算基价。基价可供设计、预算比较参考。编制预算时，如不能直接套用基价，则应根据各地的预算单价和定额的工料消耗标准编制地区估价表。

③ 概算定额。概算定额是编制概算时使用的定额，是确定一定计量单位扩大分部、分项工程的人工、材料和机械台班消耗量的标准，是设计单位在初步设计阶段确定建筑（构筑物）概略价值、编制概算、进行设计方案经济比较的依据。它也可供概略地计算人工、材料和机械台班的需要数量，作为编制基建工程主要材料申请计划的依据，其内容和作用与预算定额相似，但项目划分较粗，没有预算定额的准确性高。

④ 投资估算指标。投资估算指标是在项目建议书可行性研究阶段编制投资估算、计算投资需要量时使用的一种定额。它往往以独立的单项工程或完整的工程项目为计算对象，其概括程度与可行性研究阶段相适应，主要作用是为项目决策和投资控制提供依据。投资估算指标虽然往往根据历史的预、决算资料和价格变动等资料编制，但其编制基础仍然离不开预算定额和概算定额。

⑤ 工期定额。工期定额是为各类工程规定的施工期限的定额天数，是评价工程建设速度、编制施工计划、签署承包合同、评价全优工程的可靠依据。它包括建设工期定额和施工工期定额两个层次。建设工期是指建设项目或独立的单项工程在建设过程中所耗费的时间总量，一般以月数或天数表示。它是指从开工建设时计起，到全部建成投产或交付使用时为止所经历的时间，但不包括由于计划调整或暂停建设所延误的时间。施工工期一般是指单项工程或单位工程从开工到完工所经历的时间，它是建设工期的一部分。如单位工程施工工期，是指从正式开工起至完成承包工程全部设计内容并达到验收标准的全部有效天数。

（3）按主管单位和管理权限分类：

① 行业定额。行业定额是各行业主管部门根据其行业工程技术特点，以及施工生产和

管理水平编制的，在本行业范围内使用的定额，如通信建设工程定额。

② 地区性定额（包括省、自治区、直辖市定额）。地区性定额是各地区主管部门考虑本地区特点而编制的，在本地区范围内使用的定额。

③ 企业定额。企业定额是指由施工企业考虑本企业具体情况，参照行业或地区性定额的水平编制的定额，它只在本企业内部使用，是企业素质的一个标志。企业定额水平一般应高于行业或地区现行施工定额，以满足生产技术发展、企业管理和市场竞争的需要。

④ 临时定额。临时定额是指随着设计、施工技术的发展，在现行各种定额不能满足需要的情况下，为了补充缺项，由设计单位联合建设单位所编制的定额。设计中编制的临时定额只能一次性使用，并须向有关定额管理部门上报备案，作为修改、补充定额的基础资料。

2）定额的特点

定额具有科学性、系统性、统一性、权威性和强制性、稳定性、时效性等特点。

（1）科学性。建设工程定额的科学性包括两重含义：一是指建设工程定额必须和生产力发展水平相适应，反映出工程建设中生产消费的客观规律；二是指建设工程定额管理在理论、方法和手段上必须科学化，以适应现代科学技术和信息社会发展的需要。

通信建设工程定额的科学性主要表现在以下方面：

① 科学的制定定额态度。尊重客观事实，力求定额水平高低合理，易于被认同和接受。

② 制定方法的科学性。必须掌握一整套系统以及完整、有效的制定定额的科学方法，才能将定额制定好，才能得到广大工程建设人员的肯定与执行，否则就是废纸一张。

③ 制定和贯彻的一致性、科学性。制定是为了贯彻时有依据，贯彻是为了实现管理的目标，也是对定额的信息反馈，可以从实践中总结其使用的不足，反过来提高制定的水平。

（2）系统性。通信建设工程定额是相对独立的系统，它是由多种定额结合而成的有机整体，它的系统性是由工程建设的特点决定的。按照系统论的观点，工程建设就是庞大的实体系统，建设工程定额是为这个实体系统服务的，因而工程建设本身的多种类、多层次就决定了以它为服务对象的建设工程定额的多种类、多层次。各类工程的建设都有严格的项目划分，如建设项目、单项工程、单位工程、分部分项工程，在计划和实施过程中有严密的逻辑阶段，如规划、可行性研究、设计、施工、竣工交付使用以及投入使用后的维修等，与此相适应必然形成建设工程定额的多种类、多层次。

（3）统一性。通信建设工程定额的统一性主要是由国家对经济发展的有计划的宏观调控职能决定的。为了使国民经济按照既定的目标发展，就需要借助于某些标准、定额、参数等，对工程建设进行规划、组织、调节、控制，而这些标准、定额、参数必须在一定范围内有统一的尺度，才能实现上述职能，我们才能利用它对项目的决策、设计方案、投标报价、成本控制进行比较、选择和评价。

工程定额的统一性按照其影响力和执行范围来看，有全国统一定额、地区性定额和行业定额等；按照定额的制定、颁布和贯彻使用来看，有统一的程序、原则、要求和用途。

（4）权威性和强制性。定额一旦公布实施就具有很大的权威性。权威性反映统一的意志和统一的要求，也反映信誉和信赖程度。强制性反映刚性约束，反映定额的严肃性，不能随意更改。

通信建设工程定额的权威性和强制性的客观基础是定额的科学性。只有科学的定额才具有权威性。在市场经济条件下，通信建设工程定额会涉及到各有关方面的经济关系和利益关系，赋予其一定的强制性，对于定额的使用者和执行者来说，必须避开主观的意愿，按定额的规定执行。在当前市场不规范的情况下，这种强制性不仅是定额作用得以发挥的有力保障，也有利于理顺工程建设有关各方面的经济关系和利益关系。

（5）稳定性。定额是对一定时期技术发展和管理的反映，因而在一段时期内它应该是稳定不变的。根据具体情况不同，稳定的时间有长有短。保持建设工程定额的稳定性是维护其权威性所必需的，更是有效地贯彻建设工程定额所必需的。如果定额处于经常修改变动之中，那么必然造成执行中的困难和混乱，使人们感到没有必要去认真对待它，定额就会丧失权威性。

（6）时效性。通信建设工程定额的稳定性是相对的。在一个较短的时期内来看，定额是稳定的，但在一个较长的时期内来看，定额是变化的，是具有时效性的。任何一种定额，都只能反映一定时期的生产力水平，当生产力向前发展了，原有定额就会与已发展的生产力水平不相适应，使得它的作用被逐步弱化以致消失，甚至产生负效应。所以，通信建设工程定额在具有稳定性特点的同时又具有显著的时效性，当定额不再起到促进生产力发展作用时，就要被重新编写或修订。正如由（1995）626号文件所制定的定额到（2008）75号文件所制定的定额，期间经过了十多年的相对稳定，但由于这期间我国经济高速发展，各种新技术、新工艺不断涌现，同时物价也在不断地上涨，所以到了2008年，根据诸多通信运行企业的要求和呼声对定额进行修订就是很自然的事情了。

由此可见，定额在一段时期内是稳定的，从长远来看，它又是变动的。

任务2　熟悉通信建设工程预算定额

1．预算定额的作用
（1）预算定额是编制施工图预算、确定和控制建筑安装工程造价的计价基础。
（2）预算定额是落实和调整年度建设计划，对设计方案进行技术经济分析比较的依据。
（3）预算定额是施工企业进行经济活动分析的依据。
（4）预算定额是编制标底、投标报价的基础。
（5）预算定额是编制概算定额和概算指标的基础。

2．通信建设工程预算定额的编制
为保证预算定额的质量，充分发挥其在通信建设工程中的作用，预算定额的编制应体现通信行业的特点，其具体的编制原则和方法如下。

（1）贯彻相关编制原则：

① 贯彻国家和原邮电部关于修编通信建设工程预算定额的相关政策精神，坚持实事求是，做到科学、合理地执行。

② 贯彻"控制量""量价分离""技普分开"的原则。

- 严格控制量：指预算定额中的人工、主材、机械台班的消耗量是法定的，任何单位和个人不得擅自调整。

- 实行量价分离：指预算定额中只反映人工、主材、机械台班的消耗量，而不反映其单价（单价由主管部门或造价管理归口单位另行发布），以体现以市场为导向的经济发展规律。

● 技普分开：指凡是由技工操作的工序内容均按技工计取工日，凡是由非技工操作的工
序内容均按普工计取工日（军民共建通信工程中的普工均按成建制普工计取工日）。

对于设备安装工程一般均按技工计取工日（即普工为零）。通信线路工程和通信管道工
程按上述相关要求分别计取技工工日、普工工日。

（2）预算定额子目编号规则。定额子目编号由三部分组成：第一部分为汉语拼音缩写（三
个字母），表示预算定额的名称；第二部分为一位阿拉伯数字，表示定额子目所在章的章号；
第三部分为三位阿拉伯数字，表示定额子目在章内的序号，如图 5-4 所示。

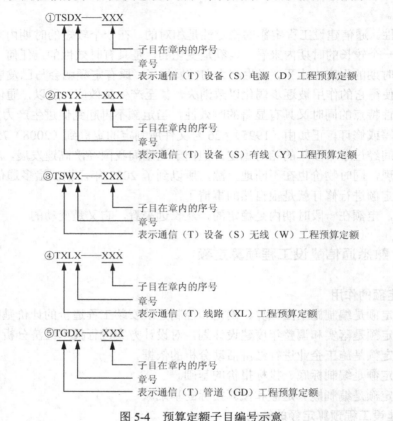

图 5-4   预算定额子目编号示意

例如"TXL2-129"表示《通信线路工程》（2008 版）第二章的第 129 条子条目，其内容
在第二章"敷设埋式光（电）缆"中第四节"埋式光（电）缆保护与防护"的"铺水泥盖板"
部分，计量单位为 km，技工 2.00，普工 13.0，所需材料为水泥盖板，需 2024 块。

（3）人工工日及消耗量的确定。预算定额中人工消耗量是指完成定额规定计量单位所需
要的全部工序用工量，一般应包括基本用工、辅助用工和其他用工。

① 基本用工。由于预算定额是综合性的定额，每个分部、分项定额都综合了数个工序
内容，各种工序用工工效应根据施工定额逐项计算，因此完成定额单位产品的基本用工量包
括该分项工程中主体工程的用工量和附属于主体工程的各项工程的加工量。

通信工程预算定额项目基本用工的确定有三种方法：对于有劳动定额依据的项目，基本
用工一般应按劳动定额的时间定额乘以该工序的工程量计算确定；对于无劳动定额可依据的
项目，基本用工量是参照现行其他劳动定额，通过细算粗编，在广泛征求设计、施工、建设

等部门的意见及施工现场调查研究的基础上确定的；对于新增加的定额项目且无劳动定额可供参考的，一般可参考相近的定额项目，结合新增施工项目的特点和技术要求，先确定施工劳动组织和基本用工过程，根据客观条件和工人实际操作水平确定日进度，然后根据该工序的工程量确定基本用工。

②　辅助用工。辅助用工指劳动定额未包括的工序用工量，包括施工现场某些材料临时加工用工和排除一般故障、维持必要的现场安全用工等。施工现场临时材料加工用工量的计算一般是按加工材料的数量乘以相应时间定额来确定的。

③　其他用工。其他用工是指劳动定额中未包括而在正常施工条件下必然发生的零星用工量，是预算定额的必要组成部分，编制预算定额时对此必须加以计算。内容包括：

- 在正常施工条件下各工序间的搭接和工种间的交叉配合所需的停歇时间。
- 施工机械在单位工程之间转移及临时水电线路在施工过程中移动所发生的不可避免的工作停歇时间。
- 工程质量检查与隐蔽工程验收影响工人操作的时间。
- 因场内单位工程之间操作地点的转移而影响工人操作的时间，施工过程中工种之间交叉作业的时间。
- 施工中细小、难以测定、不可避免的工序和零星用工所需的时间等。

其他用工一般按预算定额的基本用工量和辅助用工量之和的 10%计算。

（4）主要材料及消耗量的确定。主要材料指在建设安装工程中或产品构成中形成产品实体的各种材料。主要材料的消耗指标是根据编制预算定额时选定的有关图纸、测定的综合工程量数据、主要材料消耗定额、科学实验资料、有关理论计算公式等逐项综合计算得出的，即先算出净用量，再加上损耗量，以实用量列入预算定额。

①　主要材料净用量。主要材料净用量是指不包括施工现场运输和操作损耗，完成一定量单位产品所需某种材料的用量，要根据设计规范、施工及验收规范、材料规格、理论公式和编制预算定额时测定的有关工程量数据等综合进行计算。

②　主要材料损耗量：

- 周转性材料摊销量。周转性材料摊销量是指施工过程中多次周转使用的材料。此种材料每次施工完成之后还可以再次使用，但在每次用过之后必然发生一定的损耗，经过若干次使用之后报废或仅剩残值。因此，这种材料的消耗就要以一定的摊销量分摊到部分分项工程预算定额中。例如：水底电缆敷设船只组装、机械顶钢管、管道沟挡土板所用木材等，一般按周转 10 次摊销。在预算定额编制过程中，对周转性材料应严格控制周转次数，以促使施工企业合理使用材料，充分发挥周转性材料的潜力，减少材料损耗，降低工程成本。
- 主要材料损耗量。主要材料损耗量指材料在运输和生产操作过程中不可避免的合理损耗量，要根据材料净用量和相应的材料损耗率计算。主要材料损耗量的大小直接影响预算定额的材料消耗水平，所以材料损耗率的确定与材料损耗量的计算，是编制预算定额中的关键问题。通信工程预算定额的主要材料损耗率的确定是按合格的原材料，在正常施工条件下，以合理的施工方法，结合现行定额水平综合取定的。

注意：预算定额中的材料只反映主材，其辅材费可按费用定额的规定另行计算。

（5）施工机械台班及消耗量的确定。通信工程中凡是可以计取台班的施工机械，定额子目中均给定了台班消耗量。预算定额中施工机械台班消耗量标准包括完成定额计量单位产品所需要的各种施工机械的台班数量。所谓机械台班数量是指以一台施工机械一天（8 小时）完成合格产品数量作为台班产量定额，再以一定的机械幅度差来确定单位产品所需要的机械台班量。基本用量的计算公式为：

预算定额中施工机械台班消耗量=某单位合格产品数量/每台班产量定额×机械幅度差系数

或

$$预算定额中施工机械台班消耗量=1/每台班产量$$

影响机械幅度差系数的主要因素有：

① 初期施工条件限制所造成的工效差。

② 工程结尾时工程量是否饱满，机械利用率的高低。

③ 施工作业区内移动机械所需要的时间。

④ 工程质量检查所需要的时间。

⑤ 机械配套使用时相互影响的时间。

3. 现行通信建设工程预算定额的构成

以《通信建设工程预算定额》为例，该预算定额由工信部发布的[2008]75 号文件、总说明、册说明、目录、章节说明、定额项目表和附录构成。

1）总说明

总说明阐述定额的编制原则、指导思想、编制依据和适用范围，同时还说明编制定额时已考虑和未考虑的各种因素以及有关规定和使用方法等。在使用定额时应首先了解和掌握这部分内容，以便正确地使用定额。总说明具体内容如下。

① 通信建设工程预算定额是通信行业标准。

② 通信建设工程预算定额包括以下内容。

● 第一册：电信设备安装工程。

● 第二册：通信线路工程。

● 第三册：邮政设备安装工程。

③ 本定额适用于新建、扩建工程，改建工程可参照使用。用于扩建、拆除工程时应按有关分册章节说明执行。

④ 本定额是以国家和原邮电部发布的现行施工及验收技术规范、技术操作规程、质量评定标准、通用图、标准图、产品技术标准和安全操作规程为依据，在原 1986 年编制的《全国统一安装工程预算定额》第四册、第五册及补充预算定额等基础上编制的。

⑤ 本定额是按大多数施工企业采用的施工方法、机械装备、合理的劳动组织制定的。

⑥ 本定额是按下列条件进行编制的：

● 设备、材料、成品（半成品）、构件符合质量标准和设计要求，并附有合格证书和试验记录。

● 通信工程与土建工程之间、通信工程各专业之间的交叉配合及施工环境正常。

⑦ 本定额根据量价分离的原则，只反映人工工日、主要材料、机械台班的消耗量。

⑧ 关于人工的说明：

● 本定额的人工分为技术工和普通工。

● 本定额的人工包括施工的基本用工和其他各种辅助用工。

⑨ 关于材料的说明：

● 本定额中的主要材料包括直接用在安装工程中的材料使用量和规定的损耗量。

- 定额中带有括号和以分数表示的材料是供设计选用的，但选用时，定额规定的用量不得改变；"*"表示由设计确定其用量。
- 本定额只列主要材料消耗量，所需辅助材料费（含其他材料费）按概、预算编制办法的规定计取。
- 本定额不包含施工用的水、电等费用，该费用应在设计概、预算中根据工程具体情况另行计列。

⑩ 关于施工机械的说明：本定额的施工机械台班消耗量是按正常合理的机械配备和大多数施工企业的机械装备情况综合取定的，使用时均不得调整。在编制概、预算时，依据机械台班使用总量，按规定的台班单价计算施工机械使用费。

⑪ 本定额各章节的工作内容中，除已说明的工序外，还包括工种间交叉配合，临时移动水源、电源，配合质量检查，设备调试和施工作业现场范围内的器材运输等。

⑫ 在高原、高寒、沙漠、沼泽等特殊地区以及在洞、库、水下施工时，除本定额已有说明之外，其他应按有关部门的规定执行。

- 在高原地区施工时，本定额人工工日、机械台班量应乘以如表 5-1 所示的系数。

表 5-1　高原地区调整系数表

海拔高度/m		2000 以上	3000 以上	4000 以上
调整系数	人　工	1.13	1.25	1.37
	机　械	1.29	1.54	1.84

- 在原始森林地区（室外）及沼泽地区施工时人工工日、机械台班须乘以系数 1.30。
- 在非固定沙漠地带进行室外施工时，人工工日须乘以系数 1.10。

⑬ 定额中的材料尺寸单位，凡未注明者均为毫米。

⑭ 定额中凡采用"××以内"或"××以下"字样者均包括"××"本身；凡采用"××以外"或"××以上"字样者均不含"××"本身。

⑮ 凡本说明未尽事宜，应按各分册章节说明和附注执行。

2）册说明

通信建设工程预算定额包括三册，册说明阐述该册的内容、编制基础和使用该册应注意的问题及有关规定等。

3）章节说明

每册都包含若干章节，每章都有章节说明。它主要说明分部分项工程的工作内容、工程量计算方法、本章节有关规定、计量单位、起止范围、应扣除和应增加的部分等。这部分是工程量计算的基本规则，必须全面掌握。不读懂章节说明，就无法正确计算出工程量，也就制定不出科学合理的工程预算。

4）定额项目表

定额项目表是预算定额的主要内容，项目表列出了分部分项工程所需的人工、主材、机械台班的消耗量。例如第二册《通信线路工程》中第四章第一节中平原敷设埋式光缆的定额项目表如表 5-2 所示。

表 5-2　平原敷设埋式光缆

定额编号			TX4-013	TX4-014	TX4-015	TX4-016	TX4-017
项　　目			平原敷设埋式光缆				
			12 芯以下	36 芯以下	60 芯以下	84 芯以下	108 芯以下
名　　称		单位	数　　量				
人工	技　工	工日	16.00	21.60	27.20	32.80	38.40
	普　工	工日	41.00	43.40	45.80	48.20	50.60
主要材料	埋式光缆	m	1005.00	1005.00	1005.00	1005.00	1005.00
	普通标石	个	6.12	6.12	6.12	6.12	6.12
	镀锌铁线 ϕ1.5mm	kg	1.02	1.02	1.02	1.02	1.02
	镀锌铁线 ϕ3.0mm	kg	0.51	0.51	0.51	0.51	0.51
	镀锌铁线 ϕ4.0mm	kg	0.51	0.51	0.51	0.51	0.51

5）附录

预算定额的最后列有附录，供使用预算定额时参考，其中第一册和第三册没有附录，第二册共有 26 个附录。

4．预算定额的使用方法

要准确套用定额，除了对定额作用、内容和适用范围应有必要的了解以外，还应仔细了解定额的有关规定，熟悉定额所定义的各项工作内容等，当然这与你的通信工程专业知识和工程建设经验是密切相关的。一般来说，在选用预算定额项目时要注意以下几点。

1）准确确定定额项目名称

名称不对，就会找不到所要套用的定额编号。同时计价单位也应与定额规定的项目内容相对应，以便直接套用。定额数量的换算应按定额规定的系数进行调整。

2）看清、看准定额的计量单位

预算定额在编制时，为预算价值的精确性，对许多定额项目，采用了扩大计量单位的办法。如山区敷设埋式电缆，以千米条为单位，在使用定额时必须特别注意计量单位的规定，避免出现小数点定位的错误。

3）注意定额项目表下的注释

注释说明了人工、主材、机械台班消耗量的使用条件和增减等相关规定。

任务 3　熟悉通信建设工程概算定额

1．概算定额的概念

概算定额也称为扩大结构定额，是由国家或其授权部门制定的，用于确定一定计量单位扩大分部分项工程的人工、材料和机械消耗量的标准。它在预算定额基础上，根据若干个有代表性的施工图统计，取定单位工程综合工程定额，所以比预算定额更具有综合性。它是编制扩大初步设计概算，控制项目投资的依据。

因为都是定额，概算定额的结构当然与预算定额差不多，均由相关部门下发的执行文件、总说明、册说明、章节说明、定额内容和必要的附录（非必需）等构成。在总说明中，明确了编制概算定额的依据、所包括的内容和用途、使用的范围和应遵守的规定、工程量的计算规则、某些费用的取费标准和工程概算造价的计算公式等；章节说明中规定了分部的工程量计算规定及所包含的定额项目和工作内容等。由于目前通信建设工程没有概算定额，所以建议读者去看看建筑工程概算定额，就会一目了然。

2．概算定额的作用

（1）概算定额是编制概算、修正概算的主要依据。从本书前述的相关内容中可知，应按设计的不同阶段对拟建工程估价，初步设计阶段应编制概算，技术设计阶段应修正概算，因此必须要有与设计深度相适应的计价定额。概算定额是为适应这种设计深度而编制的。

（2）概算定额是编制主要材料订购计划的依据。对于项目建设所需要的材料、设备，应先提出采购计划，再据此进行订购。根据概算定额的材料消耗指标计算工、料数量比较准确、快速，可以在施工图设计之前提出计划。

（3）概算定额是设计方案进行经济分析的依据。对设计方案的比较主要是对建筑、结构方案进行技术、经济比较，目的是选出经济合理的优秀设计方案。概算定额按扩大分项工程或扩大结构构件划分定额项目，可为设计方案的比较提供便利的条件。

（4）概算定额是编制概算指标的依据。概算指标较之概算定额更加综合，范围更广，因此编制概算指标时，以概算定额作为基础资料。

（5）使用概算定额编制招标标底、投标报价，既有一定的准确性，又能快速完成报价。

对于通信建设工程而言，由于使用预算定额替代概算定额，也就是说预算定额就是概算定额，所以概算定额的构成及使用方法完全同于预算定额，在此不再重复。

3．概算定额的编制

1）概算定额的编制原则

概算定额应该贯彻符合社会平均水平和简明适用的原则。由于概算定额和预算定额都是工程计价的依据，所以应符合价值规律和反映现阶段生产力水平。在概、预算定额水平之间应保留必要的幅度差，并在概算定额的编制过程中严格控制。为了事先确定造价及控制项目投资，概算定额要尽量不留或少留可变指标。

2）概算定额的编制依据

① 现行的设计标准规范。

② 现行建筑和安装工程预算定额。

③ 国务院各有关部门和各省、自治区、直辖市批准颁发的标准设计图集和有代表性的设计图纸等。

④ 现行的概算定额及其编制资料。

⑤ 编制期人工工资标准、材料预算价格和机械台班费用等。

3）概算定额的编制程序

概算定额的编制基础之一是预算定额，所以其编制程序基本与预算定额编制程序相同。本书中主要介绍工程预算定额的编制。

单元 3　通信建设工程费用

一个建设项目除了构成项目主体的人工、材料、仪表、机械台班等费用外，还有很多不直接体现在工程主体中的相关费用，如勘察设计费、青苗补偿费、税金等，这些费用仅由定额是决定不了的，必须有相关的规定来约束这些费用的取定，这个规定就是费用定额。费用定额是指工程建设过程中各项费用的计取标准，也就是通常所讲的费率的取定。通信建设工程费用定额依据通信建设工程的特点，对其费用构成、费率及计算规则进行了相应的规定，在编写概预算文件时，必须严格执行这些规定。

本书将以中华人民共和国工业和信息化部颁布的[2008]75 号文件《通信建设工程费用定额》为基础重点介绍以下内容：

（1）通信建设工程费用构成。

（2）费用定额及计算规则。

（3）通信工程勘察设计收费标准。

其中，费用定额及计算规则和通信工程勘察设计收费标准是大家要重点掌握的内容。

任务 1　了解通信建设（单项）工程费用总构成

通信建设工程项目总费用由各单项工程项目总费用构成；各单项工程总费用由工程费、工程建设其他费、预备费、建设期利息四部分构成，如图 5-5 所示。

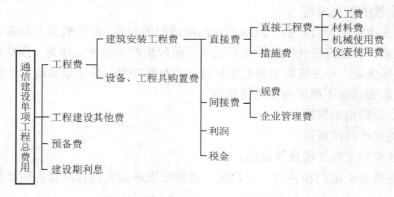

图 5-5　通信建设单项工程总费用构成

将图 5-5 中的各项费用进一步细化，就是通信建设单项工程概预算费用的全部组成，如图 5-6 所示。

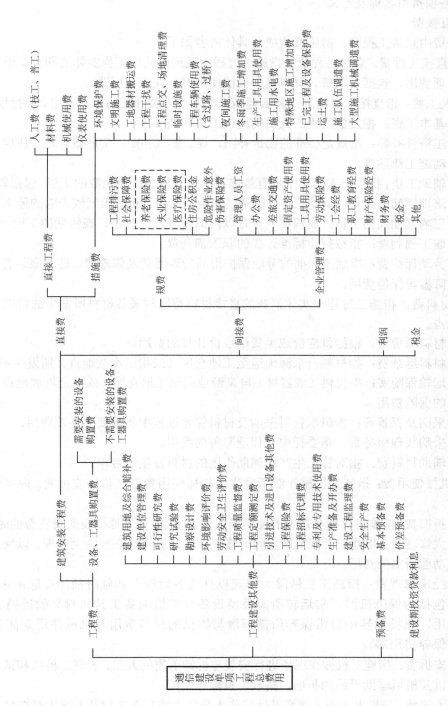

图 5-6 通信建设单项工程概预算费用的全部组成

1．各项费用名称及定义

1）直接费

直接费由直接工程费、措施费构成，具体内容如下。

（1）直接工程费。直接工程费是指施工过程中耗用的构成工程实体的和有助于工程实体形成的各项费用，包括人工费、材料费、机械使用费、仪表使用费。

① 人工费：指直接从事建筑安装工程施工的生产人员开支的各项费用，包括以下几点。

- 基本工资：指发放给生产人员的岗位工资和绩效工资。
- 工资性补贴：指规定标准的物价补贴，煤、燃气补贴，交通费补贴，住房补贴，流动施工津贴等。
- 辅助工资：指生产人员年平均有效施工天数以外非作业天数的工资。包括职工学习、培训期间的工资，调动工作、探亲、休假期间的工资，因气候影响的停工工资，女工哺乳期间的工资，病假在六个月以内的工资及产、婚、丧假期的工资。
- 职工福利费：指按规定标准计提的职工福利费。
- 劳动保护费：指规定标准的劳动保护用品的购置费及修理费，徒工服装补贴，防暑降温等保健费用。

② 材料费：指施工过程中实体消耗的直接材料费用与采备材料所发生的费用总和，包括以下几点。

- 材料原价费：根据供应价或供货地点价计算的费用。
- 材料运杂费：指材料自来源地运至工地仓库（或指定堆放地点）所发生的费用。
- 运输保险费：指材料（或器材）自来源地运至工地仓库（或指定堆放地点）所发生的保险费用。
- 采购及保管费：指组织材料采购及材料保管过程中所需要的各项费用。
- 采购代理服务费：指委托中介代理服务的费用。
- 辅助材料费：指对施工生产起辅助作用的材料发生的费用。

③ 机械使用费：指施工机械作业所发生的机械使用费以及机械安拆费。内容包括以下几点。

- 折旧费：指施工机械在规定的使用年限内，陆续收回其原值及购置资金的时间价值。
- 大修理费：指施工机械按规定的大修理间隔台班进行必要的大修理，以恢复其正常功能所需的费用。
- 经常修理费：指施工机械除大修理以外的各级保养和临时故障排除所需的费用。包括为保障机械正常运转所需替换设备与随机配备工具和附具的摊销、维护费用，机械运转中日常保养所需润滑与擦拭的材料费用及机械停用期间的维护和保养费用等。
- 安拆费：指施工机械在现场进行安装与拆卸所需的人工、材料、机械和试运转费用以及机械辅助设施的折旧、搭设、拆除等费用。
- 人工费：指机上操作人员和其他操作人员的工作日人工费及上述人员在施工机械规定的年工作台班以外的人工费。
- 燃料动力费：指施工机械在运转作业中所消耗的固体燃料（煤、木柴）费用、液体燃料（汽油、柴油）费用及水、电费用等。

- 养路费及车船使用税：指施工机械按照国家规定和有关部门规定应缴纳的养路费、车船使用税、保险费及年检费等。

④ 仪表使用费：指施工作业时发生的属于固定资产的仪表使用费。内容包括以下几点。

- 折旧费：指施工仪表在规定的年限内，陆续收回其原值及购置资金的时间价值。
- 经常修理费：指施工仪表的各级保养和临时故障排除所需的费用。包括为保证仪表正常使用所需备件（备品）的摊销和维护费用。
- 年检费：指施工仪表在使用寿命期间定期标定与年检费用。
- 人工费：指施工仪表操作人员在台班定额内的人工费。

（2）措施费。措施费是指为完成工程项目施工，发生于该工程前和施工过程中的非工程实体项目的费用。内容包括以下几点。

① 环境保护费：指施工现场为达到环保部门要求所需要的各项费用。

② 文明施工费：指施工现场文明施工所需要的各项费用。

③ 工地器材搬运费：指由工地仓库（或指定地点）至施工现场转运器材而发生的费用。

④ 工程干扰费：通信线路工程、通信管道工程由于受市政管理、交通管制、人流密集、输配电设施等影响而产生的补偿费用。

⑤ 工程点交、场地清理费：指按规定编制竣工图及资料、工程点交、施工场地清理等发生的费用。

⑥ 临时设施费：指施工企业为进行工程施工所必须设置的生活和生产临时建筑物、构筑物和其他临时设施而产生费用等。临时设施费用包括临时设施的租用、搭设、维修、拆除费或摊销费。

⑦ 工程车辆使用费：指工程施工中接送施工人员用车、生活用车等（含过路、过桥）费用。

⑧ 夜间施工增加费：指因夜间施工所发生的夜间补助、夜间施工降效、夜间施工照明设备摊销及照明用电等费用。

⑨ 冬/雨季施工增加费：指在冬/雨季施工时所采取的防冻、保温、防雨等安全措施及工效降低所增加的费用。

⑩ 生产工具使用费：指施工所需的不属于固定资产的工具等的购置、摊销、维修费。

⑪ 施工用水电费：指施工生产过程中使用水、电所发生的费用。

⑫ 特殊地区施工增加费：指在原始森林地区、海拔 2 000 米以上高原地区、化工区、核污染区、沙漠地区、无人值守山区等特殊地区施工所需增加的费用。

⑬ 已完工程及设备保护费：指竣工验收前，对已完工程及设备进行保护所需的费用。

⑭ 运土费：指直埋光（电）缆、管道工程施工，须从远离施工地点取土及必须向外倒运出土方所发生的费用。

⑮ 施工队伍调遣费：指因建设工程的需要，应支付施工队伍的调遣费用。内容包括：调遣人员的差旅费、调遣期间的工资、施工工具与用具等的运费。

⑯ 大型施工机械调遣费：指大型施工机械调遣所发生的运输费用。

2）间接费

间接费由规费、企业管理费构成。

（1）规费。规费是指政府和有关部门规定必须缴纳的费用（简称规费）。规费的内容包括以下几点。

① 工程排污费：指施工现场按规定缴纳的工程排污费。

② 社会保障费。

● 养老保险费：指企业按规定标准为职工缴纳的基本养老保险费。

● 失业保险费：指企业按照规定标准为职工缴纳的失业保险费。

● 医疗保险费：指企业按照规定标准为职工缴纳的基本医疗保险费。

③ 住房公积金：指企业按照规定标准为职工缴纳的住房公积金。

④ 危险作业意外伤害保险：指企业为从事危险作业的建筑安装施工人员支付的意外伤害保险费。

（2）企业管理费。企业管理费是指施工企业组织施工生产和经营管理所需费用。企业管理费的内容包括以下几点。

① 管理人员工资：指管理人员的基本工资、工资性补贴、职工福利费、劳动保护费等。

② 办公费：指企业管理办公用的文具、纸张、账表、水电、书报及组织会议和集体取暖（包括现场临时宿舍取暖）等产生的费用。

③ 差旅交通费：指职工因公出差、调动工作的差旅费、住勤补助费、市内交通费、误餐补助费、职工探亲路费、劳动力招募费、职工离退休/退职一次性路费、工伤人员就医路费、工地转移费以及管理部门使用的交通工具的燃料费、养路费及牌照费。

④ 固定资产使用费：指管理和试验部门及附属生产单位使用的属于固定资产的房屋、设备仪器等的折旧、大修、维修或租赁费。

⑤ 工具/用具使用费：指不属于固定资产的生产工具、器具、交通工具、检验和测绘用具及消防用具等的购置、维修和摊销费。

⑥ 劳动保险费：指由企业支付离退休职工的异地安家补助费、职工退职金、六个月以上的病假人员工资、职工死亡丧葬补助费、抚恤金、按规定支付给离退休干部的各项经费。

⑦ 工会经费：指企业按职工工资总额计提的工会经费。

⑧ 职工教育经费：指企业为职工学习先进技术和提高文化水平，按职工工资总额计提的费用。

⑨ 财产保险费：指施工管理用财产、车辆保险费用。

⑩ 财务费：指企业为筹集资金而发生的各种费用。

⑪ 税金：指企业按规定缴纳的房产税、车船使用税、土地使用税、印花税等。

⑫ 其他：包括技术转让费、技术开发费、业务招待费、绿化费、广告费、公证费、法律顾问费、审计费、咨询费等。

3）利润

指施工企业完成所承包工程获得的利润。

4）税金

指按国家税法规定应计入建筑安装工程造价内的营业税、城市维护建设税及教育费附加税。

5）设备、工具/器具购置费

指根据设计提出的设备（包括必需的备品备件）、仪表、工器具清单，按设备原价、运杂费、采购及保管费、运输保险费和采购代理服务费计算的费用。

6）工程建设其他费

指应在建设项目的建设投资中开支的固定资产其他费用、无形资产费用和其他资产费用。

（1）建设用地及综合赔补费：指按照《中华人民共和国土地管理法》等规定，建设项目征用土地或租用土地应支付的费用，内容包括以下几点。

① 土地征用及迁移补偿费：经营性建设项目通过出让方式购置土地使用权（或建设项目通过划拨方式取得无限期的土地使用权）而支付的土地补偿费、安置补偿费、地上附着物和青苗补偿费、余物迁建补偿费、土地登记管理费等；行政事业单位的建设项目通过出让方式取得土地使用权而支付的出让金；建设单位在建设过程中发生的土地复垦费用和土地损失补偿费用；建设期间临时占地补偿费。

② 征用耕地按规定一次性缴纳的耕地占用费；征用城镇土地在建设期间按规定每年缴纳的城镇土地使用费；征用城市郊区菜地按规定缴纳的新菜地开发建设基金。

③ 建设单位租用建设项目土地使用权而支付的租地费用。

④ 建设项目期间租用建筑设施、场地费用；因项目施工干扰所在地企事业单位或居民的生产、生活而支付的补偿费用。

（2）建设单位管理费：建设单位从筹建之日起至办理竣工财务决算之日止发生的管理性质开支。包括差旅交通费、工具/用具使用费、固定资产使用费、必要的办公及生活用品购置费、必要的通信设备及交通工具购置费、零星固定资产购置费、招募生产工人费、技术图书资料费、业务招待费、设计审查费、合同契约公证费、法律顾问费、咨询费、完工清理费、竣工验收费、印花税和其他管理性质开支。

如果成立筹建机构，建设单位管理费还应包括筹建人员工资类开支。

（3）可行性研究费：指在建设项目前期工作中，编制和评估项目建议书（或可行性研究预报告）、可行性研究报告所需的费用。

（4）研究试验费：指为本建设项目提供或验证设计数据、资料等进行必要的研究试验及按照设计规定在建设过程中必须进行的试验、验证所需费用。

（5）勘察设计费：指委托勘察设计单位进行工程水文地质勘察、工程设计所发生的各项费用。包括工程勘察费、初步设计费、施工图设计费。

（6）环境影响评价费：指按照《中华人民共和国环境保护法》《中华人民共和国环境影响评价法》等规定，为全面、详细评价本建设项目对环境可能产生的污染或造成的重大影响所需的费用，包括编制环境影响报告书（含大纲）、环境影响报告表和评估环境影响报告书（含大纲）、评估环境影响报告表等所需的费用。

（7）劳动安全卫生评价费：指按照《建设项目（工程）劳动安全卫生预评价管理办法》的规定，预测和分析建设项目存在的职业危险、危害因素的种类和危险程度，并提出先进、科学、合理可行的劳动安全卫生技术和管理对策所需的费用，包括编制建设项目劳动安全卫生预评价大纲和劳动安全卫生预评价报告书以及为编制上述文件所进行的工程分析和环境现状调查等所需费用。

（8）建设工程监理费：指建设单位委托工程监理单位实施工程监理的费用。

（9）安全生产费：指施工企业按照国家有关规定和建筑施工安全标准，购置施工防护用具、落实安全施工措施以及改善安全生产条件所产生的各项费用。

（10）工程质量监督费：指工程质量监督机构对通信工程进行质量监督所产生的费用。

（11）工程定额编制测定费：指建设单位发包工程按规定上缴工程造价（定额）管理部门的费用。

（12）引进技术及进口设备其他费。费用内容包括以下几点。

① 引进项目图纸资料翻译复制费、备品备件测绘费。

② 出国人员费用：包括买方人员出国设计或联络、出国考察、联合设计、监造、培训等所发生的差旅费、生活费、制装费等。

③ 来华人员费用：包括卖方来华工程技术人员的现场办公费用、往返现场交通费用、工资、食宿费用、接待费用等。

④ 银行担保及承诺费：指引进项目由国内外金融机构出面承担风险和担保责任所发生的费用，以及支付贷款机构的承诺费用。

（13）工程保险费：指建设项目在建设期间根据需要对建筑工程、安装工程及机器设备进行投保而发生的保险费用，包括建筑安装工程所有相关保险、引进设备财产相关保险和人身意外伤害险等。

（14）工程招标代理费：指招标人委托代理机构编制招标文件、编制标底、审查投标人资格、组织投标人踏勘现场并答疑，组织开标、评标、定标，以及提供招标前期咨询、协调合同的签署等业务所收取的费用。

（15）专利及专用技术使用费。费用内容包括以下几点。

① 国外设计及技术资料费、引进有效专利、专有技术使用费和技术保密费。

② 国内有效专利、专有技术使用费。

③ 商标使用费、特许经营权费等。

（16）生产准备及开办费：指建设项目为保证正常生产（或营业、使用）而发生的人员培训费、提前进场费以及投产使用初期必备的生产、生活用具等购置费。费用内容包括以下几点。

① 人员培训费及提前进场费：自行组织培训或委托其他单位培训的人员工资、工资性补贴、职工福利费、差旅交通费、劳动保护费、学习资料费等。

② 为保证初期正常生产、生活（或营业、使用）所必需的生产、办公、生活用具购置费。

③ 为保证初期正常生产（或营业、使用）必需的第一套达不到固定资产标准的生产工具、器具、用具购置费（不包括备品备件费）。

7）预备费

预备费是指在初步设计及概算内难以预料的工程费用，包括基本预备费和价差预备费。

（1）基本预备费：

① 进行技术设计、施工图设计和施工过程中，在批准的初步设计和概算范围内所增加的工程费用。

② 由一般自然灾害所造成的损失和预防自然灾害所采取的措施产生的费用。

③ 竣工验收时为鉴定工程质量，必须开挖和修复隐蔽工程而产生的费用。

（2）价差预备费

8）建设期利息

建设期利息指建设项目贷款在建设期内发生并应计入固定资产的贷款利息等财务费用。

2．费用定额及计算规则

1）直接费

（1）直接工程费：

① 人工费。通信建设工程不分专业和地区工资类别，综合取定人工费。人工费单价：
技工为48元/工日；普工为19元/工日。

- 概预算人工费=技工费+普工费
- 技工费=技工单价×概预算技工总工日
- 普工费=普工单价×概预算普工总工日

② 材料费：

- 材料费=主要材料费+辅助材料费
- 主要材料费=材料原价+运杂费+运输保险费+采购及保管费+采购代理服务费
- 辅助材料费=主要材料费×辅助材料费系数

式中，材料原价：供应价或供货地点价；运杂费：编制概算时，水泥及水泥制品的运输距离
按500km计算，其他类型的材料运输距离按1 500km计算。编制预算时按以下公式计算：

- 运杂费=材料原价×器材运杂费费率

其中的器材运杂费费率如表5-3所示。

表5-3 器材运杂费费率表

器材名称 费率/% 运距 L/km	光 缆	电 缆	塑料及 塑料制品	木材及 木制品	水泥及 水泥构件	其 他
L≤100	1.0	1.5	4.3	8.4	18.0	3.6
100<L≤200	1.1	1.7	4.8	9.4	20.0	4.0
200<L≤300	1.2	1.9	5.4	10.5	23.0	4.5
300<L≤400	1.3	2.1	5.8	11.5	24.5	4.8
400<L≤500	1.4	2.4	6.5	12.5	27.0	5.4
500<L≤750	1.7	2.6	6.7	14.7		6.3
750<L≤1000	1.9	3.0	6.9	16.8		7.2
1000<L≤1250	2.2	3.4	7.2	18.9		8.1
1250<L≤1500	2.4	3.8	7.5	21.0		9.0
1500<L≤1750	2.6	4.0		22.4		9.6
1750<L≤2000	2.8	4.3		23.8		10.2
L>2000 每增250km增加	0.2	0.3		1.5		0.6

- 运输保险费：运输保险费=材料原价×0.1%
- 采购及保管费：采购及保管费=材料原价×采购及保管费费率

其中的采购及保管费费率如表5-4所示。

表 5-4　采购及保管费费率表

工 程 名 称	计 算 基 础	费率（%）
通信设备安装工程		1.0
通信线路工程	材料原价	1.1
通信管道工程		3.0

采购代理服务费按实计列。

● 辅助材料费：辅助材料费=主要材料费×辅助材料费费率

其中的辅助材料费费率如表 5-5 所示。

表 5-5　辅助材料费费率表

工 程 名 称	计 算 基 础	费率（%）
通信设备安装工程		3.0
电源设备安装工程		5.0
通信线路工程	主要材料费	0.3
通信管道工程		0.5

凡由建设单位提供的利旧材料，其材料费不计入工程成本。

③ 机械使用费：

$$机械使用费=机械台班单价×概算、预算的机械台班量$$

④ 仪表使用费：

$$仪表使用费=仪表台班单价×概算、预算的仪表台班量$$

（2）措施费：

① 环境保护费：

$$环境保护费=人工费×相关费率$$

其中的相关费率如表 5-6 所示。

表 5-6　环境保护费费率表

工 程 名 称	计 算 基 础	费率（%）
无线通信设备安装工程	人工费	1.20
通信线路工程、通信管道工程		1.50

② 文明施工费：

$$文明施工费=人工费×1.0\%$$

③ 工地器材搬运费：

$$工地器材搬运费=人工费×相关费率$$

其中的相关费率如表 5-7 所示。

表 5-7　工地器材搬运费费率表

工 程 名 称	计 算 基 础	费率（%）
通信设备安装工程		1.3
通信线路工程	人工费	5.0
通信管道工程		1.6

④ 工程干扰费：

$$工程干扰费＝人工费×相关费率$$

其中的相关费率如表 5-8 所示。

表 5-8　工程干扰费费率表

工 程 名 称	计 算 基 础	费率（%）
通信线路工程、通信管道工程（干扰地区）	人工费	6.0
移动通信基站设备安装工程		4.0

注：① 干扰地区指城区、高速公路隔离带、铁路路基边缘等施工地带。

　　② 综合布线工程不计取。

⑤ 工程点交、场地清理费：

$$工程点交、场地清理费＝人工费×相关费率$$

其中的相关费率如表 5-9 所示。

表 5-9　工程点交、场地清理费费率表

工 程 名 称	计 算 基 础	费率（%）
通信设备安装工程		3.5
通信线路工程	人工费	5.0
通信管道工程		2.0

⑥ 临时设施费：

$$临时设施费＝人工费×相关费率$$

其中的相关费率如表 5-10 所示。

表 5-10　临时设施费费率表

工 程 名 称	计 算 基 础	费率（%）	
		距离≤35km	距离>35km
通信设备安装工程	人工费	6.0	12.0
通信线路工程	人工费	5.0	10.0
通信管道工程	人工费	12.0	15.0

⑦ 工程车辆使用费：

$$工程车辆使用费＝人工费×相关费率$$

其中的相关费率如表 5-11 所示。

表 5-11　工程车辆使用费费率表

工 程 名 称	计 算 基 础	费率（%）
无线通信设备安装工程、通信线路工程		6.0
有线通信设备安装工程、通信电源设备安装工程、通信管道工程	人工费	2.6

⑧ 夜间施工增加费：

$$夜间施工增加费＝人工费×相关费率$$

其中的相关费率如表 5-12 所示。

表 5-12　夜间施工增加费费率表

工 程 名 称	计 算 基 础	费率（%）
通信设备安装工程	人工费	2.0
通信线路工程（城区部分）、通信管道工程		3.0

注：此项费用不考虑施工时段，均按相应费率计取。

⑨ 冬雨季施工增加费：

冬雨季施工增加费=人工费×相关费率

其中的相关费率如表 5-13 所示。

表 5-13　冬雨季施工增加费费率表

工 程 名 称	计 算 基 础	费率（%）
通信设备安装工程（室外天线、馈线部分）	人工费	2.0
通信线路工程、通信管道工程		

注：① 此项费用不分施工所处季节，均按相应费率计取。

　　② 综合布线工程不计取。

⑩ 生产工具/用具使用费：

生产工具/用具使用费=人工费×相关费率

其中的相关费率如表 5-14 所示。

表 5-14　生产工具/用具使用费费率表

工 程 名 称	计 算 基 础	费率（%）
通信设备安装工程	人工费	2.0
通信线路工程、通信管道工程		3.0

⑪ 施工用水电费。通信线路、通信管道工程依照施工工艺要求按实计列施工用水电费。

⑫ 特殊地区施工增加费。各类通信工程按 3.20 元/工日标准，计取特殊地区施工增加费。其计算公式为：

特殊地区施工增加费=概预算总工日×3.20 元/工日

⑬ 已完工程及设备保护费。承包人依据工程发包的内容范围报价，经业主确认计取已完工程及设备保护费。根据实际情况进行增减，如果不发生可以不计取。计费基础、费率应按省级或行业建设主管部门的规定计取。

实际中，这笔费用可根据投标施工组织自主报价，作为可调控费用进行竞争，最后招投标双方达成一致即可计取。

⑭ 运土费。通信线路（城区部分）、通信管道工程根据市政管理要求，按实计取运土费，计算依据参照地方标准。

⑮ 施工队伍调遣费。施工队伍调遣费按调遣费定额计算。施工现场与企业的距离在 35km 以内时，不计取此项费用。

施工队伍调遣费=单程调遣费定额×调遣人数×2

施工队伍单程调遣费定额如表 5-15 所示，调遣人数的规定见表 5-16。

表 5-15 施工队伍单程调遣费定额表

调遣里程（L）/km	调遣费/元	调遣里程（L）/km	调遣费/元
35<L≤200	106	2 400<L≤2 600	724
200<L≤400	151	2 600<L≤2 800	757
400<L≤600	227	2 800<L≤3 000	784
600<L≤800	275	3 000<L≤3 200	868
800<L≤1000	376	3 200<L≤3 400	903
1 000<L≤1 200	416	3 400<L≤3 600	928
1 200<L≤1 400	455	3 600<L≤3 800	964
1 400<L≤1 600	496	3 800<L≤4 000	1 042
1 600<L≤1 800	534	4 000<L≤4 200	1 071
1 800<L≤2 000	568	4 200<L≤4 400	1 095
2 000<L≤2 200	601	L>4 400 时，每增加 200km 增加	73
2 200<L≤2 400	688		

表 5-16 施工队伍调遣人数定额表

通信设备安装工程			
概预算技工总工日	调遣人数/人	概预算技工总工日	调遣人数/人
500 工日以下	5	4 000 工日以下	30
1 000 工日以下	10	5 000 工日以下	35
2 000 工日以下	17	5 000 工日以上，每增加 1 000 工日增加调遣人数	3
3 000 工日以下	24		
通信线路、通信管道工程			
概预算技工总工日	调遣人数/人	概预算技工总工日	调遣人数/人
500 工日以下	5	9 000 工日以下	55
1 000 工日以下	10	10 000 工日以下	60
2 000 工日以下	17	15 000 工日以下	80
3 000 工日以下	24	20 000 工日以下	95
4 000 工日以下	30	25 000 工日以下	105
5 000 工日以下	35	30 000 工日以下	120
6 000 工日以下	40	30 000 工日以上，每增加 5 000 工日增加调遣人数	3
7 000 工日以下	45		
8 000 工日以下	50		

⑯ 大型施工机械调遣费：

$$大型施工机械调遣费=2×单程运价×调遣运距×吨位$$

大型施工机械调遣费单程运价为：0.62 元/吨·单程公里，其中大型施工机械调遣吨位见表 5-17 的规定。

表 5-17 大型施工机械调遣吨位表

机 械 名 称	吨 位	机 械 名 称	吨 位
光缆接续车	4	水下光（电）缆沟挖冲机	6
光（电）缆拖车	4	液压顶管机	5
微管微缆气吹设备	6	微控钻孔敷管设备 25 吨以下	10
气流敷设吹缆设备	8	微控钻孔敷管设备 25 吨以上	25

2）间接费

间接费包括规费与企业管理费两项内容。

（1）规费：

- 工程排污费：根据施工所在地政府部门相关规定。
- 社会保障费：包含养老保险费、失业保险费和医疗保险费三项内容。

社会保障费=人工费×相关费率

- 住房公积金=人工费×相关费率
- 危险作业意外伤害保险费=人工费×相关费率

其中的相关费率如表 5-18 所示。

表 5-18 规费费率表

费 用 名 称	工 程 名 称	计 算 基 础	费率（%）
社会保障费			26.81
住房公积金	各类通信工程	人工费	4.19
危险作业意外伤害保险费			1.00

（2）企业管理费：

企业管理费=人工费×相关费率

其中的相关费率如表 5-19 所示。

表 5-19 企业管理费费率表

工 程 名 称	计 算 基 础	费率（%）
通信线路工程、通信设备安装工程	人工费	30.0
通信管道工程		25.0

3）利润

利润=人工费×相关费率

其中的相关费率如表 5-20 所示。

表 5-20 利润费率表

工 程 名 称	计 算 基 础	费率（%）
通信线路、通信设备安装工程	人工费	30.0
通信管道工程		25.0

4）税金

税金=（直接费+间接费+利润）×税率

其中的税率如表 5-21 所示。

表 5-21　税率表

工 程 名 称	计 算 基 础	税率（%）
各类通信工程	直接费+间接费+利润	3.41

注：通信线路工程计取税金时将光缆、电缆的预算价从直接工程费中核减。

5）设备、工具购置费

设备、工具购置费=设备原价+运杂费+运输保险费+采购及保管费+采购代理服务费

式中：

① 设备原价=供应价或供货地点价

② 运杂费=设备原价×设备运杂费费率

其中的设备运杂费费率如表 5-22 所示。

表 5-22　设备运杂费费率表

运输里程（L）/km	取费基础	费率（%）	运输里程（L）/km	取费基础	费率（%）
L≤100	设备原价	0.8	1 000<L≤1 250	设备原价	2.0
100<L≤200	设备原价	0.9	1 250<L≤1 500	设备原价	2.2
200<L≤300	设备原价	1.0	1 500<L≤1 750	设备原价	2.4
300<L≤400	设备原价	1.1	1 750<L≤2 000	设备原价	2.6
400<L≤500	设备原价	1.2	L>2 000 时，每增 250 km 增加	设备原价	0.1
500<L≤750	设备原价	1.5			
750<L≤1 000	设备原价	1.7			

③ 运输保险费=设备原价×0.4%

④ 采购及保管费=设备原价×采购及保管费费率

其中的采购及保管费费率如表 5-23 所示。

表 5-23　采购及保管费费率表

项 目 名 称	计 算 基 础	费率（%）
需要安装的设备	设备原价	0.82
不需要安装的设备（仪表、工具）		0.41

⑤ 采购代理服务费按实计列。

⑥ 引进设备（材料）的国外运输费、国外运输保险费、关税、增值税、外贸手续费、银行财务费、国内运杂费、国内运输保险费、引进设备（材料）国内检验费、海关监管手续费等按引进货价计算后计入相应的设备材料费中。单独引进软件不计关税，只计增值税。

6）工程建设其他费

① 建设用地及综合赔补费：根据应征建设用地面积、临时用地面积，按建设项目所在省、直辖市、自治区人民政府制定颁发的土地征用补偿费、安置补助费标准和耕地占用税、城镇土地使用税标准计算。

建设用地上的建（构）筑物如要迁建，其迁建补偿费应按迁建补偿协议计列或按新建同

类工程造价计算。

② 建设单位管理费：参照财政部发布的文件《基建财务管理规定》执行，且应符合表 5-24 的规定。

表 5-24 建设单位管理费总额控制数费率表   单位：万元

工程总概算	费率（%）	计 算 举 例	
		工程总概算	建设单位管理费
1 000 以下	1.5	1 000	1 000×1.5%=15
1 001～5 000	1.2	5 000	15+（5 000－1 000）×1.2%=63
5 001～10 000	1.0	10 000	63+（10 000－5 000）×1.0%=113
10 001～50 000	0.8	50 000	113+（50 000－10 000）×0.8%=433
50 001～100 000	0.5	10 0000	433+（100 000－ 50 000）×0.5%=683
100 001～200 000	0.2	200 000	683+（200 000－100 000）×0.2%=883
200 000 以上	0.1	280 000	883+（280 000－200 000）×0.1%=963

如建设项目采用工程总承包方式，其总包管理费由建设单位与总包单位根据总包工作范围在合同中商定，从建设单位管理费中列支。

③ 可行性研究费：参照《国家计委关于印发（建设项目前期工作咨询收费暂行规定）的通知》（计投资[1999]1283 号）中第九条、第十条和第二十一条执行。

④ 研究试验费：

研究试验费根据建设项目研究试验内容和要求进行编制，不包括以下项目。

● 应由科技三项（即新产品试制、中间试验和重要科学研究补助）开支的费用。

● 应在建筑安装费用中列支的施工企业对材料、构件进行一般鉴定、检查所发生的费用及技术革新的研究试验费。

● 应在勘察设计费或工程费中开支的项目。

⑤ 勘察设计费。参照《关于发布（工程勘察设计收费管理规定）的通知》（计价格[2002]10 号）文件的规定执行。

⑥ 环境影响评价费。参照《关于规范环境影响咨询收费有关问题的通知》（计价格[2002]125 号）文件的相关规定执行：

3. 建设项目环境影响咨询收费实行政府指导价，从事环境影响咨询业务的机构应根据本通知规定收取费用……

4. 环境影响咨询收费以估算投资额为计费基数，根据建设项目不同的性质和内容，采取按估算投资额分档定额方式计费……

⑦ 劳动安全卫生评价费。参照建设项目所在省（直辖市、自治区）劳动行政部门规定的标准计算。

⑧ 建设工程监理费。参照《建设工程监理与相关服务收费管理规定》文件进行计算。

⑨ 安全生产费。参照财政部、国家安全生产监督管理总局发布的《高危行业企业安全生产费用财务管理暂行办法》（财企[2006]478 号）文件，安全生产费按建筑安装工程费的 1.0%计取。

⑩ 工程质量监督费。此项计费已取消。

⑪ 工程定额测定费。此项计费已取消。

⑫ 引进技术和引进设备其他费：

● 引进项目图纸资料翻译复制费：根据引进项目的具体情况计列或按引进设备到岸价的比例估列。

● 出国人员费用：依据合同规定的出国人次、期限和费用标准计算。生活费及制装费按照财政部、外交部规定的现行标准计算，旅费按票价计算。

● 来华人员费用：应依据引进合同有关条款规定计算。引进合同价款中已包括的费用内容不得重复计算。来华人员接待费用可按每人次费用指标计算。

● 银行担保及承诺费：应按担保或承诺协议计取。

⑬ 工程保险费：不投保的工程不计取此项费用。不同的建设项目可根据工程特点选择投保险种，根据投保合同计列保险费用。

⑭ 工程招标代理费。参照《招标代理服务费管理暂行办法》文件和发改办价格[2003]857号文件中第三、八、九、十条的相关规定。

⑮ 专利及专用技术使用费：按专利使用许可协议和专有技术使用合同的规定计列。专有技术的界定应以省、部级鉴定机构的批准为依据。项目投资中只计取需要在建设期支付的专利及专有技术使用费。协议或合同规定在生产期支付的使用费应在成本中核算。

⑯ 生产准备及开办费。新建项目以设计定员为基数计算，改扩建项目以新增设计定员为基数计算：

$$生产准备费=设计定员×生产准备费指标（元/人）$$

生产准备费指标由投资企业自行测算。

7）预备费

$$预备费=（工程费+工程建设其他费）×相关费率$$

其中的相关费率如表 5-25 所示。

表 5-25　预备费费率表

工 程 名 称	计 算 基 础	费率（%）
通信设备安装工程		3.0
通信线路工程	工程费+工程建设其他费	4.0
通信管道工程		5.0

8）建设期利息

按银行当期利率计算。为了方便大家准确掌握费用定额中的相关要求，我们将费用定额中涉及到的相关文件（截至 2009 年 10 月）列成表 5-26。

表 5-26　通信工程费用定额中涉及到的文件列表

序号	文 件 编 号	文 件 名 称	关 联 费 用
1	财政部财建[2002]394 号 财建[2003]724 号	《基础建设财务管理规定》 《关于解释<基本建设财务管理规定>执行中有关问题的通知》	建设单位管理费
2	计投资[1999]1283 号	《国家计委关于印发<通信项目前期工作咨询收费暂行规定>的通知》	可行性研究费
3	计价格[2002]10 号	《关于发布<工程勘察设计收费管理规定>的通知》	勘察设计费

序号	文件编号	文件名称	关联费用
4	计投资[1999]1340号	《国家计委关于加强对基本建设大中型项目概算中"价差预备费"管理有关问题的通知》	价差预备费
5	计价格[2002]125号	《关于规范环境影响咨询收费有关问题的通知》	环境影响评价费
6	发改委、建设部[2007]670号	《建设工程监理与相关服务收费管理规定》	建设工程监理费
7	财企[2006]478号	《高危行业企业安全生产费用财务管理暂行办法》	安全生产费
8	计价格[2002]1980号 发改办价格[2003]857号	《招标代理服务费管理暂行办法》 《关于招标代理服务收费有关问题的通知》	工程招标代理费
9	工信厅[2009]22号	《关于取消"工程质量监督费"和"工程定额测定费"的通知》	工程质量监督费 工程定额测定费

任务2 熟悉勘察设计收费规定

在2002年以前，通信工程的勘察设计收费是由勘察设计工日乘以勘察设计工日单价来确定的，并且勘察费和设计费没有分开计算。2002年3月以后，计算方法有了变化，下面为大家介绍这种方法。

1. 工程勘察设计收费管理规定

工程勘察设计收费管理规定引自国家计委计价格[2002]10号文件。

2. 勘察收费基价及其计算办法

1）工程勘察收费总则

（1）工程勘察收费是指勘察人根据发包人的委托，收集已有资料，现场踏勘，制定勘察纲要，进行测绘、勘探、取样、试验、测试、检测、监测等勘察作业，以及编制工程勘察文件和岩土工程设计文件等收取的费用。

（2）工程勘察收费标准分为通用工程勘察收费标准和专业工程勘察收费标准。

① 通用工程勘察收费标准适用于工程测量、岩土工程勘察、岩土工程设计与检测（监测）、水文地质勘察、工程水文气象勘察、工程物探、室内试验等的收费。

② 专业工程勘察收费标准适用于煤炭、水利水电、电力、长输管道、铁路、公路、通信、海洋工程等工程勘察的收费。专业工程勘察中的一些项目可以执行通用工程勘察收费标准。

（3）通用工程勘察收费采取实物工作量定额计费方法计算，由实物工作收费和技术工作收费两部分组成。

（4）通用工程勘察收费按照下列公式计算：

① 工程勘察收费=工程勘察收费基准价×（1±浮动幅度值）

② 工程勘察收费基准价=工程勘察实物工作收费+工程勘察技术工作收费

③ 工程勘察实物工作收费=工程勘察实物工作收费基价×实物工作量×附加调整系数

④ 工程勘察技术工作收费=工程勘察实物工作收费×技术工作收费比例

（5）工程勘察收费基准价。工程勘察收费基准价是按照本收费标准计算出的工程勘察基准收费额，发包人和勘察人可以根据实际情况在规定的浮动幅度内协商确定工程勘察收费合同额。

（6）工程勘察实物工作收费基价。工程勘察实物工作收费基价是完成每单位工程勘察实物工作内容的基本价格。工程勘察实物工作收费基价由相关文件的《实物工作收费基价表》确定。

（7）实物工作量。实物工作量由勘察人按照工程勘察规范、规程的规定和勘察作业实际情况在勘察纲要中提出，经发包人同意后，在工程勘察合同中约定。

（8）附加调整系数。附加调整系数是根据工程勘察的自然条件、作业内容和复杂程度差异对收费进行调整的系数。附加调整系数分别列于总则和各章节中。附加调整系数为两个或者两个以上的，附加调整系数不能连乘。应将各附加调整系数相加，减去附加调整系数的个数，加上定值 1，作为附加调整系数值。

（9）在气温（以当地气象台、站的气象报告为准）高于 35℃或低于－10℃条件下进行勘察作业时，气温附加调整系数为 1.2。

（10）在海拔高程超过 2 000 m 地区进行工程勘察作业时，高程附加调整系数如下：

海拔高程 2 000～3 000 m 为 1.1。

海拔高程 3 001～3 500 m 为 1.2。

海拔高程 3 501～4 000 m 为 1.3。

海拔高程 4 001 m 以上的，高程附加调整系数由发包人与勘察人协商确定。

（11）建设项目工程勘察由两个或两个以上勘察人承担的，其中对建设项目工程勘察合理性和整体性负责的勘察人，按照该建设项目工程勘察收费基准价的 5%加收主体勘察协调费。

（12）工程勘察收费基准价不包括以下费用：办理工程勘察相关许可及购买资料费；拆除障碍物、开挖以及修复地下管线费；修通至作业现场道路、接通电源/水源以及平整场地费；勘察材料以及加工费；水上作业用船、排、平台以及水监费；勘察作业大型机具搬运费；青苗、树木以及水域养殖物赔偿费等。发生以上费用的，由发包人另行支付。

（13）工程勘察组日、台班收费基价如下：

工程测量、岩土工程验槽、检测监测、工程物探：1 000 元/组日。

岩土工程勘察：1 360 元/台班。

水文地质勘察：1 680 元/台班。

（14）勘察人提供工程勘察文件的标准份数为 4 份。发包人要求增加勘察文件份数的，由发包人另行支付印制勘察文件工本费。

（15）本收费规定不包括本总则以外的其他服务收费。对于其他服务收费，国家有收费规定的，按照规定执行；国家没有收费规定的，由发包人与勘察人协商确定。

2）通信管道及光电缆线路工程勘察收费基价

通信管道及光电缆线路工程勘察收费基价如表 5-27 所示。

表 5-27　通信管道及光电缆线路工程勘察收费基价

序　号	项目（长度单位：千米）		收费基价/元	内插值/元
1	通信管道	$L \leqslant 0.2$	1 000	起价
		$0.2 < L \leqslant 1.0$	1 000	3 200
		$1.0 < L \leqslant 3.0$	3 560	2 733
		$3.0 < L \leqslant 5.0$	9 026	1 867
		$5.0 < L \leqslant 10.0$	12 760	1 467
		$10.0 < L \leqslant 50.0$	20 095	1 200
		$L > 50.0$	68 095	933
2	埋式光电缆线路、长途架空光电缆线路	$L \leqslant 1.0$	2 500	起价
		$1.0 < L \leqslant 50.0$	2 500	1 140
		$50.0 < L \leqslant 200.0$	58 360	990
		$200.0 < L \leqslant 1\,000.0$	206 860	900
		$L > 1\,000.0$	926 860	830
3	管道光电缆线路、市内架空光电缆线路	$L \leqslant 1.0$	2 000	起价
		$1.0 < L \leqslant 10.0$	2 000	1 530
		$10.0 < L \leqslant 50.0$	15 770	1 130
		$L > 50.0$	60 970	1 000
4	水底光电缆线路	$L \leqslant 1.0$	3 130	起价
		$1.0 < L \leqslant 5.0$	3 130	2 470
		$5.0 < L \leqslant 20.0$	13 010	2 000
		$L > 20.0$	43 010	1 800
5	海底光电缆线路	$L \leqslant 5.0$	8 500	起价
		$5.0 < L \leqslant 20.0$	8 500	1 500
		$20.0 < L \leqslant 50.0$	3 100	1 370
		$50.0 < L \leqslant 100.0$	72 100	1 300
		$L > 100.0$	137 100	1 170

注：① 本表按照内插法计算收费；
② 通信工程勘察的坑深均按照地面以下 3 m 以内计，超过 3 m 的收费另议；
③ 通信管道穿越桥、河及铁路的，穿越部分附加调整系数为 1.2；
④ 长途架空光电缆线路工程利用原有杆路架设光电缆的，附加调整系数为 0.8。

3）微波、卫星及移动通信设备安装工程勘察收费基价

微波、卫星及移动通信设备安装工程勘察收费基价如表 5-28 所示。

表 5-28　微波、卫星及移动通信设备安装工程勘察收费基价

序　号	项　　目		计费单位	收费基价/元
1	微波站	带宽小于 16×2 Mbit/s	站	4 250
		其他		6 500
2	卫星通信（微波设备安装）站	Ⅰ、Ⅱ类站		30 000
		Ⅲ、Ⅳ类站		12 000
		单收站		4 000
		VSAT 中心站		12 000
3	移动通信基站	全向、三扇区、六扇区		4 250

注：① 寻呼基站工程勘察费按照移动通信基站计算收费；

② 微蜂窝基站工程勘察费按照移动通信基站的 80%计算收费。

4）勘察费计算方法及举例

（1）管道及线路工程：

①计算公式（内插法）：

$$收费额=基价+内插值×相应差值$$

其中：

基价：根据已知工程量查表得到。如：8 km 通信管道勘察，8 km 在 5.0km<L≤10.0km 范围内，应以 5km 为起点，基价为 12 760 元；

内插值：为与已知工程量相对应的内插值。如 8km 通信管道的内插值为 1 467 元；

相应差值：已知工程量减去基价所对应的值。如 8km 通信管道的相应差值为

$$8km-5km=3km$$

②举例：

例 3-1　某通信管道勘察，线路长 8km，试确定工程勘察收费额。

解：确定收费基价：查表 5-27，8 km 通信管道工程勘察工作量在 5.0km<L≤10km 范围内，其基价为 12 760 元。

确定内插值：在表 5-27 中可直接查到对应内插值为 1 467 元。

计算 8 km 通信管道工程勘察收费基价：

$$工程勘察收费基价=收费基价+内插值×（实际工程量－基价对应工程量）$$
$$=12 760+1 467×（8-5）=17 161（元）$$

确定收费额：该建设项目工程勘察收费基价为 17 161 元，勘察人与发包人在此基础上，在 20%的上下浮动幅度内，协商确定该项工程勘察收费合同额。

例 3-2　敷设 500 km 长途架空光缆线路工程，其中含 400 km 新建杆路和 100 km 利旧杆路，试确定工程勘察收费额。

解：查表 5-27 得，工程勘察收费=206 860+900×（500-200）=476 860（元）

新建杆路部分占线路全长的比例为 4/5，利旧部分为 1/5，由表 5-27 的注④得知利旧部分的附加调整系数为 0.8。

计算该工程勘察收费基价：

工程勘察收费基价=476 860×4/5+474 860×1/5×0.8=457 465.6（元）

确定收费额：该建设项目工程勘察收费基价为 457 465.6 元，勘察人与发包人在此基础

上，在 20%的上下浮动幅度内，协商确定该项工程勘察收费合同额。

③关于内插值中的起价：小于起价栏所对应的工程量的勘察收费均为起价栏内所对应的收费基价。例如：0.1 km 在小于等于 0.2km 范围内，0.1 km 通信管道勘察收费为 $L \leqslant 0.2$ km 所对应的勘察收费，为 1 000 元；同理 0.02 km 的通信管道勘察收费也是 1 000 元。

（2）设计文件中勘察费的计算：

①线路及管道工程：

一阶段设计：勘察费=（基价+内插值×相应差值）×80%

二阶段设计：初步设计的勘察费=（基价+内插值×相应差值）×40%

施工图设计的勘察费=（基价+内插值×相应差值）×60%

②微波、卫星及移动通信设备安装工程：

一阶段设计：勘察费=基价×80%

二阶段设计：初步设计勘察费=基价×60%

施工图设计勘察费=基价×40%

勘察费总和须计列在初步设计概算内。

3．设计收费基价及其计算办法

1）工程设计收费总则

（1）工程设计收费是指设计人根据发包人的委托，提供编制建设项目初步设计文件、施工图设计文件、非标准设备设计文件、施工图预算文件、竣工图文件等服务所收取的费用。

（2）工程设计收费按照《建设项目单项工程概算投资额分档定额计费方法》计算。

（3）工程设计收费按照下列公式计算：

① 工程设计收费=工程设计收费基准价×（1±浮动幅度值）

② 工程设计收费基准价=基本设计收费+其他设计收费

③ 基本设计收费=工程设计收费基价×专业调整系数×工程复杂程度调整系数×附加调整系数

（4）工程设计收费基准价（不是工程设计收费基价）是按照本收费标准计算出的工程设计基准收费额。发包人和设计人根据实际情况，在规定的浮动幅度内协商确定工程设计收费合同额。

（5）基本设计收费是指在工程设计中因编制初步设计文件、施工图设计文件，并相应提供设计技术交底、解决施工中的设计技术问题、参加试车考核和竣工验收等服务而收取的费用。

（6）其他设计收费是指根据工程设计实际需要或者发包人要求提供相关服务收取的费用，包括总体设计费、主体设计协调费、采用标准设计和复用设计费、非标准设备设计文件编制费、施工图预算编制费、竣工图编制费等。

（7）工程设计收费基价是完成基本服务的价格。要确定工程设计收费基价可使《工程设计收费基价表》中查找确定（见表 5-29），计费额处于两个数值区间的，采用直线内插法确定工程设计收费基价。

（8）工程设计收费计费额，为经过批准的建设项目初步设计概算中的建筑安装工程费、设备与工器具购置费和联合试运转费之和。

工程中有利用原有设备的，以签订工程设计合同时同类设备的当期价格作为工程设计收费的计费额；工程中有缓配设备，但按照合同要求以既配设备进行工程设计并达到设备安装和工艺条件的，以既配设备的当期价格作为工程设计收费的计费额；工程中有引进设备的，按照购进设备的离岸价折换成人民币作为工程设计收费的计费额。

（9）工程设计收费标准的调整系数包括：专业调整系数、工程复杂程度调整系数和附加调整系数。

① 专业调整系数是对不同专业建设项目的工程设计复杂程度和工作量差异进行调整的系数。计算工程设计收费时，专业调整系数在《工程设计收费专业调整系数表》中查找确定。

② 工程复杂程度调整系数是对同一专业不同建设项目的工程设计复杂程度和工作量差异进行调整的系数。工程复杂程度分为一般、较复杂和复杂三个等级，其调整系数分别为：一般（Ⅰ级）0.85；较复杂（Ⅱ级）1.0；复杂（Ⅲ级）1.15。计算工程设计收费时，工程复杂程度在《工程复杂程度表》中查找确定。

③ 附加调整系数是对专业调整系数和工程复杂程度调整系数尚不能调整的因素进行补充调整的系数。附加调整系数为两个或两个以上的，附加调整系数不能连乘。应将各附加调整系数相加，减去附加调整系数的个数，加上定值 1，作为附加调整系数值。

（10）非标准设备设计收费按照下列公式计算：

非标准设备设计费＝非标准设备计费额×非标准设备设计费率

非标准设备计费额为非标准设备的初步设计概算。非标准设备设计费率在《非标准设备设计费率表》（附表三，此处从略）中查找确定。

（11）单独委托工艺设计、土建以及公用工程设计、初步设计、施工图设计的，按照其占基本服务设计工作量的比例计算工程设计收费。

（12）改扩建和技术改造建设项目，附加调整系数为 1.1～1.4，根据工程设计复杂程度确定适当的附加调整系数，计算工程设计收费。

（13）初步设计之前，根据技术标准的规定或者发包人的要求，需要编制总体设计的，按照该建设项目基本设计收费的 5%加收总体设计费。

（14）建设项目工程设计由两个或者两个以上设计人承担的，其中对建设项目工程设计合理性和整体性负责的设计人，按照该建设项目基本设计收费的 5%加收主体设计协调费。

（15）工程设计中采用标准设计或者复用设计的，按照同类新建项目基本设计收费的 30%计算收费；需要重新进行基础设计的，按照同类新建项目基本设计收费的 40%计算收费；需要对原设计进行局部修改的，由发包人和设计人根据设计工作量协商确定工程设计收费。

（16）编制工程施工图预算的，按照该建设项目基本设计收费的 10%收取施工图预算编制费；编制工程竣工图的，按照该建设项目基本设计收费的 8%收取竣工图编制费。

（17）工程设计中采用设计人自有专利或者专有技术的，其专利和专有技术收费由发包人与设计人协商确定。

（18）工程设计中的引进技术需要境内设计人配合设计的，或者需要按照境外设计程序和技术质量要求由境内设计人进行设计的，工程设计收费由发包人与设计人根据实际发生的设计工作量，参照本标准协商确定。

（19）由境外设计人提供设计文件，需要境内设计人按照国家标准规范审核并签署确认意见的，按照国际对等原则或者实际发生的工作量，协商确定审核确认费。

（20）设计人提供设计文件的标准份数，初步设计、总体设计分别为 10 份，施工图设计、非标准设备设计、施工图预算、竣工图分别为 8 份。发包人要求增加设计文件份数的，由发包人另行支付印制设计文件工本费。工程设计中需要购买标准设计图的，由发包人支付购图费。

（21）本收费标准不包括本总则 1 以外的其他服务收费。其他服务收费，国家有收费规定的，按照规定执行；国家没有收费规定的，由发包人与设计人协商确定。

2）基价

通信工程设计收费基价如表 5-29 所示。

表 5-29　通信工程设计收费基价　　　　　　　　　　　　单位：万元

序　号	计　费　额	收费基价	内　插　值	序　号	计　费　额	收费基价	内　插　值
1	200	9.0	起价	10	60 000	1 515.2	0.0 231
2	500	20.9	0.0 397	11	80 000	1 960.1	0.0 222
3	1 000	38.8	0.0 358	12	100 000	2 393.4	0.0 217
4	3 000	103.8	0.0 325	13	200 000	4 450.8	0.0 206
5	5 000	163.9	0.0 301	14	400 000	8 276.7	0.0 191
6	8 000	249.6	0.0 286	1 5	600 000	11 897.5	0.0 180
7	10 000	304.8	0.0 276	16	800 000	15 391.4	0.0 169
8	20 000	566.8	0.0 262	17	1 000 000	18 793.8	0.0152
9	40 000	1 054.0	0.0 244	18	2 000 000	34 948.9	0.0 141

注：计费额>2 000 000 万元的，以计费额乘以 1.6%的收费率计算收费基价。

3）计算方法及举例

（1）计费额：

①计费额=建筑安装工程费+设备工器具购置费+联合试运转费

比如，对于通信线路的大多数工程，其计费额实际上就是建筑安装工程费，即建安费。

②利旧设备工程的计费额：以签订工程设计合同时同类设备的当期价格作为工程设计收费的计费额。

③引进设备工程的计费额：按照购进设备的离岸价（不含关税和增值税）折换成人民币作为工程设计收费的计费额。

（2）按设计阶段计算设计费（直线内插法）

①一阶段设计。计费额低于 200 万元的设计：

设计费=计费额×0.045

计费额大于 200 万元的设计费=（基价+内插值×相应差值）×100%

②二阶段设计。设计费总和须计列在初步设计概算内：

设计费=（基价+内插值×相应差值）×100%

分配如下：

初步设计的设计费=设计费=（基价+内插值×相应差值）×60%

施工图设计的设计费=设计费=（基价+内插值×相应差值）×40%

单元 4 编制概预算

任务 1 通信工程概预算编制办法

1. 概预算编制流程

1）编制原则

（1）通信建设工程概预算各项费用的记取应严格执行 626 号文件发布的通信建设工程费用定额。

（2）通信建设工程概预算的编制，应按相应的设计阶段进行。当建设项目采用两阶段设计时，初步设计阶段编制概算，施工图设计阶段编制预算；采用三阶段设计时，技术设计阶段应编制修正概算；采用一阶段设计时，只编制施工图预算（含预备费）。

（3）邮政通信设备安装工程，由厂家负责安装、调试时，可按本办法编制工程概预算，但不得收取间接费和计划利润。

（4）一个建设项目如果由几个设计单位共同设计时，总体设计单位应负责统一概预算的编制原则，并汇总建设项目的总概预算。分设计单位负责本设计单位承担的单项工程概预算的编制。

（5）编制概算时，因概算定额尚未颁发，暂用预算定额代替概算定额编制。现行预算定额中尚未编入的定额内容，工程需要时，可由设计单位按实际情况编制一次性定额，但仅供该工程使用，并报有关部门备案。

（6）单项工程中有小型土建项目时，可按有关规定计费，直接填入单项工程概预算总表中，但不得作为其他费用纳入计算基础。

（7）编制概预算时，设备、工器具、主要材料的原价（或预算价），按部定额管理部门发布的设备、材料价格计算（在尚未发布之前，可询价）。

2）编制程序

编制概预算文件时，先要收集资料，熟悉工程设计图样，计算出工程量；再套用定额确定主材使用量，依据费用定额计算各项费用；经过复核无误后，编写工程说明，最后经主管领导审核、签字后印刷出版。编制流程如图 5-7 所示。

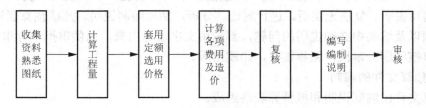

图 5-7 概预算编制程序

（1）收集资料，熟悉图样。在编制概预算前，针对工程具体情况和所编概预算内容收集有关资料是动手编制概预算的前提，这些资料包括概预算定额、费用定额以及材料、设备价格等。这里特别要指出的是，因为现有定额是量价分离的，也就是说，定额中只有"量"，没有"价"，那么"价"要到哪里去找呢？因为我国是市场经济，各地价格均不同，所以，

"价"要到市场去询，一般由各省级定额编制管理部门定期发布。

此外，要对设计图纸进行一次全面的检查，看其是否完整（尤其是与概预算编制紧密相关的数据、新旧设备等），明确设计意图，检查各部分尺寸是否有误，有无施工说明及主要工程量表。

总之，通过阅图、读图，要做到施工流程、内容和技术要求心中有数，甚至连一些图上表达得不是十分明确的东西也要通过图例、设计说明及图纸相关要素来分析判断清楚，才能着手概预算编制，切忌盲目动手编制。

（2）计算工程量。工程量是编制概预算的基本数据，计算的准确与否直接影响到工程造价的准确度。工程量计算时要注意以下几点。

① 要先熟悉设计图样的内容和相互关系，注意有关标注和说明。

② 计算的单位一定要与编制概预算时所依据的概预算定额单位相一致。

③ 计算的方法一般可依照施工图顺序由上而下、由内而外、由左而右依次进行。

④ 要防止误算、漏算和重复计算。

⑤ 最后将同类项加以合并，并编制工程量汇总表。

（3）套用定额。工程量经复核无误后，方可套用定额确定主材使用量。套用定额时应该核对工程内容与定额内容是否一致，以防误套。这里再一次强调，套用定额时，一定要注意两点：一是定额所描述的"工作内容"是否与你所选定的"工作项目"一致；二是定额的册说明、章节说明以及定额项目表下方的"注"是套用定额的重要条件，一定要仔细看清楚。

套用定额后要选用价格，也就是到定额编制管理部门公布的价格表中查找所需要材料、设备等的价格。价格有两种，一种是"原价"，一种是"预算价格"，由询价表中查得的价格是"原价"，没有包括运杂费、运保费、采保费及采购代理服务费等费用，而"预算价格"是包括了这些费用后的价格。

（4）计算各项费用。根据工信部规[2008]75号文下发的费用定额所规定的计算规则、标准分别计算各项费用，并按通信建设工程概预算表格的填写要求填写表格。这个过程中一定要特别注意工程给定的各种各样的条件及建设环境等因素，以保证"计算准确"。

（5）复核。对上述表格内容进行一次全面检查。检查所列项目、工程量、计算结果、套用定额、选用单价、费用定额的取费标准以及计算数值等是否正确。

检查的顺序应按照填写表格的顺序来进行。比如，对于通信线路工程，其检查的顺序是（表三）甲→（表三）乙→（表三）丙→（表四）甲→（表五）甲→表二→表一→汇总表。

（6）编写说明。复核无误后，进行对比、分析，撰写编制说明。凡概预算表格不能反映的一些事项以及编制中必须说明的问题，都应用文字表达出来，以供审批单位审查。

（7）审核印刷。审核，领导签字，印刷出版。

2．概预算文件的编制

概预算文件由编制说明和概预算表格组成。

1）编制说明

编制说明一般由工程概况、编制依据、投资分析和其他需要说明的问题4部分组成。

（1）工程概况。工程概况说明项目规模、用途、概预算总价值、产品品种、生产能力、公用工程及项目外工程的主要情况等。

（2）编制依据。编制依据主要说明编制时依据的技术、经济条件、各种定额、材料设备价格、地方政府的有关规定和主管部门未统一规定的费用计算依据和说明。

（3）投资分析。投资分析主要说明各项投资的比例及类似工程投资额的比较、分析投资额高的原因、工程设计的经济合理性、技术的先进性及其适宜性等。

（4）其他需要说明的问题。其他需要说明的问题，如建设项目的特殊条件和特殊问题，需要上级主管部门和有关部门帮助解决的其他有关问题等。

2）概预算文件表格

通信建设工程概预算表格全套包括建设项目总概预算表（汇总表）、工程概预算总表（表一）、建筑安装工程费用概预算表（表二）、建筑安装工程量概预算表（表三）甲、建筑安装工程施工机械使用费概预算表（表三）乙、建筑安装工程施工仪器仪表使用费概预算表（表三）丙、国内器材概预算表（表四）甲、引进器材概预算表（表四）乙、工程建设其他费概预算表（表五）甲、引进设备工程建设其他费用概预算表（表五）乙共 6 种 10 张表格。这十种表格的填写顺序如图 5-8 所示。

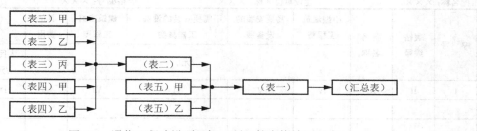

图 5-8　通信工程建设项目概（预）算表格填写顺序

需要说明的是，如果是单个单项工程，就没有汇总表，只有由多个单项工程组成一个建设项目时才会有汇总表。又如，对于通信线路工程，（表三）丙、（表四）乙及（表五）乙是没有的。

下面分别说明各表格的填写方法。

（1）建设项目总概预算表（汇总表）

建设项目总概预算表（汇总表）供编制建设项目总概预算使用，建设项目的全部费用在该表（如表 5-30 所示）中汇总。

表 5-30　建设项目总概预算表（汇总表）

建设项目名称：×××　　　建设单位名称：×××　　　表格编号：×××　　　第　页

序　号	表格编号	单项工程名称	小型建筑工程费	需要安装的设备费	不需安装的设备、工器具费	建筑安装工程费	预备费	其他费用	总　价　值		生产准备及开办费
					/元				人民币/元	其中外币/（　）	/元
I	II	III	IV	V	VI	VII	VIII	IX	X	XI	XII

设计负责人：　　　审核：　　　编制：　　　编制日期：　年　月

汇总表填写方法如下：

① 第Ⅱ栏根据各工程相应总表（表一）编号填写。

② 第Ⅳ～Ⅸ栏根据工程项目的概算或预算（表一）相应各栏的费用合计填写。

③ 第Ⅹ栏为第Ⅳ～Ⅸ栏的各项费用之和。

④ 第Ⅻ栏填写各工程项目需单列的"生产准备及开办费"金额。

⑤ 当工程有回收金额时，应在费用项目总计下列出"其中回收费用"，其金额填入第Ⅸ栏。此费用不冲减总费用。

（2）工程概预算总表（表一）。本表供编制单项（单位）工程概预算之用，单项（单位）工程的全部费用在该表中（如表 5-31 所示）汇总。

表 5-31　工程概预算总表（表一）

建设项目名称：×××

工程名称：×××　　　　　　建设单位名称：×××　　　　　　表格编号：×××　　　　　　第　　页

序 号	表格编号	费用名称	小型建筑工程费	需要安装的设备费	不需要安装的设备、工器具费	建筑安装工程费	其他费用	总 价 值	
			/元					人民币/元	其中外币/（ ）
Ⅰ	Ⅱ	Ⅲ	Ⅳ	Ⅴ	Ⅵ	Ⅶ	Ⅷ	Ⅸ	Ⅹ

设计负责人：　　　　　审核：　　　　　　　编制：　　　　　　编制日期：　　年　月

表一的填写方法如下：

① 表首"建设项目名称"填写立项工程项目全称。

② 第Ⅸ栏为第Ⅳ～Ⅷ栏之和。

③ 当工程有回收金额时，应在费用项目总计下列出"其中回收费用"，其金额填入第Ⅷ栏。此费用不冲减总费用。

（3）建筑安装工程费用概预算表（表二）。本表主要统计建筑安装工程费用，需要（表三）甲提供工日、（表三）乙提供机械使用费、（表三）丙提供仪器仪表使用费、表四提供材料费，如表 5-32 所示。

表 5-32　建筑安装工程费用概预算表（表二）

工程名称：×××　　　　　　建设单位名称：×××　　　　　　表格编号：×××　　　　　　第　　页

序 号	费用名称	依据和计算方法	合计/元	序号	费 用 名 称	依据和计算方法	合计/元
Ⅰ	Ⅱ	Ⅲ	Ⅳ	Ⅰ	Ⅱ	Ⅲ	Ⅳ
	建筑安装工程费			8	夜间施工增加费		
	直接费			9	冬雨期施工增加费		
（一）	直接工程费			10	生产工具/用具使用费		
1	人工费			11	施工用水电蒸气费		
（1）	技工费			12	特殊地区施工增加费		

序 号	费用名称	依据和计算方法	合计/元	序号	费 用 名 称	依据和计算方法	合计/元
I	II	III	IV	I	II	III	IV
（2）	普工费			13	已完工程及设备保护费		
2	材料费			14	运土费		
（1）	主要材料费			15	施工队伍调遣费		
（2）	辅助材料费			16	大型施工机械调遣费		
3	机械使用费				间接费		
4	仪表使用费			（一）	规费		
（二）	措施费			1	工程排污费		
1	环境保护费			2	社会保障费		
2	文明施工费			3	住房公积金		
3	工地器材搬运费			4	危险作业意外伤害保险费		
4	工程干扰费			（二）	企业管理费		
5	工程点交、场地清理费				利润		
6	临时设施费			四	税金		
7	工程车辆使用费						

设计负责人： 审核： 编制： 编制日期： 年 月

（4）建筑安装工程量概预算（表三）甲。本表供编制工程量，并计算技工和普工总工日数量使用，如表 5-33 所示。

表 5-33 建筑安装工程量概预算表（表三）甲

工程名称：×××　　　　建设单位名称：×××　　　　表格编号：×××　　　　第　页

序 号	定额编号	项目名称	单 位	数 量	单位定额值		合 计 值	
					技 工	普 工	技 工	普 工
I	II	III	IV	V	VI	VII	VIII	IX

设计负责人： 审核： 编制： 编制日期： 年 月

（表三）甲填写方法如下：

① 第 II 栏根据《通信建设工程预算定额》，填写所套用预算定额子目的编号。若需临时估列工作内容子目，在本栏中标注"估列"两字；两项以上"估列"条目，应编列序号。

② 第 VIII 栏为第 V 栏与第 VI 栏的乘积。

③ 第 IX 栏为第 V 栏与第 VII 栏的乘积。

（5）建筑安装工程施工机械使用费概预算表（表三）乙。本表供编制本工程所列的机械费用汇总使用，如表 5-34 所示。

表 5-34　建筑安装工程施工机械使用费概预算表（表三）乙

工程名称：×××　　　　　建设单位名称：×××　　　　　表格编号：×××　　　　　第　　页

序号	定额编号	项目名称	单位	数量	机械名称	单位定额值		合　计　值	
						数量/台班	单价/元	数量/台班	舍俭，元
I	II	III	IV	V	VI	VII	VIII	IX	X

设计负责人：　　　　　审核：　　　　　编制：　　　　　编制日期：　　年　月

（表三）乙填写方法如下：

① 第Ⅸ栏填写第Ⅶ栏与第Ⅴ栏的乘积。

② 第Ⅹ栏填写第Ⅷ栏与第Ⅸ栏的乘积。

（6）建筑安装工程施工仪器仪表使用费概预算表（表三）丙。本表供编制本工程所列的仪表费用汇总使用，如表 5-35 所示。

表 5-35　建筑安装工程施工仪器仪表使用费概预算表（表三）丙

工程名称：×××　　　　　建设单位名称：×××　　　　　表格编号：×××　　　　　第　　页

序号	定额编号	项目名称	单位	数量	仪表名称	单位定额值		合　计　值	
						数量/台班	单价/元	数量/台班	合债，元
I	II	III	IV	V	VI	VII	VIII	IX	X

设计负责人：　　　　　审核：　　　　　编制：　　　　　编制日期：　　年　月

（表三）丙填写方法与（表三）乙基本相同。

（7）国内器材概预算表（表四）甲。本表供编制本工程的主要材料、设备和工器具的数量和费用使用，如表 5-36 所示。

表 5-36　国内器材概预算表（表四）甲

（　　　　　表）

工程名称：×××　　　　　建设单位名称：×××　　　　　表格编号：×××　　　　　第　　页

序　号	名　称	规格程式	单　位	数　量	单价/元	合计/元	备　注
I	II	III	IV	V	VI	VII	VIII

设计负责人：　　　　　审核：　　　　　编制：　　　　　编制日期：　　年　月

（表四）甲填写方法如下：

① 第Ⅶ栏填写第Ⅵ栏与第Ⅴ栏的乘积。

② 用于主要材料表时，应将主要材料分类后，计取运杂费、运输保险费、采购及保管费、采购代理服务费等相关费用，然后进行总计。

（8）引进器材概预算表（表四）乙。本表供编制引进工程的主要材料、设备和工器具的数量和费用使用，如表 5-37 所示。

表 5-37　引进器材概预算表（表四）乙

（　　　　表）

工程名称：×××　　　　　建设单位名称：×××　　　　　表格编号：×××　　　　第　页

序号	中文名称	外文名称	单位	数量	单　价		合　价	
					外币/（）	折合人民币/元	外币/（）	折合人民币/元
1	Ⅱ	Ⅲ	Ⅳ	Ⅴ	Ⅵ	Ⅶ	Ⅷ	Ⅸ

设计负责人：　　　　审核：　　　　编制：　　　　编制日期：　　年　月

（表四）乙填表方法如下：第Ⅵ、Ⅶ、Ⅷ和Ⅸ栏分别填写外币金额及折算人民币的金额，并按引进工程的有关规定填写相应费用。其他填写方法与（表四）甲基本相同。

（9）工程建设其他费概预算表（表五）甲。本表供编制国内工程计列的工程建设其他费使用，如表 5-38 所示。

表 5-38　工程建设其他费概预算表（表五）甲

工程名称：×××　　　　　建设单位名称：×××　　　　　表格编号：×××　　　　第　页

序号	费用名称	计算依据及方法	金额/元	备注
Ⅰ	Ⅱ	Ⅲ	Ⅳ	Ⅴ
1	建设用地及综合赔补费			
2	建设单位管理费			
3	可行性研究费			
4	研究试验费			
5	勘察设计费			
6	环境影响评价费			
7	劳动安全卫生评价费			
8	建设工程监理费			
9	安全生产费			
10	工程质量监督费			
11	工程定额测定费			
12	引进技术及引进设备其他费			

续表

序　号	费 用 名 称	计算依据及方法	金额/元	备　注
13	工程保险费			
14	工程招标代理费			
15	专利及专利技术使用费			
	总计			
16	生产准备及开办费（运营费）			

设计负责人：　　　　　审核：　　　　　编制：　　　　　编制日期：　　年　　月

（10）引进设备工程建设其他费用概预算表（表五）乙如表 5-39 所示，其中第Ⅲ栏根据国家及主管部门的相关规定填写。

表 5-39　引进设备工程建设其他费用概预算表（表五）乙

工程名称：×××　　　　建设单位名称：×××　　　　表格编号：×××　　　　第　　页

序　号	费 用 名 称	计算依据及方法	金　额		备　注
			外币/（）	折合人民/元	
Ⅰ	Ⅱ	Ⅲ	Ⅳ	Ⅴ	Ⅵ

设计负责人：　　　　　审核：　　　　　编制：　　　　　编制日期：　　年　　月

3. 概预算文件的审核

审查工程概预算的目的是核实工程概算、预算的造价。由于通信工程涉及面广，计价依据繁多，情况复杂，在审核过程中，要严格按照国家有关工程项目建设的方针、政策和规定对费用实事求是地逐项核实。

审核工程概预算的目的是核实工程概预算的造价，在审核过程中，要严格按照国家有关工程项目建设的方针、政策和规定对费用实事求是地逐项核实。

1）设计概算的审查

审查设计概算是一项政策性、技术性强而又复杂细致的工作。通常，概算的审查包括以下主要内容。

（1）设计概算编制依据的审查。对设计概算进行审查就是要使概算文件切实发挥其应有的作用，维护项目概算编制的严肃性，使其更加符合或接近工程建设客观实际的需要，保证建设投资的分配更加合理，从而也保证了项目建设财务信用活动，在更加合理可靠的基础上开展工作。这对正确确定工程造价、控制项目投资额和建设规模、正确分配和合理使用建设资金、加强固定资产投资管理与监督工作、提高项目投资的经济效益具有重要意义。审查内容如下：

① 设计概算编制依据的审查。

② 工程量的审查。

③ 对使用相关定额计费标准及各项费用的审查。

（2）工程量的审查。工程量是计算工程直接费的重要依据。工程直接费在概算造价中起相当重要的作用。因此，审查工程量，纠正其差错，对提高概算编制质量，节约项目建设资金很重要。审查时的主要依据是初步设计图样、概算定额、工程量计算规则等。审查工程量时必须注意以下几点。

① 有否漏算、重算和错算，定额和单价的套用是否正确。

② 计算工程量所采用的各个工程及其组成部分的数据，是否与设计图样上标注的数据及说明相符。

③ 工程量计算方法及计算公式是否与计算规则和定额规定相符。

（3）对使用相关定额计费标准及各项费用的审查：

① 直接套用定额是否正确。

② 定额的项目可否换算，换算是否正确。

③ 临时定额是否正确、合理、符合现行定额的编制依据和原则。

④ 材料预算价格的审查。主要审查材料原价和运输费用，并根据设计文件确定的材料耗用量，重点审查耗用量较大的主要材料。

⑤ 间接费的审查。审查间接费时应注意以下几点：

● 间接费的计算基础、所取费率是否符合规定，是否套错。

● 间接费中的项目应以工程实际情况为准，没有发生的就不要计算。

● 所用间接费定额是否与工程性质相符，即属于什么性质的工程，就执行与之配套的间接费定额。

⑥ 其他费用的审查。主要审查计费基础和费率及计算数值是否正确。

⑦ 设备及安装工程概算的审查。根据设备清单审查设备价格、运杂费和安装费用的计算是否正确。标准设备的价格以各级规定的统一价格为准；非标准设备的价格应审查其估价依据和估价方法等；设备运杂费率应按主管部门或地方规定的标准执行；进口设备的费用应按设备费用各组成部分及我国设备进口公司、外汇管理局、海关等有关部门的规定执行。对设备安装工程概算，应审查其编制依据和编制方法等。另外，还应审查计算安装费的设备数量及种类是否符合设计要求。

⑧ 项目总概算的审查。审查总概算文件的组成是否完整，是否包括了全部设计内容，概算反映的建设规模、建筑标准投资等是否符合设计文件的要求，概算内投资是否包括了项目从筹建至竣工投产所需的全部费用，是否把设计以外的项目计入概算内多列投资，定额的使用是否符合规定，各项技术经济指标的计算方法和数值是否正确，概算文件中的单位造价与类似工程的造价是否相符或接近，如不符且差异过大时，应审查初步设计与采用的概算定额是否相符。

2）施工图预算的审查

搞好施工图预算审查，可以保证或提高施工图预算的准确性，有利于科学合理地使用项目建设资金，降低工程造价，提高投资的经济效益；有利于促进施工企业改善经营管理；有利于积累技术经济数据提高设计水平。

审查施工图预算，首先要做好审查预算所依据的有关资料的准备工作，如施工图、有关标准、各类预算定额、费用标准、图样会审记录等。尤其要熟悉施工图样，因为施工图是审查施工图预算各项数据的依据。审查时，应建立完整的审查档案，做好预算审查的原始记录，整理出完备的工程量计算说明书。对审查中发现的差错，应与预算编制单位协商，做相应的增加或削减处理，统一意见后，对施工图预算进行相应的调整，并编制施工图预算调整表，将调整结果逐一填入作为审核档案。

审查施工图预算时，应重点对工程量、定额套用、定额换算、补充单价及各项计取费用是否合适等内容进行审查。

（1）工程量的审查。应检查预算工程量的计算是否遵守计算规则，预算定额的分项工程项目的划分，是否有重算、漏算及错算等。例如：审核土方工程，应注意地槽与地坑是否应该放坡、支挡土板或加工作业面放坡系数及加宽是否正确，挖土方工程量计算是否符合定额计算规定和施工图样中标示的尺寸，地槽、地坑回填的体积是否扣除了基础所占体积，运土方数是否扣除了就地回填的土方数等。

（2）套用预算定额的审查。审查预算定额套用的正确性，是施工图预算审查的主要内容之一。如套错预算定额就会影响施工图预算的准确性，审查时应注意以下几点：

① 审核预算中所列预算分项工程的名称、规格、计量单位与预算定额所列的项目内容是否一致，定额的套用是否正确，有否套错。

② 审查预算定额中，已包括的项目是否又另列而进行了重复计算。

（3）临时定额和定额换算的审查。对临时定额应审核其是否符合编制原则，编制所用人工单价标准、材料价格是否正确，人工工日、机械台班的计算是否合理。对定额工日数量和单价的换算应审查换算的分项工程是否是定额中允许换算的，其换算依据是否正确。

（4）各项计取费用的审查。费率标准与工程性质、承包方式、施工企业级别和工程类别是否相符，计取基础是否符合规定。计划利润和税金应注意审查计取基础和费率是否符合现行规定。

任务 2 计算机辅助编制概预算

通信工程概预算的编制是一件十分烦琐的工作，它是一个信息的收集、传递、加工、保存和运用的过程，具有信息量大、数据结构复杂、信息更改频繁、多路径检索、信息共享等特点。由于计算机具有高速度、高可靠性和高存储能力，利用通信工程概预算的专用软件编制通信工程概预算，不仅可以减轻概预算人员的劳动强度，还可以提高编制精度，有助于工程投资的确定与控制。因此，无论是建设单位、设计单位，还是施工单位，都在广泛地应用计算机软件进行通信工程概预算文件的编制和管理。

1. 认识通信工程概预算软件

目前，市场上通信工程概预算软件较多，各施工设计单位所用软件并不完全相同，但都是以原信息产业部通信行业标准《通信建设工程概算、预算编制办法及费用定额》为依据，并结合当前通信行业发展情况研制而成的。本书以"超人通信工程概预算编制软件"为例进行介绍。

1）软件特点

超人通信工程概预算编制软件（2008 版）主要由概预算编制、系统维护及数据库三部分组成，实现了通信工程设计、施工、竣工验收等各阶段造价管理自动化处理。该系统具有广泛适用、定额完整、功能齐全、操作方便、界面美观、计费灵活、性价比高等特点，广泛适用于通信线路工程、通信设备安装工程、通信管道工程等的新建、扩建、改建工程的概算、预算、结算以及决算的编制工作。其主要功能及特点如下：

（1）Windows XP 风格工作界面、操作简便、定额完整；

（2）可全面兼容并打开国内所有知名通信概预算软件编制的工程文件；

（3）强大工程项目管理功能满足通信项目结算点多等特点，支持工程复制、批量打印、编页号、工程树形管理功能；

（4）提供图形工程量计算功能，使计算工程量更准、更快、核对更方便；

（5）可自动导入 mdb、db 格式文件及 Excel 电子文件并自动生成子目及主材等，大大提高了工作效率；

（6）所有报表可直接输出为一个 Excel 文件，省却了原来要合并报表的麻烦，同时格式非常美观；

（7）表三（后有详述）可以按章节进行排序并可以设置定位标签；

（8）工程取费设置一键完成并可手工修改中文计算式并可直接编辑；

（9）自动化计算、更新主材、机械台班；

（10）可以选择各季度价格文件自动更新主材价格；

（11）数据实时保存、自动备份双重安全措施，让数据更加安全；

（12）支持工程数据引用，批量复制功能；

（13）支持报表可视化设计，报表设计简单，效果一目了然；

（14）支持局域网、Internet 协助工作、打开网络共享文件；

（15）支持定额库、主材库、机械库、费率库维护及用户补充；

（16）支持在线自动升级程序，信息通知让用户足不出户就可了解最新信息；

（17）提供工程量计算、预算手册、表达式计算器，是工作的好助手；

（18）提供价格文件管理及各地区材料价格信息下载功能。

2）软件运行环境

该软件在台式计算机、笔记本计算机中均可使用；适用于 Windows 2000 /XP/2003/2010 等操作系统；建议 CPU 配置应在奔腾 166MMX 以上，推荐使用奔腾 II 450 以上处理器；64MB 内存的微机，推荐使用 128MB 以上内存；MDAC（Microsoft Data Access Component）2.6 以上版本驱动程序。

2．软件菜单

双击桌面上 软件图标，软件会显示登录窗口，如图 5-9 所示。

用户输入正确密码后就可进入本软件，如要设置保护密码可在【用户账号管理】中进行设置。用户账号管理可以设置用户名及密码，起到保护系统不被他人使用的目的。

启动"超人通信工程概预算软件（2008 版）"后如图 5-10 所示。

1）菜单

软件主菜单由以下几个选项组成，如图 5-11 所示。

 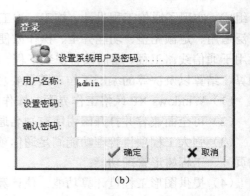

| (a) | (b) |

图 5-9　登录窗口

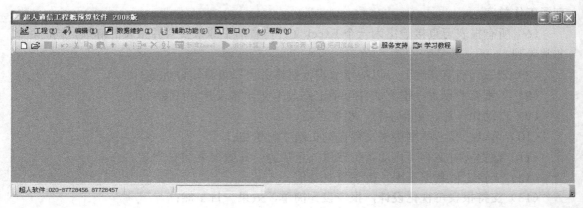

图 5-10

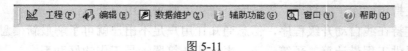

图 5-11

2）工具栏

常用工具栏列出了常用操作的快捷按钮（如图 5-12 所示）：

图 5-12　快捷按钮

（1）工程数据的复制与粘贴。复制当前工程的数据到其他位置。

（2）撤销功能。如果修改了单元格的内容，单击撤销可以依次进行还原，共可还原 10 步操作。

（3）插入子目。在当前行中插入一行子目，插入后可在【编码】中直接输入定额编号。

（4）删除。可以连续选中要删除子目进行删除。

（5）设置定位标签。当子目很多时，要找一个子目会比较麻烦，但通过设置定位标签，就可以很快找到此子目所在位置。

（6）上一个标签\下一个标签。向上\向下查找标签，如找到则将热区切换到此行中。

（7）汇总计算。对当前工程重新进行计算。

（8）按章节排序。对当前工程的表三重新按定额章节的顺序进行排序。

（9）项目属性设置。对工程项目的所有相关属性进行设置，包括工程类别、企业资质、工程类型等。

3. 新建工程

进入软件系统后，在【快速向导】窗口，可以打开以前使用过的工程文件，也可以选择相关工程类型创建新的工程造价文件。如图 5-13 所示，选择相关工程类型，输入名称就可以创建一个新的工程了。

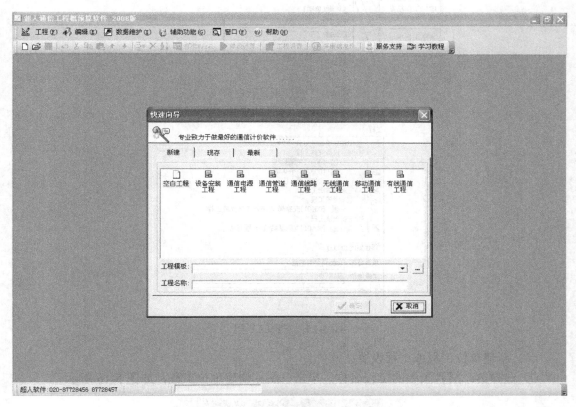

图 5-13 新建工程

现在我们创建了一个名为"中国联通汕头分公司 CDMA 二期工程"的工程，图 5-14 是工程项目管理窗口，通过项目管理窗口可以创建单项工程或单位工程，现在我们讲解工程项目管理的操作。

（1）一般通信工程具有点多量小的特点，所以新建一个工程后，我们可以通过新建单项工程进行工程的分类，现在我们以地点作为单项工程分类依据，也可以根据工程类型分类（如设备安装工程、光缆工程、天馈线工程），如图 5-15 所示。

（2）新建单项工程或工程修改：

① 选择第一层目录中的工程名称，单击🗀图标创建单项工程。

② 选择第二层目录中的单项工程名称，单击✐图标修改单项工程。

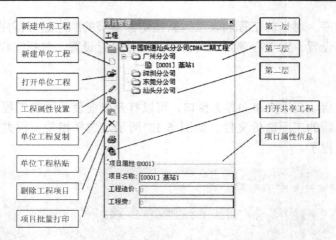

图 5-14　工程的项目管理窗口

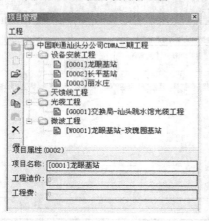

图 5-15　工程的分类

（3）新建单位工程或工程设置：

① 选择第二层目录中的工程名称，单击 图标创建单位工程，如图 5-16 所示。

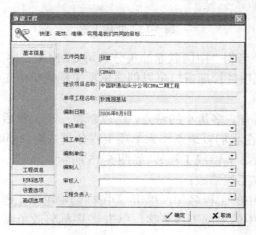

图 5-16　创建单位工程

② 选择第三层目录中的工程名称,单击 ✏ 图标修改单位工程设置。

③ 详细工程设置方法请参阅本书相关内容。

(4) 复制与粘贴工程:

① 选择第三层中的条目,复制单位工程。

② 选择第二层中的条目,粘贴单位工程。

(5) 删除工程。选择第三层中的条目,删除单位工程。

(6) 批量输出工程。针对工程通信点多、分散的特点,可选择要输出的工程并将其全部输出,大大提高了工作效率。

①单击 🖨 可批量打印表格,此时管理目录会自动变成可选目录,可选择要输出的工程,如图 5-17 所示。

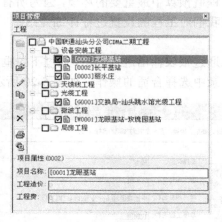

图 5-17　批量打印

②选择工程后还要在工程的【报表输出】页面选择要批量输出的报表,如图 5-18 所示。

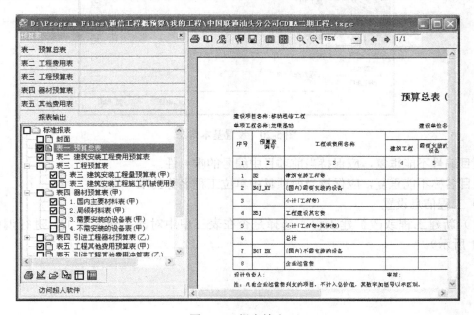

图 5-18　报表输出

③再单击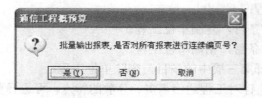就可以批量输出报表了，输出前可以选择是否进行自动编页号，如图 5-19 所示。

图 5-19　选择是否自动编页号

4．工程属性设置

工程属性设置是通信工程概预算中最重要的环节，因为所有的设置都会影响整个工程的取费方式及计算方法，现在我们对工程的设置进行详细介绍。

1）基本信息设置

基本信息设置好后可以通过报表输出进行显示，通过下拉框选择的操作会被系统自动记录，每次使用可以从系统记录中选择合适的操作，如图 5-20 所示。

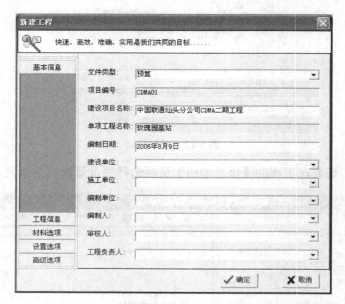

图 5-20　设置基本信息

项目编号不能重复，应保持当前项目中编号的唯一性。

项目名称不能重复，应保持当前项目中单位工程名称的唯一性。

2）工程信息设置

（1）新建工程或改扩建工程。选择是否在表三甲中对改扩建工程工日进行调整（如图 5-21 所示）。

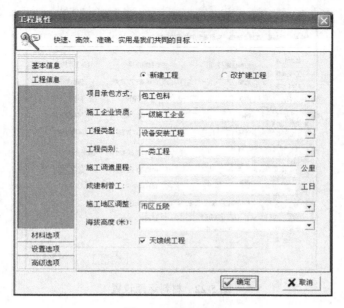

图 5-21　新建工程

（2）项目承包方式。此项分包工包料、包工不包料两种，该选项会影响施工项目承包费（表一）、材料采购及保管费（表四）。

（3）施工企业资质。通信工程施工企业资质等级分为一、二、三、四级，设置后对表二有影响。

（4）工程类型。此项分为通信线路、设备安装、通信管道。对于长途线路工程，相关选项在设置选项部分详细介绍。

（5）工程类别。通信建设工程按建设项目、单项工程划分为一类工程、二类工程、三类工程、四类工程，设置后对表二有影响。

（6）施工调遣里程。按施工企业基地至工程所在地的里程（即工程距施工企业基地距离）计算，该数值会影响临时设施费（表二）、施工队伍调遣费（表五甲）以及大型施工机械调遣费（表二）。

（7）成建制普工。在成建制普工参与施工时，需要填写相关信息。成建制普工仅指军民共建部队参与施工的工程项目中的部队工。此部分不计取计划利润。

（8）施工地区调整。只对通信线路工程有效。

（9）海拔高度。只对高原地区工程有效。

（10）天馈线工程。在设备安装工程中，设置此项后系统将认定本工程是移动通信工程并影响工程车辆使用费。

3）材料选项设置

（1）材料运距（公里）。材料运距是材料运杂费的计算依据，如图 5-22 所示。设备运距是设备、施工器具运杂费的计算依据。

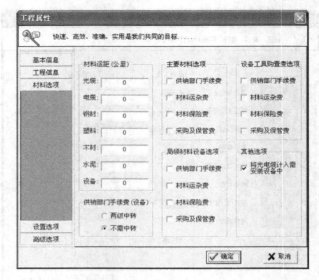

图 5-22 材料运距设置

（2）供销部门手续费。供销部门手续费费率按两级中转考虑的为 1.5%；不需中转的为 1%。

（3）主要材料\局领材料\设备工具购置费选项。包括是否计取供销部门手续费、材料运杂费、材料保险费、采购及保管费以构成材料价格。

（4）其他选项。是否把光电缆计入到设备中，根据中国电信集团综合部 2003 年 6 月 23 日印发文件而定。

4）设置选项

（1）表一（选项）：

① 计取预备费：选择是否在表一中计取预备费（如图 5-23 所示）。

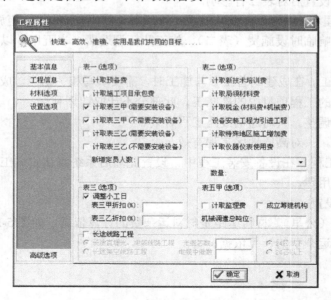

图 5-23 对表一的选项设置

② 计取施工项目承包费：选择是否在表一中计取施工项目承包费。

③ 计取表三甲（需要安装设备）：把此费用计入到表一中。

④ 计取表三甲（不需要安装设备）：把此费用计入到表一中。

⑤ 计取表三乙（需要安装设备）：把此费用计入到表一中。

⑥ 计取表三乙（不需要安装设备）：把此费用计入到表一中。

⑦ 新增定员人数：该数值影响生产准备费（表五甲）的计算。

（2）表二（选项）：

① 计取新技术培训费：选择是否在表二中计取新技术培训费。

② 计取局领材料费：如果不选择该选项，则局领材料表不计取材料原价的合计，只计取相关费用（如运杂费、采购及保管费等）。

③ 计取税金（材料费+机械费）：计取税金时计算基数=材料费+机械费。

④ 设备安装工程为引进工程：计算表二辅助材料费时根据引进工程要求计取，计算方法：

$$辅助材料费=国内主材×5\%+引进主材×0.1\%$$

⑤ 计取特殊地区施工增加费：选择是否计取表二中的特殊地区施工增加费。

⑥ 计取仪器仪表使用费：设置后可以在下拉列表中选择相关项目（如图 5-24 所示），并输入相应的数量。

图 5-24　选择相关项目

如是长途线路工程，须在长途线路工程中设置（如图 5-25 所示）：

图 5-25　长途线路工程相关设置

如使用光缆，可以输入光缆芯数，如使用电缆，可以输入电缆中继数。

（3）表三（选项）：

① 调整小工日：选择是否要对表三甲进行小工日调整。

② 表三甲折扣、表三乙折扣：可以对表三甲、表三乙的"合计"进行打折，选择该选项后，表格中多出一条折扣记录。

（4）表五甲（选项）：

① 计取监理费：选择是否计取表五甲中的监理费。

② 成立筹建机构：该选项影响表五甲中建设单位管理费的取定。

③ 机械调遣总吨位：该数值影响大型施工机械调遣费（表五甲）的计算。

5）高级选项

（1）表格设置：

① 显示：设置相关表格是否在选项页中显示，如图 5-26 所示。

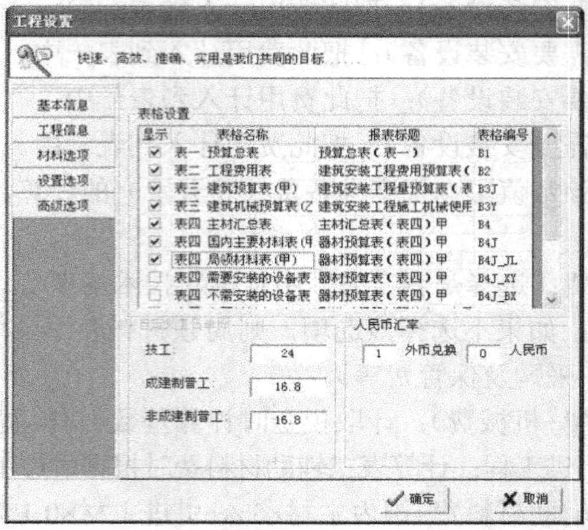

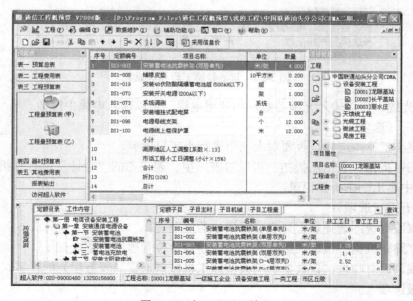

图 5-26　表格设置

② 表格名称：此项内容不能修改。

③ 报表标题：在报表中输出此表格的标题名称。

④ 表格编号：在报表中输出此表格的表格编号。

（2）自定义工日单价。暂不能设置，但用户可以在表二中直接修改各工日的单价。

（3）人民币汇率。设置兑换的汇率，设置后对表一、表五乙有影响。

5. 表三甲子目输入

表三甲子目输入是通信概预算编制中工作量最大的工作，为了提高工作效率，系统提供了多项高效的解决方案，包括自动导入 Excel 文件或 Mdb 文件生成表三甲、录入子目生成表三甲、自动导入其他软件的电子文件以及提供工程量计算的功能，如图 5-27 所示。

图 5-27　表三甲子目输入

1）录入子目及工程量的流程

（1）以鼠标左键双击定额表录入子目。在定额表中选择相关定额子目并以鼠标左键双击录入子目（如图 5-28 所示）。

图 5-28 录入子目

（2）录入工程量。工程量录入窗口如图 5-29 所示。

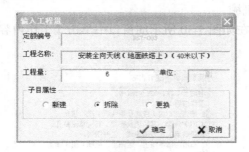

图 5-29 工程量录入窗口

在此窗口中可以修改工程量，同时选择子目属性可以进行子目调整。

（3）在工程量计算表中录入工程量并计算的过程详见工程量计算表相关介绍。

2）选择定额子目

（1）选择定额目录录入子目。在图 5-30 左边的定额目录中，可根据目录选择相关定额子目。

图 5-30 选择定额子目

（2）模糊查询子目。在查询窗口中输入关键字可进行查询，如要显示全部子目可以在下拉列表中选择【显示全部子目】，如图5-31所示。

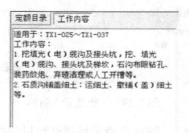

图5-31　查询子目

（3）在表三甲直接录入子目。在表三甲中插入空行，在定额编号中录入定额编号输入子目，如图5-27所示。

3）显示相关主材及机械

（1）显示工作内容。在如图5-30所示的窗口中单击【工作内容】可以查阅定额的工作内容，如图5-32所示。

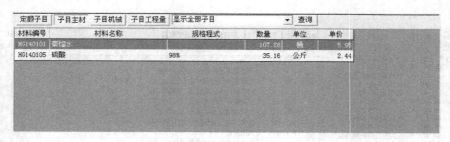

图5-32　工作内容

（2）显示子目主材。选择子目，单击【子目主材】可以查阅定额子目对应的工料项目，如图5-33所示。

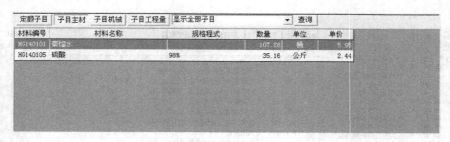

图5-33　子目主材

（3）显示子目机械。选择子目，单击【子目机械】可以查阅定额子目对应的机械项目，如图5-34所示。

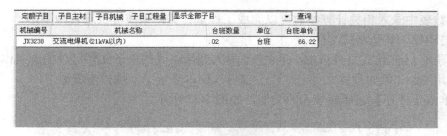

图 5-34　子目机械

4）工程量计算表

为了摆脱烦琐的工程量计算，本系统提供图形工程量计算功能。通过工程量计算表可以录入工程量，简化计算过程，以便计算、核对工程量。

（1）单击鼠标右键并选择【插入行】可以增加一行，如图 5-35 所示。

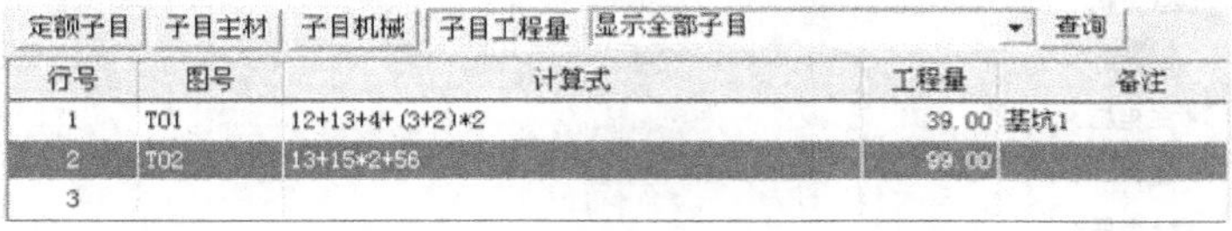

图 5-35　插入行

（2）单击鼠标右键并选择【删除行】可以删除一行。

（3）单击鼠标右键并选择【复制】可以复制一行的公式。

（4）单击鼠标右键并选择【粘贴】可以粘贴一行的公式。

（5）单击鼠标右键并选择【图形工程量】可以调用工程图形功能，如图 5-36 所示。

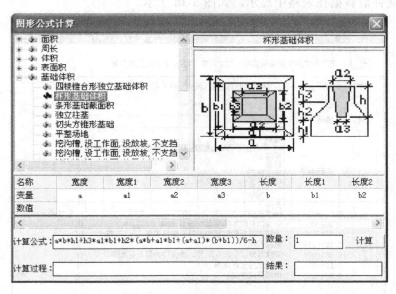

图 5-36　调用工程图形功能

在参数表中录入相关计算参数可以完成工程量计算，系统提供近百种图形。

5）自动导入其他格式文件

（1）导入 Mdb 格式文件或 Excel 文件。导入通用格式的电子文件可以提高工作效率，可以把以前用 Excel 做的预算文件一次性全部导入到本系统中，操作步骤如下。

① 单击【打开】选择要导入的文件，如图 5-37 所示。

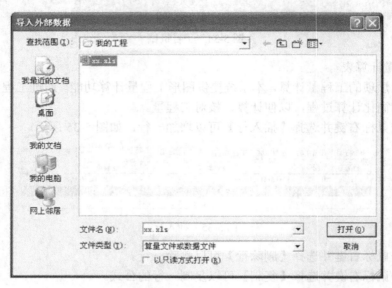

图 5-37　选择文件

② 打开文件后数据在表格中显示，如图 5-38 所示。

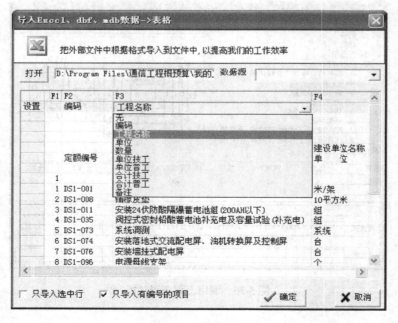

图 5-38　数据显示

③ 单击每一列的首行，系统会自动显示相关列表，通过列表可选择对应列的数据。

④ 按【确定】后系统就可以自动导入所有定额了。

相关设置方法如下。

① 只导入选中行：设置此项后，可以只导入选择行的数据。

② 只导入有编号的项目：设置此项后，只导入有编号的子目，否则所有信息都导入。

（2）导入盛发通信概预算软件生成的文件。超人通信概预算软件强大的数据兼容功能，使它成为国内最好的通信工程造价软件之一。它可以导入盛发通信概预算软件生成的文件，并自动生成工程项目管理目录，操作步骤如下。

① 选择导入文件，系统会自动切换到相关目录【gcwj】中，如目录不存在，可以手动指定目录，再选择要导入的文件。

② 选择后，系统会自动导入数据并形成对应本软件格式的文件，如图 5-39 所示。

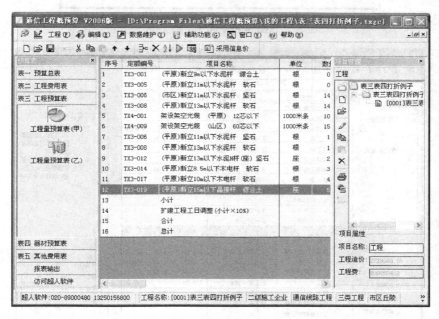

图 5-39　文件生成

> **提示：** 导入数据后，表一、表二、表五将对导入的数据根据本软件要求重新设置，所以有些数据样式会与之前不太一样，但结果基本是一致的，如有些数据不能完全导入，用户可以再进行修改。

（3）导入黄叶通信概预算软件生成的文件。超人通信概预算软件还可以导入黄叶通信概预算软件生成的数据文件，并自动生成工程项目管理目录。

① 选择导入黄叶通信概预算文件，系统会自动切换到相关目录中的【hygysdb.mdb】文件，如目录不存在的话可以手动指定目录，如图 5-40 所示。

② 选择后，系统会自动导入数据并形成对应本软件格式的文件，如图 5-41 所示。

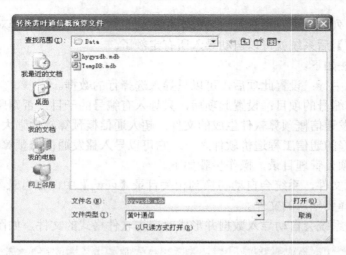

图 5-40　选择文件

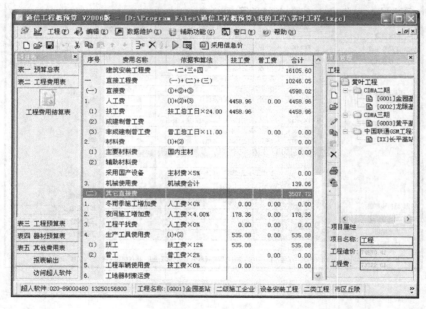

图 5-41　生成文件

提示：导入数据后，表一、表二、表五将对导入的数据根据本软件要求重新设置，所以有些数据样式会与之前不太一样，但结果基本是一致的，如有些数据不能完全导入，用户可以再进行修改。

6．表四——主材汇总表

表四的内容会自动根据表三甲自动更新。主材单价可以根据工程实际情况输入，也可以根据【材料信息价】输入。如有些主材项目要增加，可以在主材汇总表中双击左键进行增加，对于自行增加的项目可以对其进行删除或修改。在查询框中可以输入关键字进行模糊查询。在【材料来源】中可以把相关主材分类到相应表中进行计算，如表 5-40 和图 5-42 所示。

表 5-40 主材汇总表

自购主材	表四 国内主要材料表（甲）
局领主材	表四 局领材料表（甲）
利旧主材	表四 国内主要材料表（甲），相关费用不计入主要材料费中
需要安装设备	表四 需要安装的设备表（甲）
不需要安装设备	表四 不需要安装的设备表（甲）
引进主材	表四 主要材料表（乙）
引进设备	表四 需要安装的设备表（乙）

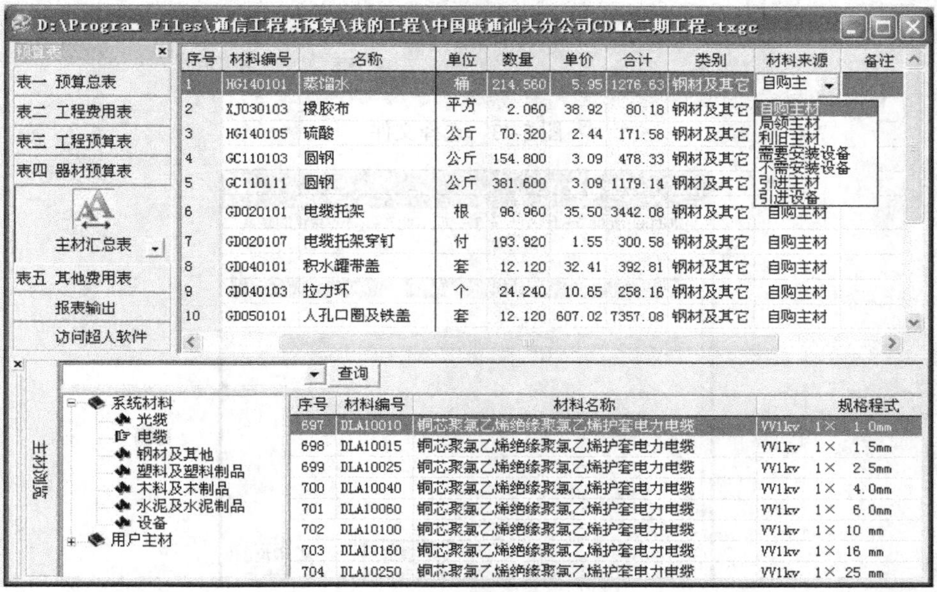

图 5-42　更换类别

在【类别】中可更换相关主材所属类别，包括：光缆、电缆、钢材及其他、塑料及塑料制品、木材及木制品、水泥及水泥制品、设备。

如在【自动】中打勾，说明此主材是系统主材，不能删除，如没打勾则说明此主材为用户补充主材。

采用材料信息价：

软件开发商会根据各地区材料价格的情况定期发布【材料信息价文件】，用户可以通过网络下载价格文件，及时更新主材价格，步骤如下。

① 单击"采用信息价" 　采用信息价 。

② 选择相关价格文件，如图 5-43 所示。只选择相关材料指导价就可以自动更新工程的材料价格。

③ 下载价格文件。本系统采用较新软件开发技术，不用担心价格文件更新问题，只要联网，本系统就会检测最新价格文件，选择相关价格文件就可以下载并更新，如图 5-44 所示。此时只要选择相关价格文件，单击【确定】就可以下载价格文件了。

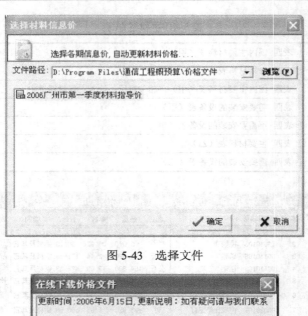

图 5-43 选择文件

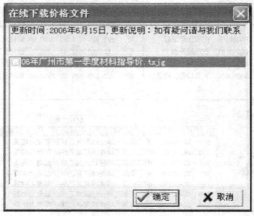

图 5-44 下载文件

7．报表输出

本系统报表输出及报表设计功能卓越，充分体现所见即所得的特点，同时可视性、可定义性使操作更加简便，其优点归纳如下。

- 所见即所得的报表输出。
- 工程项目的批量输出。
- 强大的报表设计功能。
- 完美的 Excel 报表导出功能。

1）报表预览

"超人"软件强大的报表功能以及丰富的报表资源，将全方位支持用户完成任何工程造价业务，有了它，用户不用再担心报表做不出来。

在报表目录中选择相应报表就可以查看报表预览内容。

（1）预览工具栏如图 5-45 所示。

图 5-45　预览工具栏

（2）基本操作：

① 全屏显示：关闭报表目录显示全预览界面。

② 放大显示：放大显示报表。

③ 缩小显示：缩小显示报表。

④ 上一页：显示上一页。

⑤ 下一页：显示下一页。

⑥ 报表边框加粗：所有报表的边框加粗显示。

⑦ 满页显示：如最后一页报表显示不足一页，则自动追加空行显示。

2）报表输出

所见即所得，输出报表一键完成。可以单选一张报表，也可以批量选择报表输出；可以输出到打印机，也可以输出到 Excel 中。

（1）输出至打印机。选择要输出的报表，单击工具栏的打印机输出报表图标。

只输出当前报表时可以设置打印页码，也可以设置打印份数，如图 5-46 所示。

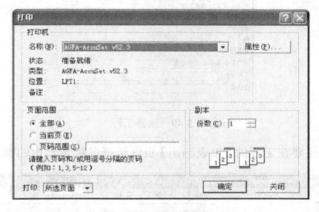

图 5-46　打印设置

批量输出报表时可通过设置打印选项输出全部选中报表，如图 5-47 所示。

（2）输出至 Excel。选择要输出的报表，单击工具栏的输出 Excel 报表图标，如图 5-48 所示。输出报表时可以选择输出报表的目录及文件名。如批量输出 Excel，建议存放在指定文件夹中，因为表格可能比较多。

3）批量输出工程

针对通信工程点多且分散的特点，只要选择要输出的工程就可以将其包含的内容全部输出，大大提高了工作效率。

① 单击 进行批量打印表格，管理目录会自动变成可选状态，选择要输出的工程，如图 5-49 所示。

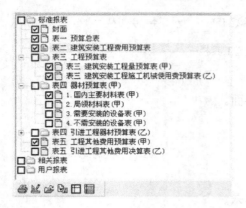

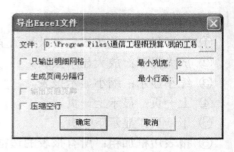

图 5-47　批量输出　　　　　　　　　　　图 5-48　导出至 Excel

图 5-49　选择工程

② 选择工程后还要在工程的【报表输出】页面选择要批量输出的报表，如图 5-50 所示。

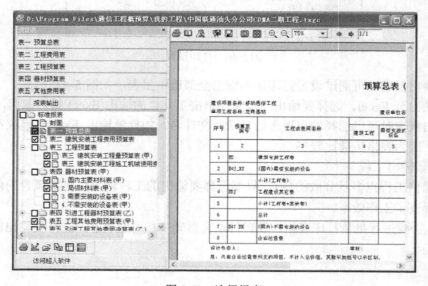

图 5-50　选择报表

③ 再单击 🖨 就可以批量输出报表了，输出前可以使报表进行自动编页号，如图 5-51 所示。

4）导出 Excel 文件

本系统可以自动导出标准的 Excel 报表。

① 单击工具栏上的图标 🖾 。

② 在报表列表中选择要导出的报表，如图 5-52 所示。

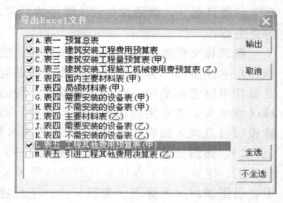

图 5-51 设置是否编页号   图 5-52 选择报表

③ 单击【输出】，系统会自动把相关报表进行输出并自动将其合并成一个 Excel 文件，如图 5-53 所示。

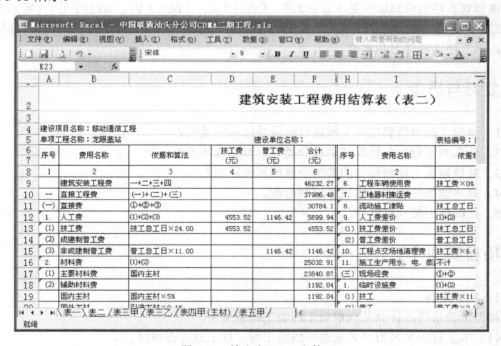

图 5-53 输出为 Excel 文件

表二中，如果第二分栏的内容在第一分栏中时，需要用户选中超页部分内容进行剪切，将其粘贴到第二分栏中。

项目小结

《通信工程概预算编制办法》是编制概预算文件的政策依据。该办法由"总则""设计概算与施工图预算编制"及"引进设备安装工程概算、预算的编制"三部分组成，其中单项工程项目划分、概预算与设计阶段的对应、概预算编制依据、编制程序和表格填写方法等是重点。

概预算文件由编制说明和概预算表格组成。前者应包括工程概况、总价值、编制依据、技术经济指标分析和其他需要说明的问题等内容，实际上，编制说明的主要目的就是要让审核者花最短的时间了解整个工程的基本概况，如总价值和技术经济指标就是审核（或决策）者首先要知道的重点内容；而概预算表格则由十部分组成，它们分别是：建设项目总××算表（汇总表）、工程××算总表（表一）、建筑安装工程费用××算表（表二）、建筑安装工程量××算表（表三）甲、建筑安装工程机械使用费××算表（表三）乙、建筑安装工程仪器仪表使用费××算表（表三）丙、国内器材××算表（表四）甲、引进器材××算表（表四）乙、工程建设其他费××算表（表五）甲和引进设备工程建设其他费用××算表（表五）乙。

概预算编制程序分为熟悉图纸、统计工程量、套用定额及选定价格、计算费用、复核、撰写编制说明和审核出版七个步骤。

概预算表格的填写顺序是（表三）甲、（表三）乙、（表三）丙、（表四）甲、（表四）乙、（表二）、（表五）甲、（表五）乙、（表一）、汇总表，本项目所举的各种编制实例均遵循这一顺序，以方便读者学习和掌握。

复习与思考

1. 建设工程概预算按照工程建设阶段是如何分类的？
2. 什么叫定额？怎样对其进行分类？它有哪些特点？
3. 通信建设工程概预算的编制应遵循哪些原则？
4. 简述通信建设工程概预算编制流程。
5. 熟练使用概预算软件。

项目实训 1

1. 实训内容

根据所给条件，计算某项单项工程的工程总费用。

（1）本工程为××市××局通信线路工程。施工地点在城区。

（2）施工企业距施工现场 55km。

（3）工程技工总工日为 150 工日，普工总工日为 200 工日。

（4）主要材料费为 62000 元。

（5）机械使用费合计为 1500 元。

（6）仪表使用费合计为 1800 元。

（7）建设用地及综合赔补费总计为 12000 元。

（8）勘察设计费总计为 3000 元。

（9）施工用水电费总计为 400 元。

（10）本工程不计列建设单位管理费、可行性研究费、研究试验费、环境影响评价费、劳动安全卫生评价费、建设工程监理费、工程质量监督费、工程保险费、工程招标代理费、专利及专用技术使用费、生产准备及开办费。

2．实训目的

（1）掌握通信工程费用的定额和计算规则。

（2）能够结合具体工程，计算出建筑安装工程费等费用。

3．实训要求

（1）能够正确套用费率，写出每一项费用的计算依据。

（2）说明计算过程和内容。

项目实训 2

1．实训内容

根据图 4-70 以及下面给定的已知条件，编制改迁管道光缆线路工程施工预算。

已知条件：

（1）本工程承建单位为一级施工企业，施工企业距离施工场地 90km。

（2）本工程不另成立筹建机构，也不委托监理。

（3）主材运距：

光缆、木材及木制品：500km 以内。

钢材及其他主材：1000km 以内。

塑料及其制品：300km 以内。

（4）综合贴补费为 2 万元。

（5）勘察设计费为 5000 元。

（6）本工程立项总投资金额为 10 万元。

2．实训目的

（1）熟悉预算文件的组成和编制方法。

（2）掌握预算表格的编制顺序。

（3）掌握预算定额的套用方法，并根据已知条件能正确套用工程的相关定额及其计费标准。

（4）掌握编制预算文件的 5 种（8 张）表格的统计及填表方法。

3．实训要求

（1）预算编制要严格遵照（2008 版）通信定额标准文件进行，包括：

a．《通信建设工程概算、预算编制办法》。

b．《通信建设工程费用定额》。

c. 《通信建设工程施工机械、仪器仪表台班定额》。

d. 《通信建设工程预算定额》（第一册通信电源设备安装工程、第三册无线通信设备安装工程、第四册通信线路工程）。

（2）将预算结果正确填写在标准的预算表格中。

（3）利用概预算软件对上述工程进行预算编制，比较两者结果有无差别。

（4）编写预算说明。

附录 A　通信工程制图中的通用图形符号

附表 A-1　限定符号

序 号	图形符号	说　明	序 号	图形符号	说　明
1	 ∿	交流、低频	11	 —<—●	发送
2	 ≋	中频	12	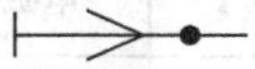 ⊢—>—●	接收
3	 ≋	高频	13	 ⊢—>	能量从母线（汇流排）输出
4	N	中性（中性线）	14	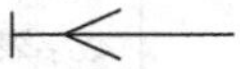 ⊢—<	能量向母线（汇流排）输入
5	M	中间线	15	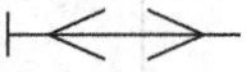 ⊢—><	能量双向流动（双向能量传输）
6	+	正极	16	↙↙	非电离的电磁辐射（如无线电波或可见光）
7	−	负极	17	 ↯↙	非电离的相干辐射（如相干光）
8	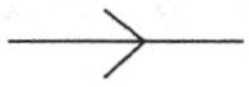 →	能量、信号的单位单向传播（单向传输）	18	 ⇝	电离辐射
9	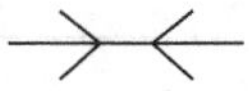 ><	同时双向传播（同时双向传输），同时发送和接收	19	⊓	正脉冲
10	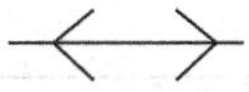 <— —	不同时双向传播（不同时双向传输），交替地发送和接收	20	 ⊔	负脉冲

附表 A-2　器件符号

序 号	图形符号	说　明
1	 ⏚	接地的一般符号
2	 ⏚	无噪声接地（抗干扰接地）
3	 ⏚	保护接地
4	⏚	接机壳或底板
5	 ▽	等电位
6	 ⚡	故障（用以表示假定故障位置）
7	 ⚡	闪络击空

续表

序 号	图 形 符 号	说　明
8		动触点（如滑动触点）
9		测试点指示
10		模拟信号识别符
11	#	数字信号识别符
12	·	接头，边接点（如导线的连接）
13	○	端子
14	∅	可拆端卸的端子
15		电磁传播
16 17 18	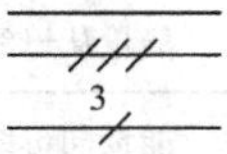 3	连接，群连接（如导线、电缆、线路、传输通道等） 注：当用单线表示一组连接时，连接数量可用斜线个数表示，或用一根斜线加数字表示。示例：3 个连接，3 条连接线
19 20	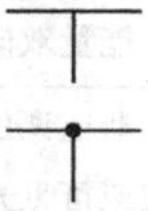	T 形连接
21 22	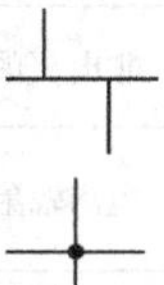	双 T 形连接
23		跨越
24	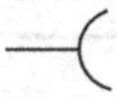	插座（内孔）或插座的一个极
25		插头（突头的）或插头的一个极
26		插座和插头

附表 A-3　地图符号

序 号	图 形 符 号	说　明	序 号	图 形 符 号	说　明
1		窑洞	4		矿井
2		石油井	5	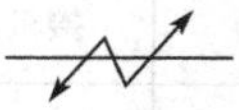	高压线，电力线
3		油库	6	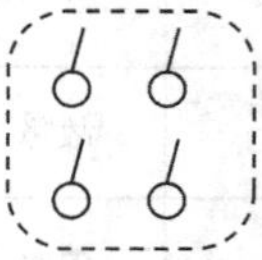	果园

续表

序 号	图形符号	说 明	序 号	图形符号	说 明
7		独立树木	22		塔
8		树林	23		旱田
9		草地	24		水稻田
10		灌木丛	25		铁路
11		房屋	26		火车站
12		高地	27		公路
13		洼地	28		人行桥
14		池塘，湖泊	29		车行桥
15		河流	30		乡村路
16		山脉等高线	31		人行小路
17		堤坝（挡水坝）	32		围墙
18		坟	33		水闸
19		水井	34		护坡或护坎 注：*号用护坡尺寸或坎高(m)代替
20		芦苇区	35		城墙
21		竹林	36		水准点

序 号	图 形 符 号	说 明	序 号	图 形 符 号	说 明
37		线路与标志物的关系，其中：N—线路转点编号或桩号；d—线路与标志物的距离	41	N2 N1 N3 N4	相邻图纸位置表示法，其中：N1，N2，N3，N4 为相邻图纸的编号；中间黑框为本图位置
38	N	指北标志	42	┣-┃-┃-┣	国界
39	接×××图	接图号标志	43		省界
40	A A'	图内接断开线标志	44		地区界

附录 B　通信线路工程常用图形符号

附录 B-1　通信管道符号

序号	图形符号	说　明
1	灰6×4 / 90	原有水泥管道（4个6孔水泥管块组合的24孔管道，段长为90m）
2	塑 ϕ90×12 / 90	原有塑料管道（12根内径为90mm的单孔塑料管组合的管道，段长为90m）
3	钢 ϕ100×12 / 90	原有钢管管道（12根外径为100mm的单孔钢管组合的管道，段长为90m）
4	灰6×4 / 90	新建水泥管道（4个6孔水泥管块组合的24孔管道，段长为90m），线宽0.6mm
5	塑 ϕ90×12 / 90	拆除塑料管道（12根内径为90mm的单孔塑料管组合的管道，段长为90m）
6	M1　　M1 改建为×型人孔	扩建管道平面图（上面细线为原有管道，下面粗线为新建管道，改建人孔类型可用文字具体表示，M1和M2为人孔编号）
7		原有管道断面（6孔管道，并做管道基础，管孔材料可为水泥管、钢管、塑料管等）
8		新建塑料或钢管管道断面（上面为6孔水泥管道，下面为管道基础）
9	基础加磨 $\phi6$ $\phi10$	混凝土管道基础加筋（ϕ6mm，ϕ10mm为受力钢筋的直径，按管道基础不同，分成一立、一平、二立、四平B、三立或二平、八立型等）
10	转 xm / L	砖砌通信电/光缆通道（按通道宽度不同，x为1.6m，1.5m，1.4m，1.2m，L为长度）
11		原有过桥管道（箱体内或吊挂式）断面
12		原有过河或过铁路管道断面（大双细线圆为过河钢管或过铁路顶管，小圆为11根单孔塑料管或钢管）
13	局前x	局前人孔（原有为细线，新建为粗线）
14	N1　　中直	原有直通型人孔（注：有大号、中号、小号之分，中直表示中号直通型人孔，N1为人孔编号）

序号	图 形 符 号	说　　明
15	 N1　中直	新建直通型人孔（中直表示中号直通型人孔，N1 为人孔编号）
16	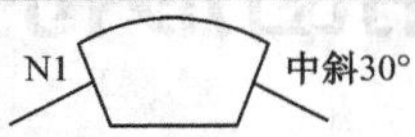 N1　中斜30°	斜通型人孔（注：大类有大号、中号、小号之分，小类分为 15°，30°，45°，60°，75°，中斜 30° 表示中号 30° 斜通型人孔，N1 为人孔编号）
17	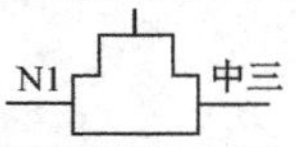 N1　中三	三通型人孔（注：有大号、中号、小号之分，中三表示中号三通型人孔，N1 为人孔编号）
18	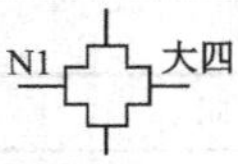 N1　大四	四通型人孔（注：有大号、中号、小号之分，大四表示大号四通型人孔，N1 为人孔编号）
19	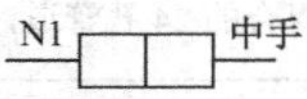 N1　中手	手孔（注：有大号、中号、小号或三页、两页、单页之分，中手表示中号手孔，N1 为手孔编号）
20	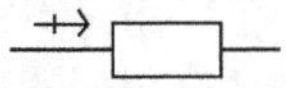 ↦	有防蠕动装置的人孔（本图示为防左侧电缆蠕动）
21	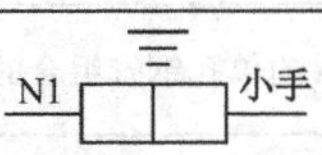 N1　小手	埋式手孔（原有为细线，新建为粗线）
22	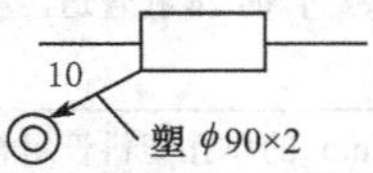 10　塑 ϕ90×2	引上管（原有为细线，新建为粗线。2 根长 10m，内径为 90mm 的引上塑管）
23	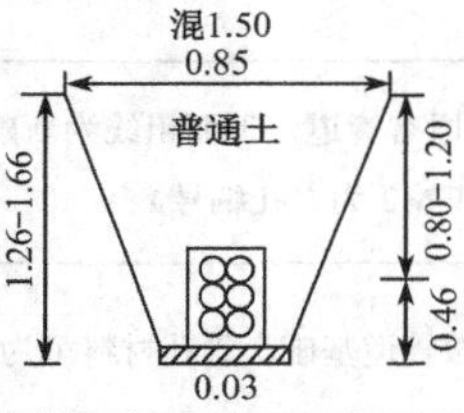 混1.50　0.85　普通土　1.26~1.66　0.80~1.20　0.46　0.03	一立型：一般要标注管道挖深范围、管道基础厚度和宽度，并标注路面情况（混#150），挖土土质（普通土），管群净高度，管道包封情况，管群上方距路面高度 注：序号 24、25、29 为水泥管道断面图
24	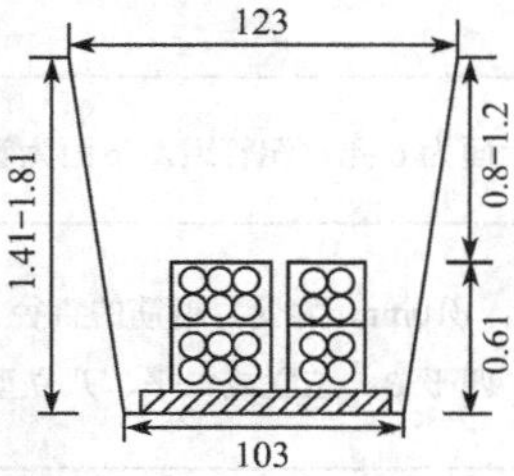 123　1.41~1.81　0.8~1.2　0.61　103	四平 B 型：一般要标注管道挖深范围、管道基础厚度和宽度，并标注路面情况、挖土土质、管群净高度、管道包封情况、管群上方距路面高度
25	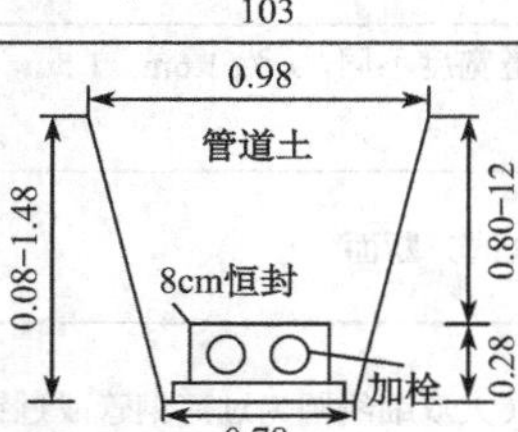 0.98　管道土　0.08~1.48　0.80~12　8cm恒封　0.28　加栓　0.78	2 孔（2×1）：一般要标注管道挖深范围、管道基础厚度和宽度，并标注路面情况，挖土土质、管群净高度、管道包封情况、管群上方距路面高度 注：序号 26、27、28 为塑料管道（包封）断面图
26	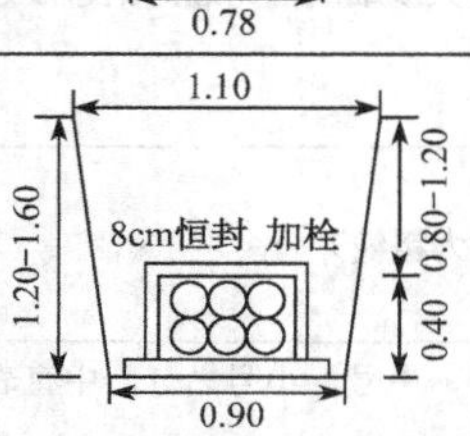 1.10　1.20~1.60　0.80~1.20　8cm恒封　加栓　0.40　0.90	6 孔（3×2，一平型）（同上）

续表

序号	图形符号	说　明
27	8cm恒封 加栓 1.45 / 1.32~1.72 / 0.80~1.20 / 0.52 / 1.26	18孔（6×3，三立型）（同上）
28	1.20 / 2.08~2.00 / 0.80~1.20 / 1.20 / 1.50	72孔（8×9）（同上）
29	05	管道电缆管孔占用示意图（管孔数量依实际排列情况而定，▧表示已穿放电缆，□表示管孔空闲，05表示本次敷设的电缆及编号
30*		管道电缆管孔占用示意图（管孔数量依实际排列情况而定）

附表 B-2　电/光缆敷设

序号	图形符号	说　明
1		光缆或光纤的一般符号
2		光在大气中的传输通道
3	P1 GYTA-24D P20 1200	架空光缆（GYTA-24D 表示 24 芯单模 GYTA 型光缆，1200 表示光缆长度为1200m，P1、P20 表示架空光缆的起止杆号，原有用细线表示，新设用粗线表示）
4	GYTA-24D 1200 N1　　N2	管道光缆（GYTA-24D 表示 24 芯单模 GYTA 型光缆，120 表示光缆长度为120m，N1，N2 表示人孔编号，原有用细线表示，新设用粗线表示）
5	GYTA33-24D 1200	直埋光缆（GYTA33-24D 表示 24 芯单模 GYTA33 型光缆，1200 表示光缆长度为1200m，原有用细线表示，新设用粗线表示）
6	GYTA53-24D 120	水底光缆（GYTA53-24D 表示 24 芯单模 GYTA53 型光缆，120 表示光缆长度为120m，原有用细线表示，新设用粗线表示）
7	GYTA-24D 120	新设槽道光缆（GYTA-24D 表示 24 芯单模 GYTA 型光缆，120 表示光缆长度为120m）
8	GYTA-24D 120	新设槽道光缆（GYTA-24D 表示 24 芯单模 GYTA 型光缆，120 表示光缆长度为120m）

序号	图 形 符 号	说　　明
9	⊘— GYTA-24D 120	板槽沿墙光缆（原有用细线表示，新设用粗线表示）
10	⊘— GYTA-24D 120	室内通道光缆（原有用细线表示，新设用粗线表示）
11	⊘— GYTA33-24D 120	明渠光缆（原有用细线表示，新设用粗线表示）
12	N　A　　N　A B　　　B ⊘　　　⊘	光缆终端盒，光缆分纤盒（N 表示盒的编号，A 表示盒的容量，B 表示纤序，原有用细线表示，新设用粗线表示）
13	13-24 GYTA-12D P10 10 ⊘ 1-12 ⊘ GYTA-12D N2	引上光缆（光缆分支处为光缆接头盒，N2 为人孔编号，P10 为引上杆编号，1～12，13～24 为光纤纤序，原有用细线表示，新设用粗线表示）
14	⊘ ▷	光缆中继器（原有用细线表示，新设用粗线表示）
15	N ⊘	架空式光缆交接箱（N 为交接箱编号，原有用细线表示，新设用粗线表示）
16	N ⊘	落地式光缆交接箱（N 为交接箱编号，原有用细线表示，新设用粗线表示）
17	N ⊘	墙挂式光缆交接箱（N 为交接箱编号，原有用细线表示，新设用粗线表示）
18	ODM　距地2.5m	光缆终端盒室内位置平面示意图（原有用细线表示，新设用粗线表示）
19	⊘—■—⊘	光纤连接器（插头—插座）（原有用细线表示，新设用粗线表示）
20	⊘—■—⊘	管道光缆在人孔内预留的标注（N2 为人孔编号，原有用细线表示，新设用粗线表示）
21	预留8mm P10 ○ P11 ● ● 50	架空光缆在电杆上预留的标注（原有用细线表示，新设用粗线表示）
22	(架)L — HYAn・2・d — N	架空电缆（HYA 为电缆型号；n*2*d 为电缆对数和线径，如 200×2×0.4；(架)L 表示架空电缆的长度；N 为电缆线序；原有用细线表示，新设用粗线表示）
23	(架)L ✕ HYAn・2・d ✕ N	拆除架空电缆（HYA 为电缆型号；n*2*d 为电缆对数和线径，如 200×2～0.4；(架)L 表示架空电缆的长度；N 为电缆线序）
24	(架)L ⁄⁄⁄ HYAn・2・d ⁄⁄⁄ N	埋式电缆（HYA 为电缆型号；n*2*d 为电缆对数和线径，如 200×2×0.4；(埋)L 表示埋式电缆的长度；N 为电缆线序；原有用细线表示，新设用粗线表示）

序号	图 形 符 号	说　　明
25	（管）L ——HYAn·2·d—— N1　　　N　　　N2	管道电缆（HYA 为电缆型号；n*2*d 为电缆对数和线径，如 200×2×0.4；（管）L 表示管道电缆的长度；N 为电缆线序；N1，N2 为人孔编号；原有用细线表示，新设用粗线表示）
26	P21 HYAn·2·d N1 N2 ——HYAn·2·d—— N	电杆引上电缆（HYA 为电缆型号；n*2*d 为电缆对数和线径，如 200×2×0.4；N，N1 为电缆线序；N2 为人孔编号；P21 为引上杆编号；原有用细线表示，新设用粗线表示）
27	HYAn·2·d N1 N2 ——HYAn·2·d—— N	墙壁引上电缆（标注说明同序号 26）
28	B HYAn·2·d N1 N2 ——HYAn·2·d—— N	楼层引上电缆（标注说明同序号 26）
29	L ——（吊）HYAn·2·d—— N	吊线式墙壁电缆（标注说明同序号 26）
30	L ——（钉）HYAn·2·d—— N	钉固式墙壁电缆（标注说明同序号 26）
31	L ——（板）HYAn·2·d—— N	槽板式墙壁电缆（标注说明同序号 26）
32	L ——（暗）HYAn·2·d—— N	暗管式墙壁电缆（标注说明同序号 26）
33	L ——（自）HYAn·2·d—— N	自承式墙壁电缆（标注说明同序号 26）
34	L ——（槽）HYAn·2·d—— N	槽道电缆（标注说明同序号 26）
35	X1　L ——HYAn·2·d—— N X2　L ——HYAn·2·d—— N	布放 MDF 成端电缆（X1，X2 为电缆编号；其他同序号 26）
36	L　　X1 ——HYAn·2·d—— N L　　X2 ——HYAn·2·d—— N	布放架空交接箱成端电缆（标注说明同序号 26）
37	L　　X1 ——HYAn·2·d—— N L　　X2 ——HYAn·2·d—— N	布放落地交接箱成端电缆（标注说明同序号 26）
38	▭	电缆穿管保护（原有用细线表示，新设用粗线表示）
39	⌒	电/光缆预留（原有用细线表示，新设用粗线表示）

续表

序号	图 形 符 号	说　　明
40		电/光缆的"S"形敷设（原有用细线表示，新设用粗线表示）
41	割接点	电缆割接（粗线为新设电缆，细线为原有电缆）
42	A-B	尾巴电缆（A 为电缆对数，B 为尾巴电缆线序，原有用细线表示，新设用粗线表示）
43		电/光缆的盘留（原有用细线表示，新设用粗线表示）
44	0.4Ω 10Ω	电/光缆的接地装置（04#为接地装置编号，10Ω 为接地电阻，要求小于或等于 10Ω）
45		可拆卸的光缆接头盒（原有用细线表示，新设用粗线表示）
46		电缆堵塞成端套管（原有用细线表示，新设用粗线表示）
47		多用接头盒
48		电缆接线筒
49	A(B)	架空式交接箱（A 是交接箱编号，B 是交接箱容量，原有用细线表示，新设用粗线表示）
50	A(B)	落地式交接箱（标注说明同序号 49）
51	A(B)	交接箱（标注说明同序号 49）
52	A(B)	墙挂式交接箱（标注说明同序号 49）
53	0101K 1–100 3列8块	直接配线区的标注方式（0101 区表示主干电缆和配线区编号，即 01#主干电缆上第 01 个直接配线区；1～100 表示主干电缆线序；3 列 8 块表示对应局内配线架的列号与块号）
54	0101K 1–100	交接配线区的标注方式（J0101 区表示交接箱和配线区编号，即 01#交接箱的第 01 个交接配线区（100 对线为 1 个区）；1～100 表示配线电缆线序）
55		原有明挂式组线箱、配线箱
56		新设明挂式组线箱、配线箱
57		暗组线箱、配线箱（有端子板，原有用细线表示，新设用粗线表示）
58		暗组线箱、配线箱（无端子板，原有用细线表示，新设用粗线表示）
59		暗配线检查箱（原有用细线表示，新设用粗线表示）
60		铺水泥槽及盖板
61		石砌坡、坎堵塞保护

续表

序号	图形符号	说　明
62	三七	三七护坎
63		封石沟
64		水线地锚
65	S12 或 D12	水线标志牌（S12 为双杆 12m，D12 为单杆 12m）
66		水线永久标桩
67		电缆上方敷设防雷排流线（单条）
68		电缆上方敷设防雷排流线（双条）
69		电缆旁边敷设防雷消弧线
70		光电缆避雷针
71		电杆上装避雷线
72		埋式电缆气门标石
73		路由标石
74		气门标石
75		监测标石
76	L	接地母线敷设（L 为长度）

附表 B-3　通信杆路符号

序号	图形符号	说　明
1	P18 8 或 P18 8	新设电杆（P18 为电杆编号，8 为电杆程式，电杆程式也可用文字具体表示）
2	P18	原有木杆或油杆（P18 为电杆编号）
3	8.0m	更换水泥电杆（拆除原有电杆，更换为 8.0m 水泥杆）
4	P18 A	原有交接箱 H 形水泥杆（新设涂实或粗线，P18 为电杆编号，A 为交接箱编号）
5	H	原有箱 H 形水泥杆（不设交接箱）
6	C	钢筋混凝土杆
7	单	原有单接杆（新设涂实或粗线）
8	凸	原有品接杆（新设涂实或粗线）

序号	图 形 符 号	说　明
9	 ◯L	原有 L 形杆（新设涂实或粗线）
10	 ◯A	原有 A 形杆（新设涂实或粗线）
11	◉	水泥引上杆（新设涂实或粗线）
12	 ◉ 1.5m	水泥电杆移位 1.5m
13	◉	扶正水泥杆
14	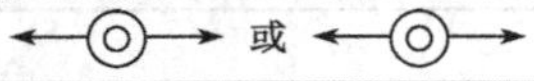 ←◎→ 或 ←◯→	双方拉线（左图为新设，右图为原有）
15	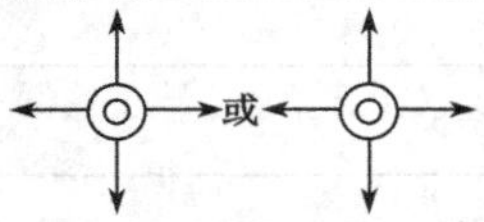 ↕◎↔ 或 ↔◯↕	四方拉线（左图为新设，右图为原有）
16	 ◎←━┤	带撑杆拉线的电杆（原有为细线）
17	 ◎←┤	撑杆（原有为细线）
18	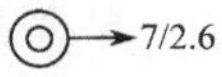 ◎→7/2.6	新设单股拉线（程式有 7/2.2，7，2.6，7/3.0；原有用细线表示，新设用粗线表示）
19	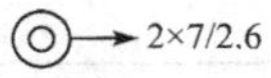 ◎→2×7/2.6	新设双股拉线（程式有 7，2.2，7/2.6，7/3.0；原有用细线表示，新设用粗线表示）
20	 ◎⟶ V7/2.6	新设 V 型拉线（标注说明同序号 19）
21	 ◎⟶ V3/2.6	新设上 2 下 1 V 型拉线（标注说明同序号 19）
22	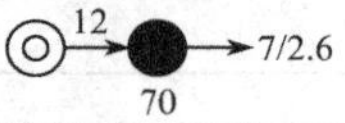 ◎⟨12⟩●→7/2.6 ⟨70⟩	新设高桩拉线（12 为距离，7.0 为电杆杆高，其他同序号 19）
23	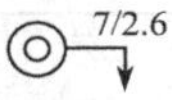 ◯ 7/2.6	新设吊板拉线（程式有 7/2.2，7/2.6，7/3.0；原有用细线表示，新设用粗线表示）
24	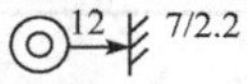 ◎⟨12⟩⫽ 7/2.2	新设墙壁拉线（12 为距离，单位为米，其他同序号 23）
25	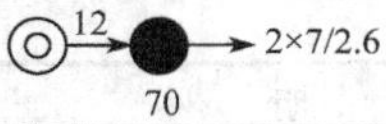 ◎⟨12⟩●→2×7/2.6 ⟨70⟩	新设双股高桩拉线（12 为距离，7.0 为电杆杆高，单位为米，其他同序号 23）
26	◎▯	原有电杆加帮桩
27	 ✧	原有电杆保护用围桩（河中打桩杆）
28	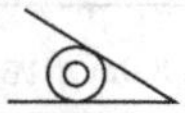 ◯◹	原有分水桩（架）
29	◎■	新设电杆加帮桩
30	 ✦	新设电杆保护用围桩（河中打桩杆）
31	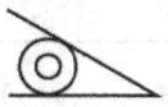 ◯◹	新设分水桩（架）
32	 ◉⫽	新设卡盘或单横木
33	 ◎⫽	新设双卡盘或双横木

续表

序号	图 形 符 号	说　　明
34	 ⊚ 或 ⊚ 或 ⊚	电杆地线（直埋式、拉线式、延伸式）
35	 ▼8 ⊚	单装上杆钉（8 表示上杆钉子 8 只）
36	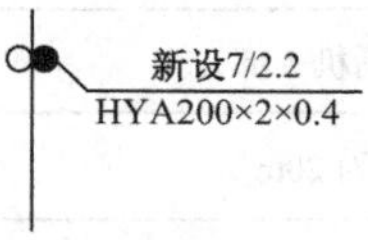 新设7/2.2 HYA200×2×0.4	架空电缆杆面程式（穿钉式，架空吊际线的条数和位置依实情况画，新设吊线为实心，原有为细线圆）
37	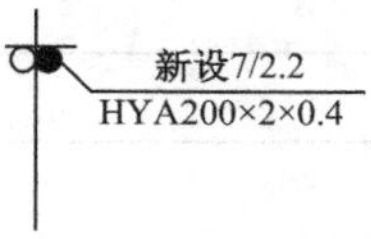 新设7/2.2 HYA200×2×0.4	架空电缆杆面程式（二线担式，架空吊线的条数和位置依实际情况画，新设吊线为实心，原有为细线圆）
38*	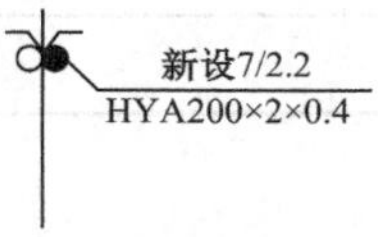 新设7/2.2 HYA200×2×0.4	架空电缆杆面程式（抱箍式，架空吊线的条数和位置依实际情况画，新设吊线为实心，原有为细线圆）

附表 B-4　综合布线符号

序号	图 形 符 号	说　　明
1	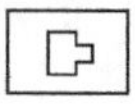 ⊏▷	信息插座（单孔）
2	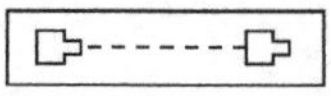 ⊏▷------⊏▷	信息插座（多孔），n 为孔数
3	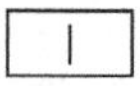 │	信息插座（单孔），简化形，其他简化形式类推
4	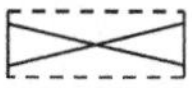 ⧖	FD 楼层配线架
5	 ⧖	BD 建筑物配线架
6	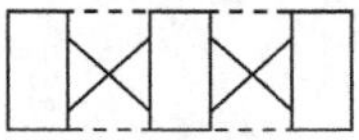 ⧖⧖	CD 建筑群配线架
7	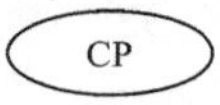 CP	集合点
8	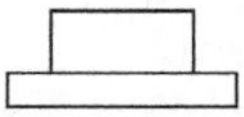	个人计算机
9	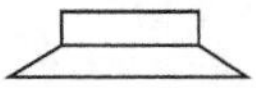	数据终端
10	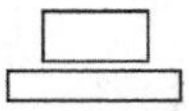	服务器
11	 HUB	集线器
12	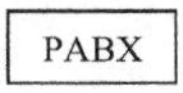 PABX	用户自动交换机
13	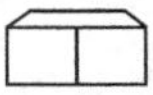	计算机主机

序号	图 形 符 号	说　　　明
14	LANX	局域网交换机
15		地面出线盒
16		过线盒
17		信息插座（可以布放微机 1 台，话机 1 部）
18	—— UTP4×2 —— （20）	布放 4 对 UTP 双绞线 2 条，长度为 20m
19		光纤跳线
20		RJ-45 引线
21		6 芯光缆终端盒
22		配线端子

附录 C 通信设备工程常用图形符号

附录 C-1 有线通信局站

序号	图形符号	说　明
1		通信局、所、站、台的一般符号 注：① 必要的可根据建筑物的形状绘制 ② 圆形符号一般表示小型从属站 ③ 可以加注文字符号来表示不同的等级、规模、用途、容量及局号等
2		例如，a. 必要时在方框符号中加入以下代号，表示不同的电话交换局、站、台：CB—共电电话站；PAD—人防电话站；D—调度电话站；M—会议电话站；P—生产扩音电话站；TS—长话交换局；M-TS—人工长途局；LS—市话交换局；LS/TS—长市合一局；TO—汇接局；EO—市话端局；Rep—中继站；PBX—用户小交换机电话站；C1—一级长话交换中心；C2—二级长话交换中心；C3—三级长话交换中心；C4—四级长话交换中心；NMC—网管中心；OMC—维护中心；RC—修理中心；SC—软件中心；BC—计费中心
3	○	b. 标注时可采用以下的模式（可以省略），可放框内或把它放在方框的右侧（注意：不要将其横线与方框相连）：型号、容量、局号
4	RSU	远端模块局
5		有线终端站（注：可以加文字符号表示不同站的规模、形式）
6		有线转接站（注：可以加文字符号表示不同站的规模、形式）
7		有线分路站（注：可以加文字符号表示不同站的规模、形式）
8		有线有人增音站（注：可以加文字符号表示不同站的规模、形式）
9		有线广播站（注：可以加文字符号表示不同站的规模、形式）

附表 C-2 无线通信台站

序号	图形符号	说　明
1		无线通信局站的一般符号 注：可在天线符号旁加注以下文字符号表示不同工作的无线电台： UHF—特高频无线电台站；VHF—甚高频无线电台站；NMC—网管中心； OMC—维护中心；RC—修理中心；SC—软件中心；ES—端站（也可用单方向天线表示）
2	MSC	移动通信局站，移动通信交换局 注：方框内换为 BS 则表示基站

续表

序号	图 形 符 号	说　明
3		一点多址中心站
4		一点多址中继站
5		一点多址远端站
6		无线电收发信电台（在同一天线上同时发射和接收）
7		便携式电台（在同一天线上交替地发射和接收）
8		移动电话手持机
9		无线电控制台
10		可移动的无线电台（在同一天线上交替地发射和接收）
11		无源接力站的一般符号
12		空间站的一般符号
13		有源空间站
14		无源空间站
15		跟踪空间站的地球站
16		卫星通信地球站

续表

序号	图 形 符 号	说　明
17	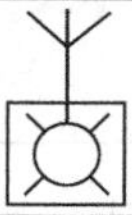	甚小卫星地球站
18	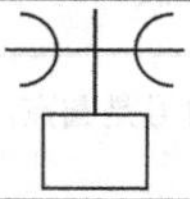	微波通信中间站
19	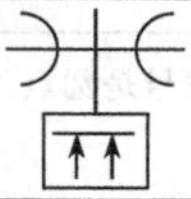	微波通信分路站
20	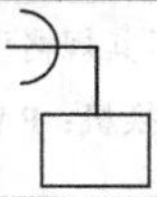	微波通信终端站

附表 C-3　机房设施

序号	图 形 符 号	说　明
1		屏、盘、架的一般符号
2	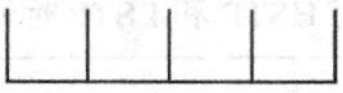	列架的一般符号
3	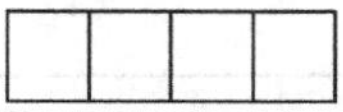	
4	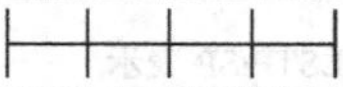	带机墩的机架及列架
5	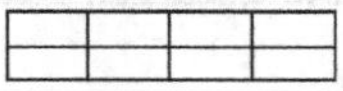	双面列架
6	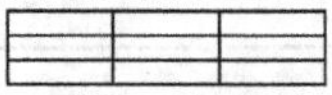	总配线架
7	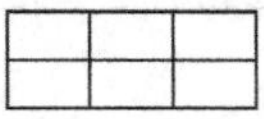	中间配线架一般符号（注：可在图中标注如下字符具体表示：DDF—数字配线架；ODF—光配线架；VDF—单频配线架；IDF—中间配线架）
8	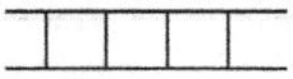	走线架、电缆走道
9		电缆槽道（架顶）
10		走线槽（地面）：实线表示明槽，虚线表示暗槽
11	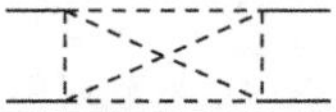	

附表 C-4　交换系统

序号	图 形 符 号	说　明
1	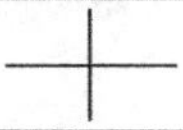	连接级的一般符号
2	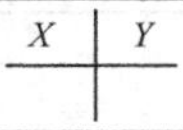 X　Y	有 X 条入线和 Y 条出线的连接级
3	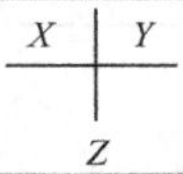 X　Y　Z	由 Z 个分品群构成的连接级，每群包含 X 条入线和 Y 条出线

续表

序号	图形符号	说　明
4	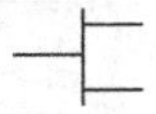	有一群入线和两群出线的连接级 注：每群的线数可用数字标在相关的线条上
5	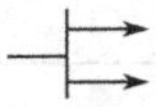	连接一个双向中继线和两个方向相反单向中继线群的连接级
6	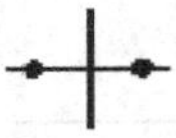	呼出经由一个连接级的标志级（注：表示标志级的限定符号是圆点，它应加在标志级第一连接级的入线和最后连接级的出线上）
7	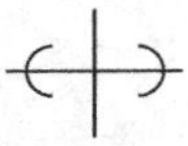	呼出经由一个连接级的交换级（注：表示交换级的限定符号是圆点，它应加在交换级第一连接级的入线和最后连接级的出线上）
8	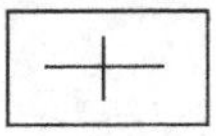	自动交换设备（注：可在方框符号中加注文字符号表示其规格型式，例如加注：SPC—程控交换机；SXS—步进制交换机；XB—纵横制交换机；PAC—分组交换机；T—电报交换机） 示例：电报交换机
9	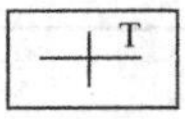	
10		人工交换机、人工台、班长台（主要用于系统图中）
11	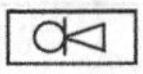	指令电话总机
12	STP	信令转接点（注：当需要区分高、低级时，可分别用 HSTP 和 LSTP 标示）
13	SP	信令点
14	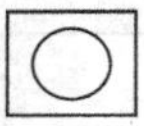 STP/SP	综合信令转接点 注：当需要区分高、低级时，可分别用 HSTP/SP 和 LSTP/SP 表示

附表 C-5　数据通信

序号	图形符号	说　明
1	 （*）	适配器（注：*号可用技术标准或特征表示）
2	 DTE	数据终端设备
3		磁盘机（站）
4		磁带存储机（站）
5	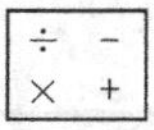	计算机
6		计算机终端
7	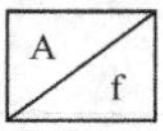	幅—频变换器
8	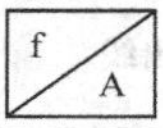	频—幅变换器

附表 C-6　天线

序号	图 形 符 号	说　　明
1		天线的一般符号 注：① 此符号可用来表示任何类型天线或天线阵。符号的主杆线可表示包括单根导线的任何形式的对称馈线和非对称馈线 ② 天线的极坐标图主瓣的一般形状图样可在天线符号附近标出 ③ 数字或字符的补充标记，可采用日内瓦国际电信联盟公布的《无线电规则》中的规定，名称或标记可以交替地写在天线一般符号之旁
2		天线塔的一般符号
3		圆极化天线
4		在方位角水平极化的定向天线
5		固定方位角水平极化的定向天线
6		在俯仰角上辐射方向可变的天线
7		环形（或框形）天线
8		用电阻终端的菱形天线
9		偶极子天线
10		折叠偶极子天线
11		喇叭天线或喇叭馈线
12		矩形导馈电抛物面天线

附表 C-7　无线电传输

序号	图 形 符 号	说　　明
1	V+S+F+...	传输电路（注：如需要表示业务种类可在虚线上方加注如下字符：V—视频通道；F—电话；T—电报和数据传输；S—声道）
2		矩形波导
3		圆形波导
4		同轴波导
5		软波导

序号	图形符号	说　明
6		成对的对称波导连接器
7		成对的不对称波导连接器 注：不论连接器是何种形式，连接点处线条不能中断
8		匹配终端，匹配负载
9		三端口环形器

附表 C-8　有线传输

序号	图形符号	说　明
1	G	信号发生器，波形发生器
2		变换器的一般符号
3	f_1 f_2	变频器，频率由 f_1 变到 f_2 注：f_1，f_2 可用具体频率表示
4	f nf	倍频器 f，nf 可用具体频率表示
5 或 6		放大器的一般符号 中继器的一般符号 （示出输入和输出） 注：三角形指向传输方向
7	dB	固定衰减器
8	dB	可变衰减器
9		滤波器的一般符号
10		高通滤波器
11		低能滤波器
12		带通滤波器
13		带阻滤波器
14		调制器、解调器或鉴别器的一般符号 注：需要时可将其输入、输出和载波频率标注在符号的相应位置

附表 C-9 载波与数字通信

序号	图形符号	说　　明
1		具有 m 条输入和 n 条输出的集线器
2		告警电路
3		导频指示路
4		分配网络 注：可在输入输出端标出比值
5		汇接网络 注：可在输入输出端标出比值
6		数字通信设备的一般符号（注：*应该换为以下具体的设备代号：LD—激光器；LED—发光二极管；PIN—光电二极管；APD—雪崩光电二极管；TX—发射机；RX—接收机；A/D—模数转换器；O/E—光电转换器；I/O—输入/输出设备）
7		数字复用、分用设备的一般符号 注：*应该用具体的文字符号来表示，可采用以下形式： ① 利用复用、分用的速率表示其群次，例如：8Mbit/s、2Mbit/s 等，注意速率的书写位置要与引线上的速率相一致； ② 利用 MUX 表示多路复用；DX 表示多路分用；MuLDEX 表示多路复用和多路分用
8		载波通路调制级
9		载波基群调制级
10		载波超群调制级
11		载波主群调制级
12		载波超主群调制级
13		上升频带（上边带）
14		抑制载频的单边带

附表 C-10　光通信

序号	图形符号	说　明
1		多模突变型光纤
2		多模渐变型光纤
3		单模突变型光纤
4	*a* / *b* / *c* / *d*	光纤各层直径的补充数据，从内到外表示（注：a—纤芯直径；b—包层直径；c—次被覆层直径；d—外护层直径）
5	12　50/125	示例：具有 12 根多模突变型光纤的光缆，其纤芯直径为 50μm，包层直径为 150μm
6	4　12　Cu0.9　50/125	示例：由铜钱和光纤组成综合光缆 注：0.9 表示铜导线直径为 0.9mm
7		永久接头
8		可拆卸固定接头
9		连接器（插头—插座）
10	dB	固定光衰减器
11	dB	可变光衰减器
12		光隔离器
13		光滤波器
14	λ1 / λn　λ1 ••• n	光波分复用器
15	λ1 ••• n　λ1 / λn	光波分去复用器
16	*a*　*b*	光调制器、光解调器
17		光纤汇接（注：多根光纤的光从左到右汇集到单根光纤，汇接比可用%或 dB 表示）
18		光纤分配（注：单根光纤的光从左到右分配成多根光纤输出，汇接比可用%或 dB 表示）
19		光纤组合器（星形耦合器） 注：连接到组合器的每根光纤都能耦合到其他的光纤

续表

序号	图 形 符 号	说 明
20	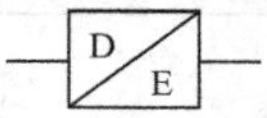	光电转换器
21	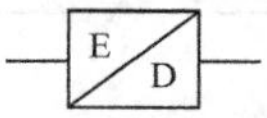	电光转换器
22	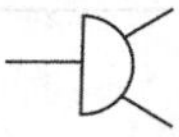	（光）两路分配器的一般符号
23	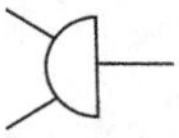	（光）两路混合器的一般符号
24	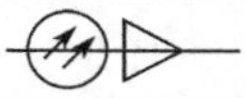	光中继器，掺铒光纤放大器

附表 C-11 机房配线与电气照明

序号	图 形 符 号	说 明
1		向上配线 注：用黑圆点加向上斜箭头表示向上布线
2		向下配线 注：用黑圆点加向下斜箭头表示向下布线
3		垂直通过配线
4	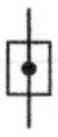	带配线的用户端
5	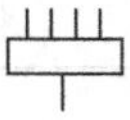	配电中心（示出 5 根导线管）
6		连接盒或接线盒
7		动力或动力—照明配电箱 注：需要时符号内可以标示电流种类符号
8		照明配电箱（屏）
9		事故照明配电箱（屏）
10		多种电源配电箱（屏）
11	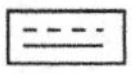	直流配电盘箱（屏）
12		交流配电盘箱（屏）
13	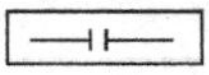	电容器屏
14	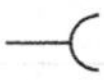	插座、插孔的一般符号
15		单相插座 插座、插孔的一般符号

附表 C-12　通信电源

序号	图形符号	说　明
1	Ⓖ	直流发电机
2	Ⓜ	直流电动机
3	Ⓖ	交流发电机
4		发电机组 注：根据需要可加注油机和发电机类型
5	Ⓜ	交流电动机
6		单相自耦变压器
7		
8		具有两个铁芯和两个次级绕组的电流互感器 注：① 形式 2 中（序号 9 对应的）铁芯符号可以略去 ② 在初级电路每端示出的接线端子符号表示只画出一个器件
9		
10		直流变流器
11		整流器
12		桥式全波整流器
13		逆变器
14		整流器，逆变器
15	VR	稳压器
16		原电池或蓄电池 注：① 长线代表阳极，短线代表阴极，为了强调，短线可以画粗些 ② 如不会引起混乱，也可用这代表电池级
17		原电池组或蓄电池组
18		
19		带抽头的原电池组或蓄电池组
20	UPS	不间断电源系统
21		太阳能电池光电发生器

序号	图形符号	说　明
22		阀控式电池
23		交流母线
24		直流母线
25		中性线
26		保护线
27		保护和中性共用线
28		具有保护线和中性线的三相配线

附表 C-13　其他器件

序号	图形符号	说　明
1		避雷针
2		避雷器
3		有天线引入的网络前端（示出一路馈线） 注：馈线支路可从圆的任何点上引出
4		无天线引入的网络前端（示出一个输入和一个输出通路）
5		电视摄像机的一般符号
6		彩色电视摄像机
7		带云台的摄像机
8		带单向手动云台的摄像机
9		带双向手动云台的摄像机
10		带单向电动云台的摄像机
11		带双向电动云台的摄像机
12		磁带录像机
13		电视监视器
14		电视机
15		报警阀

序号	图 形 符 号	说　　明
16		排烟阀
17		自动灭火装置
18		消火栓
19		火灾警报发声器

附录 D 电气工程图中常用图形符号

附表 D-1 常用电力、照明和电信布置的图形符号及其新旧对照

序号	名　　称	新　符　号	旧　符　号
1	发电站（厂）	□	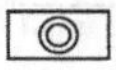 ◉
2	变电所 配电所	○	▲
3	柱上变电站	 ○	 ▲
4	地下线路	 ≡	≡　≡
5	架空线路	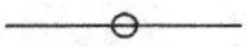 ──○──	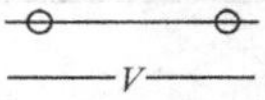 ─○─○─ ──V──
6	事故照明线	 ------------	
7	50V 及以下电力及照明线路	 ─··─··─	=
8	控制及信号线路（电力及照明用）	 ─·─·─	=
9	沿磐坑物敷设通信线路	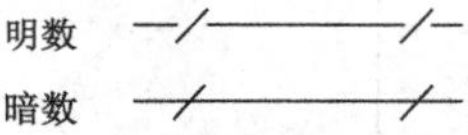 明数　─/─/─/─ 暗数　─/─/─/─	
10	中性线	 ─────/──	
11	保护线	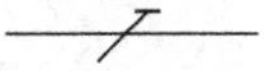 ────/──	
12	保护和中性共用线	 ────/──	
13	有接地装置 无接地装置	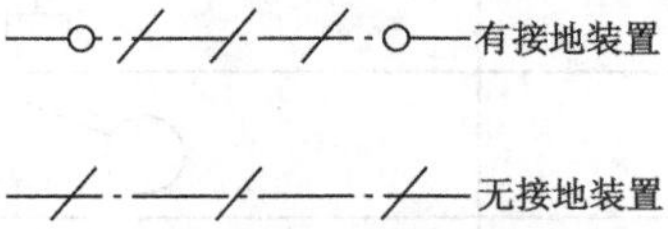 ──○·/·/·/·○── 有接地装置 ──/·/·/·/── 无接地装置	=
14	母线	─────	─────
15	直流母线	─ ─ ─ ─	 ─　─　─
16	向上配线 向下配线	 向上配线 向下配线	
17	屏、台、箱、柜一般符号	 ▭	=

序号	名　称	新　符　号	旧　符　号
18	电力或电力—照明配电箱		=
19	信号板、信号箱		
20	照明配电箱		=
21	电磁阀		
22	按钮盒		
23	风扇		
24	单相插座		
25	带接地孔的单相插座		
26	带接地孔的三相插座		
27	电信插座		
28	开关一般符号		
29	单极开关		=
30	双极开关		=
31	三极开关		=
32	单极拉线开关		
33	双控开关		=

续表

序号	名　称	新　符　号	旧　符　号
34	灯或信号灯一般符号	⊗	○ ⊗
35	投光灯	⊗	←●▭
36	荧光灯	⊢——⊣	▭

注："＝"表示旧符号与新符号相同；空格表示旧符号无此符号。

附表 D-2　习惯用图形符号（参考）

序号	图 形 符 号	说　明
1	△	电缆交接间
2	⊠	架空交接箱
3	◣◢	落地交接箱
4	◣◢	壁龛交接线
5	⌓	分线盒的一般符号　　A——编号　B——容量 注：可加注 $\frac{A-B}{C}D$　　C——线序　D——用户数
6	⌓	室内分线盒 注：同序号 5 的注
7	⌓	室外分线盒 注：同序号 5 的注
8	⌂	分线箱 注：同序号 5 的注
9	▯	壁龛分线箱 注：同序号 5 的注
10	●	避雷针
11	▱	电源自动切换箱（屏）
12	▭	电阻箱

序号	图 形 符 号	说　　明
13		鼓形控制器
14		自动开关箱
15		刀开关箱
16		带熔断器的刀开关箱
17		熔断器灯
18		组合开关箱
19		深照型灯
20		广照型灯（配照型灯）
21		防水防尘灯
22		球形灯
23		局部照明灯
24		矿山灯
25		安全灯
26		隔爆灯
27		天棚灯
28		花灯
29		弯灯
30		壁灯

参 考 文 献

[1] 王渊峰，等．AutoCAD2009 中文版电气设计实例教程．北京：机械工业出版社，2009．

[2] 三维书屋工作室张学义，等．AutoCAD2008 中文版电气设计基础教程．北京：人民邮电出版社，2008．

[3] 解璞，等．AutoCAD2007 中文版电气设计教程．北京：化学工业出版社，2007．

[4] 姜勇．AutoCAD2006 中文版建筑绘图基础教程．北京：人民邮电出版社，2006．

[5] 李立高．通信工程概预算．北京：人民邮电出版社，2004．

[6] 尹树华．张引发，等．光纤通信工程与工程管理．北京：人民邮电出版社 2005．

[7] 李立高．光缆通信工程．北京：人民邮电出版社，2004．

[8] 陈昌海．通信电缆线路．北京：人民邮电出版社，2005．

[9] 邮电部计划建设司．通信工程制图与图形符号．北京：人民邮电出版社，1996．

[10] 杨光，杜庆波．通信工程制图与概预算．西安：西安电子科技大学出版社，2008．

[11] 尹树华，王英杰，等．通信工程施工组织与管理．北京：解放军出版社，2005．

[12] 何利民，尹全英．电气制图与读图．北京：机械工业出版社，2004．

[13] 童幸生．电子工程制图．西安：西安电子科技大学出版社，2000．

[14] 徐耀生．许冬梅，何时剑．电子工程制图．北京：机械工业出版社，2004．

[15] 郑芙蓉．电子工程制图．西安：西安电子科技大学出版社，2008．

[16] 夏华生．机械制图．北京：高等教育出版社，1999．

反侵权盗版声明

电子工业出版社依法对本作品享有专有出版权。任何未经权利人书面许可，复制、销售或通过信息网络传播本作品的行为；歪曲、篡改、剽窃本作品的行为，均违反《中华人民共和国著作权法》，其行为人应承担相应的民事责任和行政责任，构成犯罪的，将被依法追究刑事责任。

为了维护市场秩序，保护权利人的合法权益，我社将依法查处和打击侵权盗版的单位和个人。欢迎社会各界人士积极举报侵权盗版行为，本社将奖励举报有功人员，并保证举报人的信息不被泄露。

举报电话：（010）88254396；（010）88258888

传　　真：（010）88254397

E-mail：　dbqq@phei.com.cn

通信地址：北京市万寿路 173 信箱

　　　　　电子工业出版社总编办公室

邮　　编：100036